高等教育"十四五"创新型教材 | 为成长护航

Python
语言程序设计

主 编 潘 峰 何 青

副主编 吴绪玲 陈文乐 孙宏伟

参 编 任小强 王雪梅 邓 琦

U0301517

西北工业大学出版社

西安

【内容简介】 本书从初学者的角度出发，以通俗易懂的语言、丰富多彩的实例，详细地介绍了使用 Python 进行程序开发所需掌握的知识和技术。全书分为 12 章，内容包括认识 Python 语言编程，Python 语言基础知识，列表、元组、字典和集合，Python 选择结构，Python 循环结构，函数，面向对象，Python 文件操作，Python 异常处理机制，Python GUI 编程，Python 爬虫和 Python 数据分析等。

本书可作为高等院校各专业 Python 程序设计课程教材，也可供程序设计人员阅读、参考。

图书在版编目（CIP）数据

Python语言程序设计/潘峰，何青主编. —西安：
西北工业大学出版社，2022.7（2024.1重印）
ISBN 978-7-5612-8232-8

Ⅰ.①P… Ⅱ.①潘… ②何… Ⅲ.①软件工具–程序设计 Ⅳ.①TP311.561

中国版本图书馆CIP数据核字（2022）第106704号

PYTHON YUYAN CHENGXU SHEJI
Python 语 言 程 序 设 计
潘峰 何青 主编

责任编辑：	付高明 杨丽云		
责任校对：	肖 莎	**装帧设计：**	黄志安
出版发行：	西北工业大学出版社		
通信地址：	西安市友谊西路 127 号	**邮编：**	710072
电 话：	（029）88493844，88491757		
网 址：	www.nwpup.com		
印 刷 者：	北京市兴怀印刷厂		
开 本：	787 mm×1 092 mm	1/16	
印 张：	21.25		
字 数：	467 千字		
版 次：	2022 年 7 月第 1 版	2024 年 1 月第 2 次印刷	
书 号：	ISBN 978-7-5612-8232-8		
定 价：	58.00 元		

如有印装问题请与出版社联系调换

互联网、大数据和人工智能已经被国家列入新基建计划中，跟高铁、5G 等一样成为支撑下一轮经济增长的新型科技基础设施。

Python 是一种面向对象的解释型开源免费的计算机程序设计语言，它已经被应用在众多领域，包括人工智能、大数据、Web 开发、金融、科学计算、系统运维、游戏等方面。Python 有数量庞大且功能相对完善的标准库和第三方库，通过对库的调用，能够实现不同领域业务的应用开发。因为人工智能和大数据领域的相关库或者框架都是用 Python 开发的，所以 Python 已经成为事实上的人工智能和大数据行业的开发语言。未来，无论是从就业的角度，还是从在新行业深入研究的角度，都应该好好学习 Python 语言。

Python 的语法清楚、干净、易读易维护，编程模式简单直接，更适合零基础的编程者学习，让初学者更多地专注于编程逻辑，而不是困惑于复杂的语法结构上。

本书不要求读者有任何 Python 语言的基础知识，从头开始介绍计算机的组成、工作原理、Python 程序设计的每一个概念和方法，帮助读者循序渐进地学习并掌握Python程序设计的知识和技能。编者从应用的角度出发，把握理论够用、侧重实践、由浅入深的原则，通过大量的实例让读者分层次、分步骤地理解和掌握所学的知识。

本书由潘峰、何青担任主编，吴绪玲、陈文乐、孙宏伟担任副主编。任小强、王雪梅、邓琦担任参编。其中，潘峰编写第 1～3 章并且负责全书的编写策划，何青编写第 4～5 章并且负责全书的统稿，吴绪玲编写第 6 章，王雪梅编写第 7 章，邓琦编写第 8～9 章，孙宏伟编写第 10 章，陈文乐编写第 11 章，任小强编写第 12 章。

在编写过程中，编者参阅了相关文献资料，在此向其作者表示感谢。

尽管编者不遗余力，但由于水平所限，书中难免会有错误或者不准确以及疏漏之处，敬请广大读者批评指正。

编　者

2022 年 4 月

目录

ontents

第1章 认识 Python 编程语言

1.1 计算机系统的组成

随着科学技术的飞速发展，信息技术已成为当今世界最具潜力的生产力，信息资源已成为国民经济和社会发展的战略资源，信息化水平也已成为一个国家现代化程度的重要标志。计算机作为一种信息处理工具，给我们的学习、工作和生活带来了诸多便利，并将继续推动人类社会向前发展。作为当代大学生，我们掌握计算机的相关基础知识和应用能力是最基本的要求。

计算机俗称电脑，是一种能够按照预先编制的程序自动运行，可高速计算和记忆海量数据的现代化智能电子设备。计算机可分为超级计算机、工业控制计算机、网络计算机、个人计算机、嵌入式计算机等。更先进的计算机还包括生物计算机、光子计算机、量子计算机、神经网络计算机和蛋白质计算机等。

计算机是由硬件系统和软件系统两大部分组成的（见图 1-1）。硬件是计算机的物质组成部分，就

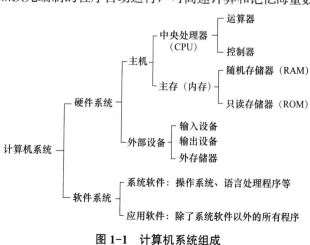

图 1-1　计算机系统组成

像人的躯体；而软件则是数据和指令信息，就像人的灵魂。没有安装任何软件的计算机称为"裸机"。计算机硬件和软件是一个不可分割的完整系统。"裸机"是不能处理任何数据的。下面我们分别来介绍计算机硬件和软件系统。

1.1.1　计算机硬件系统

计算机硬件系统主要由中央处理器（运算器、控制器）、存储器、输入设备、输出设备和各种外部设备组成。中央处理器是对信息进行高速运算处理的主要部件，其处理速度可达每秒数亿次以上。存储器用于存储程序、数据和文件，常由快速的内存储器和慢速海量外存储器组成。各种输入输出外部设备是人机间的信息转换器，由输入－输出控制系统管理外部设备与主存储器和中央处理器之间的信息交换。

1. 中央处理器（CPU）

中央处理器即 CPU（Central Processing Unit / Processor），是计算机的运算核心和控制核心。其功能主要是解释计算机指令以及处理计算机软件中的数据。CPU 由运算器、控制器、寄存器、高速缓存及实现它们之间联系的数据、控制及状态的总线构成。作为整个系统的核心，CPU（见图 1-2）也是整个系统中级别最高的执行单元，因此 CPU 已成为决定电脑性能的核心部件，很多用户都以它为标准来判断电脑的档次。

图 1-2　中央处理器（CPU）

（1）运算器：是对数据进行加工处理的部件，它在控制器的作用下与内存交换数据，负责进行各类基本的算术运算、逻辑运算和其他操作。运算器含有暂时存放数据或结果的寄存器。运算器由算术逻辑单元 ALU（Arithmetic Logic Unit）、累加器、状态寄存器和通用寄存器等组成。ALU 是用于完成加、减、乘、除等算术运算，与、或、非等逻辑运算以及移位、求补等操作的部件。

（2）控制器：是整个计算机系统的指挥中心，负责对指令进行分析，并根据指令的要求，有序地、有目的地向各个部件发出控制信号，使计算机的各部件协调一致地工作。控制器由程序计数器、指令译码器、指令寄存器、控制逻辑电路和时钟控制电路等组成。

（3）寄存器：也是 CPU 的一个重要组成部分，是 CPU 内部的临时存储单元。寄存器既可以存放数据和地址，又可以存放控制信息或 CPU 工作的状态信息。

（4）高速缓冲存储器（Cache）：包括一级缓存（L1 Cache）、二级缓存（L2 Cache）、三级缓存（L3 Cache），位于 CPU 与内存之间，是一个读写速度比内存更快的存储器。当 CPU 向内存中写入或读出数据时，这个数据也被存储进高速缓冲存储器中。当 CPU 再次需要这些数据时，CPU 就从高速缓冲存储器读取数据，而不是访问较慢的内存，当然，如需要的数据在 Cache 中没有，CPU 会再去读取内存中的数据。

2. 主存（内存）

主存（**Memory**）又叫内部存储器（简称内存），有以下两种：①只读存储器，②随机存储器。它是与 CPU 进行沟通的桥梁。计算机中所有程序的运行都是在内存中进行的，因此内存的性能对计算机的影响非常大。其作用是用于暂时存放 CPU 中的运算数据，以及与硬盘等外部存储器交换的数据。只要计算机在运行中，CPU 就会把需要运算的数据调到内存中进行运算，在运算完成后 CPU 再将结果传送出来，内存的运行也决定了计算机的稳定运行。内存是由内存芯片、电路板、金手指等部分组成的。

（1）只读存储器（**Read Only Memory，ROM**）。ROM 一般用于存放计算机的基本程序和数据，这些信息在生产厂家在制造 ROM 的时候，就被存入并永久保存在其中，用户对这些信息只能读出，不能写入，即使机器停电，这些数据也不会丢失。如：BIOS（Basic Input Output System）ROM，它是一个固化在计算机内主板上的 ROM 芯片，其通常容量是 1MB 或 2MB 甚至 8MB。该芯片保存着计算机最重要的基本输入输出程序，系统设置信息，开机后自检程序和系统自启动程序。其主要功能是为计算机提供最底层、最直接的硬件设置和控制（见图 1-3）。

图 1-3　BIOS ROM

（2）随机存储器（**Random Access Memory，RAM**）。**RAM** 就是我们通常说的内存条，计算机工作时使用的所有程序和数据等都存储在 RAM 中。RAM 属于电子式存储设备，它是由电路板和芯片组成的，特点是体积小，速度快，有电可存，无电清空，即电脑在开机状态时内存中可存储数据，关机后将自动清空其中的所有数据。它允许随机地按任意指定地址向内存单元存入数据或从该单元取出数据，对任意一个地址的存取时间都是相同的。由于信息是通过电信号写入存储器的，所以断电时 RAM 中的信息就会消失。对程序或数据进行了修改之后，应该将它存储到外存储器中，否则关机后信息将丢失。通常所说的内存大小就是指 RAM 的大小。RAM 可分为 DDRAM 内存和 SDRAM 内存（但是 SDRAM 由于容量低，存储速度慢，稳定性差，现在已经被 DDRAM 代替），内存有 DDR，DDR2，DDR3，DDR4 四大类，每一类别又有频率的差异，一般来说，频率越高数据读写速度越快，容量一般为 1～64GB（见图 1-4）。

3. 外部存储器

外部存储器简称外存，计算机中常用的外存主要有硬磁盘（简称硬盘）、软磁盘（简称软盘）、光盘、U 盘、移动硬盘等。硬盘是电脑主要的存储媒介之一，主要分为机械硬盘（Hard Disk Drive，HDD）和固态硬盘（Solid

图 1-4　内存条（**RAM**）

State Drive，SSD），HDD 采用磁性碟片来存储，SSD 采用闪存颗粒来存储。硬盘存储空间比较大，有的硬盘容量已在 2TB 以上。硬盘上保存的数据在不通电状态下是不会丢失的，只要硬盘不坏则可永久保存数据。绝大多数硬盘都是固定硬盘，被永久性地密封固定在硬盘驱动器中。

（1）机械硬盘（HDD）：是由一个或者多个铝制或者玻璃制的碟片组成的，这些碟片外覆盖有铁磁性材料。机械硬盘大多由多个盘片组成，此时，除了每个盘片要分为若干个磁道和扇区以外，多个盘片表面的相应磁道将在空间上形成多个同心圆柱面（见图 1-5）。

（2）固态硬盘（SSD），简称固盘：是用固态电子存储芯片阵列制成的，其特点是数据读写速度快、低功耗、无噪声、抗震动、低热量、体积小。固盘芯片的工作温度范围很宽，商规产品为 0 ～ 70℃，工规产品为 -40 ～ 85℃。因此虽然其成本较高，但也正在逐渐普及到 DIY 市场。由于固态硬盘技术与传统硬盘技术不同，所以产生了不少新兴的存储器厂商。厂商只需购买 NAND 存储器，再配合适当的控制芯片，就可以制造固态硬盘了。新一代的固态硬盘普遍采用 SATA-3 接口、M.2 接口、MSATA 接口、PCI-E 接口、SAS 接口、CFast 接口和 SFF-8639 接口。固态硬盘比机械硬盘更耐用、更低温、更抗震、更便携。因此固态硬盘被广泛应用于军事、车载、工业、医疗、航空等领域（见图 1-6）。

图 1-5　硬盘（HDD）　　　　　图 1-6　固盘（SSD）

4. 输入设备

输入设备是向计算机输入数据和信息的设备，是计算机与用户或其他设备通信的桥梁，是用户和计算机系统之间进行信息交换的主要装置之一。常用的输入设备有键盘、鼠标、摄像头、扫描仪、光笔、手写输入板、游戏杆、语音输入装置等。

（1）键盘（Keyboard）：是常用的输入设备，由一组开关矩阵组成，包括数字键、字母键、符号键、功能键及控制键等。每一个按键在计算机中都有它的唯一代码。当按下某个键时，键盘接口将该键的二进制代码送入计算机主机中，并将按键字符显示在显示器上。当快速大量输入字符，主机来不及处理时，先将这些字符的代码送往内存的键盘缓冲区，然后再从该缓冲区中取出进行分析处理。键盘接口电路多采用单片微处理器，由它控制整个键盘的工作，如上电时对键盘的自检、键盘扫描、按键代码的产生、发送及与主机

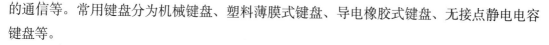

的通信等。常用键盘分为机械键盘、塑料薄膜式键盘、导电橡胶式键盘、无接点静电电容键盘等。

（2）鼠标（**Mouse**）：是一种手持式屏幕坐标定位设备，它是适应菜单操作的软件和图形处理环境而出现的一种输入设备，特别是在现今流行的 Windows 图形操作系统环境下应用鼠标器方便快捷。常用的鼠标器有两种，一种是机械式鼠标，另一种是光电式鼠标。

5. 输出设备

输出设备是人与计算机交互的一种部件，用于数据的输出。它把各种计算结果数据或信息以数字、字符、图像、声音等形式表示出来。常见的有显示器、打印机、绘图仪、影像输出系统、语音输出系统、磁记录设备等。

显示器（Display）是计算机必备的输出设备，常见显示器分为 CRT 显示器、LCD 显示器、LED 显示器。

（1）CRT 显示器：是一种使用阴极射线管（Cathode Ray Tube）的显示器，通常是一台电脑的标准设备之一。早期的 CRT 显示器只有绿色的一小块，而如今 20 寸的 CRT 显示器都司空见惯了。随着尺寸的增加，CRT 显示器的显示效果也在提高。

（2）LCD 显示器，也称为液晶显示器。液晶是一种介于固体和液体之间的特殊物质，它是一种有机化合物，常态下呈液态，但是它的分子排列却和固体晶体一样非常规则，因此取名液晶。它的另一个特殊性质在于，如果给液晶施加一个电场，会改变它的分子排列。这时如果给它配合偏振光片，它就具有阻止光线通过的作用（在不施加电场时，光线可以顺利透过），如果再配合彩色滤光片，改变加给液晶电压大小，就能改变某一颜色透光量的多少，也可以形象地说改变液晶两端的电压就能改变它的透光度（但实际中这必须和偏光板配合）。

（3）LED 显示器：通过控制半导体发光二极管显示，用来显示文字、图形、图像、动画、行情、视频、录像信号等各种信息的显示屏幕。通过发光二极管芯片的适当连接（包括串联和并联）和适当的光学结构，可构成发光显示器的发光段或发光点。由这些发光段或发光点可以组成数码管、符号管、米字管、矩阵管、电平显示器管等。通常把数码管、符号管、米字管统称为笔画显示器，而把笔画显示器和矩阵管统称为字符显示器。

6. 主板

主板（Motherboard, Mainboard，简称 Mobo）：又称主机板、系统板、逻辑板、母板、底板等。它安装在机箱内，是个人计算机最基本最重要的部件之一，上面安装了组成计算机的主要电路系统，一般有 BIOS 芯片、I/O 控制芯片、键盘和面板控制开关接口、指示灯插接件、扩充插槽、主板及插卡的直流电源供电接插件等元件。主板上大都有 6 ～ 15 个扩展插槽，供 PC 机处理器、显卡、声效卡、硬盘、存储器等设备的控制卡（适配器）

插接。用户通过更换这些插卡，可以对微机的相应子系统进行局部升级，使厂家和用户在配置机型方面有更大的灵活性。总之，主板在整个微机系统中扮演着举足轻重的角色。可以说，主板的类型和档次决定着整个微机系统的类型和档次，主板的性能影响着整个微机系统的性能（见图 1-7）。

7. 电源设备

电源是把 220V 交流电，转换成直流电，并专门为电脑配件，如 CPU、主板、硬盘、内存条、显卡、光盘驱动器等供电的设备，是电脑各部件供电的枢纽，是电脑的重要组成部分。计算机电源主要由电磁滤波器、保护器、变压器、散热器、滤波电路、保护电路等部件组成（见图 1-8）。

图 1-7　主板　　　　　　　　　　　　　　图 1-8　电源

1.1.2　计算机软件系统

软件（Software）是一系列按照特定顺序组织的电脑数据和指令的集合。一般来说，软件被划分为系统软件和应用软件。其中系统软件为计算机使用提供最基本的功能，但是并不针对某一特定应用领域。而应用软件则恰好相反，不同的应用软件根据用户和所服务的领域提供不同的功能。软件并不只是包括可以在计算机上运行的电脑程序，还包括与这些电脑程序相关的文档。简单来说，软件就是程序加文档的集合体。软件被应用于社会的各个领域，对人们的生活和工作都产生了深远的影响。

（1）系统软件：是负责管理计算机系统中各种独立的硬件，使得它们可以协调工作的软件。系统软件使得计算机使用者和其他软件将计算机当作一个整体而不需要顾及底层每个硬件是如何工作的。一般来讲，系统软件包括操作系统和一系列基本的工具（比如编译器，数据库管理，存储器格式化，文件系统管理，用户身份验证，驱动管理，网络连接，等等）。常用的操作系统有 Windows、Linux、UNIX 等。

（2）应用软件：是为了某种特定的用途而被开发的软件。它可以是一个特定的程序，比如一个图像浏览器；可以是一组功能联系紧密，互相协作的程序的集合，比如微软的 Office 软件；也可以是一个由众多独立程序组成的庞大的软件系统，比如信息管理系统。

1.2　计算机工作原理

计算机根据人们预定的安排，自动地进行数据的快速计算和加工处理。人们预定的安排是通过一连串指令（操作者的命令）来表达的，这个指令序列就是程序。一个指令规定计算机执行一个基本操作。一个程序规定计算机完成一个完整的任务。一种计算机所能识别的一组不同指令的集合，称为该种计算机的指令集合或指令系统。在微机的指令系统中，主要使用了单地址和二地址指令，其中，第 1 个字节是操作码，规定计算机要执行的基本操作，第 2 个字节是操作数。计算机指令包括以下类型：数据处理指令（加、减、乘、除等）、数据传送指令、程序控制指令、状态管理指令。整个内存被分成若干个存储单元，每个存储单元一般可存放 8 位二进制数（字节编址）。每个单元可以存放数据或程序代码，为了能有效地存取该单元内存储的内容，每个单元都给出了一个唯一的编号来标识，即地址。

计算机在运行时，先从内存中取出第一条指令，通过控制器的译码，按指令的要求，从存储器中取出数据进行指定的运算和逻辑操作等加工，然后再按地址把结果送到内存中去，接下来，再取出第二条指令，在控制器的指挥下完成规定操作，依此进行下去，直至遇到停止指令。

程序与数据一样存储，按程序编排的顺序，一步一步地取出指令，自动地完成指令规定的操作是计算机最基本的工作原理。这一原理最初是由美籍匈牙利数学家冯·诺依曼于 1945 年提出来的，故称为冯·诺依曼原理。冯·诺依曼原理的核心是"存储程序控制"，其内容包括以下几项：

（1）采用二进制（0，1）形式表示数据和指令。

（2）将程序（数据和指令序列）预先存放在主存储器中，使计算机在工作时能够自动高速地从存储器中取出指令，并加以执行。

（3）由运算器、存储器、控制器、输入设备和输出设备五大基本部件组成计算机系统，并规定了这五大部件的基本功能。冯·诺依曼思想实际上是电子计算机设计的基本思想，奠定了现代电子计算机的基本结构（见图 1-9）。

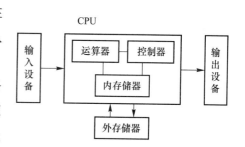

图 1-9　冯·诺依曼原理

1.3 计算机编程语言

上面我们已经了解到计算机是通过执行程序指令来完成工作的，这些程序的指令必须要遵循该计算机能识别的指令规则来编写，不同的计算机其指令系统是不同的，这主要取决于所用到的 CPU。这就是 Windows 操作系统不能安装在苹果电脑上运行的原因。

计算机程序指令可以用各种符号来表示，可以是 0 或 1、英语单词甚至是汉字。但这些符号必须按规定的语法规则来编写，不同的符号加上不同的语法规则就代表不同的编程语言。因此，计算机编程语言就是编写程序的工具。打个比方，就如我们可以用汉语来写文章，还可以用英语等其他语言来写文章，但不同的语言会有不同的语法规则。从计算机诞生至今，计算机编程语言经历了"机器语言""汇编语言"和"高级语言"几个阶段。

（1）机器语言。根据冯·诺依曼原理，我们知道计算机只能够识别 0 和 1 两种符号。所有程序指令最终都要转换为 0 和 1 来表示，计算机才能运行。用 0 和 1 表示的编程语言我们则称之为"机器语言"。

用机器语言编写程序，编程人员要首先熟记所用计算机的全部指令代码和代码的涵义。编写程序时，程序员得自己处理每条指令和每一数据的存储分配和输入输出，还得记住编程过程中每步所使用的工作单元处在何种状态。这是一件十分繁琐的工作，编写程序花费的时间往往是实际运行时间的数十倍或数百倍。而且，编出的程序全是些 0 和 1 的指令代码，直观性差，还容易出错。除了计算机生产厂家的专业人员外，绝大多数程序员已经不再学习机器语言。

（2）汇编语言。为了克服机器语言难读、难编、难记和易出错的缺点，人们就用与代码指令实际含义相近的英文缩写词、字母和数字等符号来取代指令代码（如用 ADD 表示运算符号"+"的机器代码），于是就产生了汇编语言。所以说，汇编语言是一种用助记符表示的仍然面向机器的计算机编程语言，汇编语言亦称符号语言。

汇编语言由于采用了助记符号来编写程序，比用机器语言的二进制代码编程要方便些，在一定程度上简化了编程过程。汇编语言的特点是用符号代替了机器指令代码，而且助记符与指令代码一一对应，基本保留了机器语言的灵活性。使用汇编语言能面向机器并较好地发挥机器的特性，得到质量较高的程序。

汇编语言中由于使用了助记符号，用汇编语言编制的程序送入计算机，计算机不能像用机器语言编写的程序一样直接识别和执行，必须通过预先放入计算机的"汇编程序"的加工和翻译，才能变成能够被计算机识别和处理的二进制代码程序。用汇编语言等非机器语言书写好的符号程序称"源程序"，运行时汇编程序要将源程序翻译成"目标程序"。目标程序是机器语言程序，它一经被安置在内存的预定位置上，就能被计算机的 CPU 处理和执行。

汇编语言像机器指令一样，是硬件操作的控制信息，因而仍然是面向机器的语言，使用起来还是比较烦琐费时，通用性也差。汇编语言是"低级语言"。但是，汇编语言用来编制系统软件和过程控制软件，其目标程序占用内存空间少，运行速度快，有着高级语言不可替代的用途。

（3）高级语言。不论是机器语言还是汇编语言都是面向硬件具体操作的，语言对机器的过分依赖，要求使用者必须对硬件结构及其工作原理都十分熟悉，这对非计算机专业人员是难以做到的，对于计算机的推广应用是不利的。计算机行业的发展，促使人们去寻求一些与人类自然语言相接近且能为计算机所接受的语意确定、规则明确、自然直观和通用易学的计算机语言。这种与自然语言（如英语）相近并为计算机所接受和执行的计算机语言称为"高级语言"。高级语言是面向用户的语言。无论何种机型的计算机，只要配备上相应的高级语言的编译或解释程序，则用该高级语言编写的程序就可以通用。如今被广泛使用的高级语言很多，如 C，C++，C#，JAVA，Python 等。每一种高级（程序设计）语言，都有自己人为规定的专用符号、英文单词、语法规则和语句结构（书写格式）。高级语言与自然语言（英语）更接近，而与硬件功能相分离（彻底脱离了具体的指令系统），便于广大用户掌握和使用。高级语言的通用性强，兼容性好，便于移植。

计算机不能直接地接收和执行用高级语言编写的源程序，源程序在输入计算机时，通过"翻译程序"翻译成机器语言形式的目标程序，计算机才能识别和执行。这种"翻译"通常有两种方式，即"编译方式"和"解释方式"（见图 1-10）。

编译方式：是事先编好一个称为"编译程序"的机器语言程序，作为系统软件存放在计算机内，在用户将由高级语言编写的源程序输入计算机后，"编译程序"便把源程序整个地翻译成用机器语言表示的与之等价的目标程序，然后计算机再执行该目标程序，以完成源程序要处理的运算并取得结果。

采用编译方式执行的编程语言称之为"编译型语言"，例如 C，C++ 等就属于编译型语言。使用编译型语言开发完成后需要将所

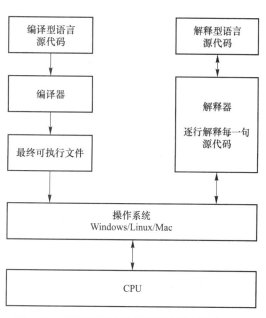

图 1-10　编译型语言和解释型语言的执行流程

有的源代码都转换成"可执行程序"，比如 Windows 下的 .exe 文件，可执行程序就是计算机能直接识别的二进制机器码。只要我们拥有可执行程序，就可以随时运行，不用再重新编译了，也就是"一次编译，无限次运行"。在运行的时候，我们只需要直接运行生成的可执行程序，不再需要源代码和编译器了，所以说编译型语言可以脱离开发环境运行。

但编译型语言最大的问题是其开发的程序一般是不能跨平台的。具体表现在两方面：

1）可执行程序不能跨平台。可执行程序不能跨平台很容易理解，因为不同操作系统对可执行文件的内部结构有着截然不同的要求，彼此之间也不能兼容。比如，不能将 Windows 操作系统下的可执行程序拿到 Linux 操作系统下运行，也不能将 Linux 下的可执行程序拿到 Mac OS 下运行。

另外，相同操作系统的不同版本之间也不一定兼容，比如，不能将 X64 程序（Windows 64 位程序）拿到 X86 平台（Windows 32 位平台）下运行。但是反之一般可行，因为 64 位 Windows 对 32 位程序作了很好的兼容性处理。

2）源代码不能跨平台。不同平台支持的函数、类型、变量等都可能不同，基于某个平台编写的源代码一般不能拿到另一个平台下编译。例如，在 C 语言中要想让程序暂停可以使用"睡眠"函数，在 Windows 平台下该函数是 Sleep( )，在 Linux 平台下该函数是 sleep( )，首字母大小写不同。其次，Sleep( ) 的参数是毫秒，sleep( ) 的参数是秒，单位也不一样。

解释方式：是源程序输入计算机时，"解释程序"边扫描边解释，逐句输入逐句翻译成计算机能直接识别的二进制机器码，然后计算机一句一句地执行，并不产生目标程序。采用解释方式执行的编程语言称之为"解释型语言"，例如 Python，JavaScript 等就属于解释型语言。

对于解释型语言，每次执行程序都需要一边转换一边执行，用到哪些源代码就将哪些源代码转换成机器码，用不到的不进行任何处理。每次执行程序时可能使用不同的功能，这个时候需要转换的源代码也不一样。

因为每次解释程序都需要重新转换源代码，所以解释型语言的执行效率天生就低于编译型语言。因此，计算机的一些底层功能，或者关键算法，一般使用 C 或 C++ 实现。而解释型语言主要用于开发一些应用层面的软件（比如网站、批处理、小工具等）。

在运行解释型语言的时候，我们始终都需要"源代码"和"解释程序"（解释器），所以说它无法脱离开发环境。当我们"下载一个程序（软件）"时，不同类型的语言有不同的含义：

对于编译型语言，我们下载到的是可执行文件，源代码被作者保留，所以编译型语言的程序一般是"闭源"的。

对于解释型语言，我们下载到的是所有的源代码，因为作者不给源代码就没法运行，

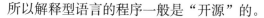

所以解释型语言的程序一般是"开源"的。

相比于编译型语言来说，解释型语言开发的软件最大的优势就在于能跨平台运行"一次编写，到处运行"。那么，为什么解释型语言就能跨平台呢？

这就要归功于解释器，我们所说的跨平台，是指源代码跨平台，而不是解释器跨平台，解释器用来将源代码转换成机器码，它就是一个可执行程序，是不能跨平台的。官方需要针对不同的平台开发不同的解释器，这些解释器必须要能够遵守同样的语法，识别同样的函数，完成同样的功能，只有这样，同样的代码在不同平台的执行结果才是相同的。

1.4　Python 语言

Python 是目前公认的全球五大流行语言之一。Python 已有 30 多年的历史，最近几年迅速火爆，除了因为它简洁、容易上手之外，还因为它在人工智能、数据分析和爬虫等多个领域提供了非常优秀的开发库（模块）。从云计算、大数据到人工智能，Python 无处不在，百度、阿里巴巴、腾讯等一系列大公司都在使用 Python 完成各种任务。

1．Python 语言的诞生与发展

Python 是一门高级计算机编程语言，其作者是 Guido von Rossum（吉多·范·罗苏姆，中国 Python 程序员都叫他"龟叔"），荷兰人。1982 年，"龟叔"从阿姆斯特丹大学获得了数学和计算机硕士学位。然而，尽管他算得上是一位数学家，但他更加享受计算机带来的乐趣。用他的话说，虽然拥有数学和计算机双料资质，他总趋向于做计算机相关的工作，并热衷于做任何和编程相关的事情。

1989 年，为了打发圣诞节假期，"龟叔"开始写 Python 语言的编译器。Python 这个名字，来自"龟叔"所挚爱的电视剧 *Monty Python's Flying Circus*。他希望这个新的叫作 Python 的语言，能符合他的理想：创造一种 C 和 Shell 之间，功能全面，易学易用，可拓展的语言。"龟叔"作为一个语言设计爱好者，已经有过设计语言的尝试。这一次，也不过是一次纯粹的 hacking 行为。

1991 年，第一个 Python 编译器诞生。它是用 C 语言实现的，并能够调用 C 语言的库文件。Python 从一开始就特别在意可拓展性。Python 可以在多个层次上拓展。从高层上，可以直接引入 .py 文件。在底层上，可以引用 C 语言的库。最初的 Python 完全由"龟叔"本人开发，后来 Python 慢慢得到"龟叔"同事的欢迎。他们迅速地反馈使用意见，并参与到 Python 的改进中来。"龟叔"和一些同事构成 Python 的核心团队。他们将自己大部分的业余时间用于 hack Python。随后，Python 拓展到研究所之外。Python 将许多机器层面上的细节隐藏，交给解释器处理，并凸显出逻辑层面的编程思考。Python 程序员可以花更多的时间用于思考程序的逻辑，而不是具体的实现细节。这一特征吸引了广大的程序员，Python 开始流行。

1994 年 1 月 Python 1.0 发布了，这个版本的主要新功能是 lambda, map, filter 和 reduce，但是"龟叔"不喜欢这个版本。

2000 年 10 月 Python 2.0 发布了，这个版本的主要新功能是内存管理和循环检测垃圾收集器以及对 Unicode 的支持。然而，尤为重要的变化是开发流程的改变，Python 此时有了一个更透明的社区。然而，Python 2.x 仍然存在很多缺陷和错误。

2008 年 12 月 Python 3.0 发布了，为了解决 Python 2.x 存在的问题，必须对 Python 3.x 进行全新的设计，所以 Python 3.x 是不兼容 Python 2.x 的，这意味着 Python 3.x 无法运行 Python 2.x 的代码。Python 的社区也一直在蓬勃发展，当我们提出一个有关的 Python 问题，几乎总是有人遇到了同样的问题并已经解决了。因此，学习 Python 并不是很难，只需要安装好环境——开始敲代码——遇到问题——解决问题，就是这么简单。

2. Python 语言的特点

（1）解释性脚本语言：不需要编译就可以直接运行，由于 Python 是一种解释执行的计算机语言，因此它的应用程序运行起来要会比编译式的计算机语言慢一些，这也是 Python 的缺点。但现在的计算机硬件性能越来越强大，这个缺点已不再是问题。

（2）面向对象的语言：在 Python 中一切都是对象。

（3）动态语言：变量的类型可以在运行时发生变化。

（4）强类型：某个变量在某个特定时刻类型确定，不能将字符串对象当作整数来使用，与之相对的是弱类型语言，如 PHP。

（5）语法简单：这降低了入门门槛，使得 Python 非常容易上手。

（6）易于扩展：可以方便地将其他语言开发的模块加入到 Python 中。

（7）开源免费：Python 解释器都可以免费获得和使用。Python 语言也是免费的，任何人都可以开发自己的 Python 解释器，不用给任何人交专利费用。

（8）可移植性强：Python 解释器在目前主流硬件架构和操作系统上都获得了支持，而且绝大多数的 Python 代码可以在这些平台上无差别地运行。

（9）丰富的库：这个决定了 Python 语言的应用领域。目前 Python 在互联网、人工智能、手机应用开发等领域都有各种丰富的库可以使用。Python 语言现在可以算是一种通用开发语言了，在各个领域中都得到了应用。

1.5　安装 Python 语言集成开发环境

集成开发环境（Integrated Development Environment，IDE）是用于提供程序开发环境的应用程序，一般包括代码编辑器、编译器、调试器和图形用户界面工具，具备代码编写功能、分析功能、编译功能（解释功能）、调试功能等一体化的开发软件服务包。Python IDE 就是给 Python 语言的编写、调试、解释提供环境的一种程序。

1.　IDLE（Integrated Development Environment）

因为 Python 语言是开放的，任何人、任何公司或者组织都可以自己做解释器，所以网上可以找到很多版本的 Python IDE。但最正宗的是 python.org 提供的用 C 语言实现的 Python IDE，它可以在 Python 官网上进行免费下载（见图 1-11）。

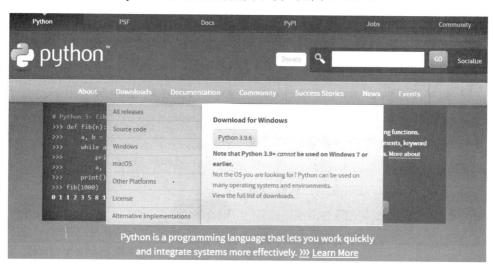

图 1-11　Python 官网

下载的安装包中不仅有 Python 解释器，还包含了一个叫 IDLE 的集成开发环境。下载安装过程如下：

（1）进入 Python 官网（https://www.python.org/），找到适合自己电脑操作系统的 Python 版本，然后点击下载。

（2）双击所下载的程序，进行 Python 的安装，在安装过程中建议选择自定义安装到自己指定的目录位置。

（3）在安装过程中，建议在复选框中勾选上 Install launcher for all users 和 Add Python 3.9 to PATH，这样安装完成后该计算机的所有用户都可以使用，并且安装程序会自动配置好环境变量（见图 1-12）。

图 1-12 Python 安装过程

（4）安装成功后，打开命令提示符窗口（win+R，再输入 cmd 回车），敲入 python-V 后，出现 Python 版本就说明安装成功。

2. PyCharm

PyCharm 是一款第三方公司开发的常用 Python IDE，它由一家捷克的软件开发公司 JetBrains 所开发。PyCharm 带有一整套可以帮助用户在使用 Python 语言开发时提高其效率的工具，比如调试、语法高亮、项目管理、代码跳转、智能提示、自动完成、单元测试和版本控制等。此外，该 IDE 提供了一些高级功能，以用于支持 Django 框架下的专业 Web 开发，使 PyCharm 已成为 Python 专业开发人员和刚起步人员使用的有力工具。下载安装过程如下（注意：安装 PyCharm 前，要先安装 Python 解释器）：

（1）进入 PyCharm 官网（https://www.jetbrains.com/pycharm/）下载 PyCharm 社区版（免费版），PyCharm 专业版是收费的，建议初学者使用社区版（见图 1-13）。

（2）下载好以后，双击安装，可修改安装路径，然后点击 Next（见图 1-14）。

（3）继续点击 Next 进入图 1-15 界面，建议把复选框都选上。

图 1-13 下载 PyCharm 社区版

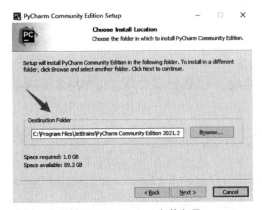

图 1-14 PyCharm 安装向导

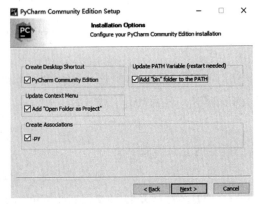

图 1-15 PyCharm 安装向导

（4）再次点击 Next 后，点击 Install 按钮，等待自动安装完成。

本节中，我们介绍了 IDLE 和 PyCharm 两种集成开发环境的下载与安装。IDLE 是 Python 自带的一种轻量级的 IDE，适合 Python 初学者使用。而 PyCharm 的功能更加强大，适合工程人员进行软件项目开发。

1.6　编写第一个 Python 程序

1. 使用 IDLE 编写第一个 Python 程序

（1）命令行编程方式。在安装 Python 后，会自动安装一个 IDLE，它是一个 Python Shell（可以在打开的 IDLE 窗口的标题栏上看到），程序开发人员可以利用 Python Shell 输入程序代码并执行。例如：我们在命令提示符后输入 print（" 你好 Python!"），然后敲回车就会输出"你好 Python!"（见图 1-16）。

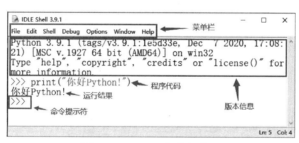

图 1-16　IDLE 命令行窗口

（2）文件编程方式。IDLE 命令行编程方式多用于实时交互，不便于程序源代码的长期保存。因此 IDLE 还可以单独创建一个文件来编写程序代码，在全部代码编写完成后一起执行并可长期保存源代码。

1）在 IDLE 主窗口的菜单栏上，选择"File >> New File"菜单项，将打开一个新窗口，在该窗口中直接输入 Python 程序代码（见图 1-17）。

```
File  Edit  Format  Run  Options  Window  Help
print(" "*10+"沁园春·雪")
print(" "*20+"——毛泽东\n")
print("北国风光，千里冰封，万里雪飘，")
print("望长城内外，惟余莽莽；大河上下，顿失滔滔。")
print("山舞银蛇，原驰蜡象，欲与天公试比高。")
print("须晴日，看红装素裹，分外妖娆。")
print("江山如此多娇，引无数英雄竞折腰。")
print("惜秦皇汉武，略输文采；唐宗宋祖，稍逊风骚。")
print("一代天骄，成吉思汗，只识弯弓射大雕。")
print("俱往矣，数风流人物，还看今朝。")
```

图 1-17　IDLE 文件编辑窗口

2）程序代码输入完成后，在菜单栏中选择"Run >> Run Module"进行程序的调试和运行（也可以直接按下快捷键 <F5>）。如果是新建的文件，这时会弹出一个"保存文件"的对话框，则需进行文件的保存操作。需要注意的是，保存的文件扩展名应是 .py（如保存为 demo.py），确定后将在 IDLE Shell 窗口中输出程序结果（见图 1-18）。

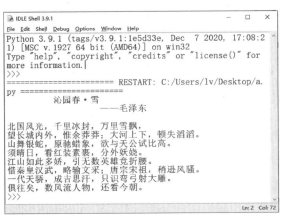

图 1-18　程序运行结果

（3）Python IDLE 常用快捷键。在程序开发过程中，合理使用快捷键不但可以减少代码的错误率，还可以提高程序开发效率，IDLE 快捷键见表 1-1 所示。用户也可通过选择"Options >> Configure IDLE"菜单项，在打开的"Settings"对话框的"Keys"选项卡中查看。

表 1-1　IDLE 快捷键

快捷键	说明	适用范围
F1	打开 Python 帮助文档	Python 文件窗口和 Shell 均可用
Alt+P	浏览历史命令（上一条）	仅 Python Shell 窗口可用
Alt+N	浏览历史命令（下一条）	仅 Python Shell 窗口可用
Alt+/	自动补全前面曾经出现过的单词，如果之前有多个单词具有相同前缀，可以连续按下该快捷键，在多个单词中间循环选择	Python 文件窗口和 Shell 窗口均可用
Alt+3	注释代码块	仅 Python 文件窗口可用
Alt+4	取消代码块注释	仅 Python 文件窗口可用
Alt+g	转到某一行	仅 Python 文件窗口可用
Ctrl+Z	撤销一步操作	Python 文件窗口和 Shell 窗口均可用
Ctrl+Shift+Z	恢复上一次的撤销操作	Python 文件窗口和 Shell 窗口均可用
Ctrl+S	保存文件	Python 文件窗口和 Shell 窗口均可用
Ctrl+]	缩进代码块	仅 Python 文件窗口可用
Ctrl+[	取消代码块缩进	仅 Python 文件窗口可用
Ctrl+F6	重新启动 Python Shell	仅 Python Shell 窗口可用

2. 使用 PyCharm 编写第一个 Python 程序

（1）双击打开安装好的 PyCharm 软件，进入欢迎页面，选择 New Project 新建项目按钮（见图 1-19）。

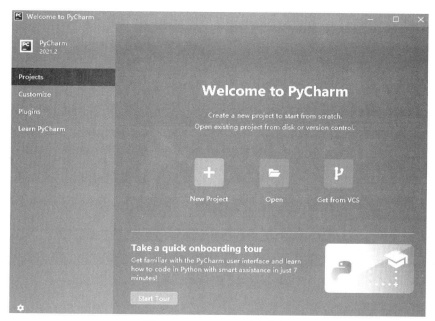

图 1-19　PyCharm 欢迎页面

（2）在新建项目页面中 Location 文本框中可修改项目名称和存放位置，其他内容使用默认值即可，修改完成后点击 Create 按钮自动创建项目（见图 1-20）。

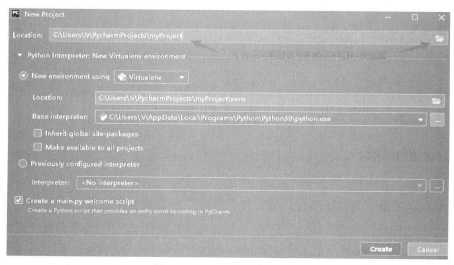

图 1-20　PyCharm 创建项目

（3）项目新建成功后，自动进入 PyCharm 主窗口，PyCharm 主窗口与绝大多数 Windows 窗口的布局一样，上边是菜单栏，左边是项目目录结构，右边是代码编辑区，下边是控制台输出结果区。我们在代码编辑区中输入程序代码，然后点击菜单栏中的 Run 按钮运行程序，如果程序代码没有语法错误，则可在窗口下方的控制台查看程序输出结果（见图 1-21）。

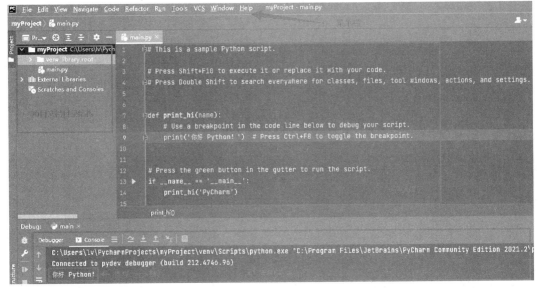

图 1-21 　PyCharm 主窗口

总　结

> 了解计算机是由哪些硬件和软件组成的；
> 理解计算机的工作原理（冯·诺依曼原理）；
> 认识什么是机器语言、汇编语言和高级语言；
> 了解 Python 语言的诞生与发展，以及其特点；
> 掌握 Python IDLE 和 PyCharm 的下载与安装。

拓展阅读

习近平总书记指出，新时代抓发展，必须更加突出发展理念，坚定不移贯彻创新、协调、绿色、开放、共享的新发展理念。Python 拥有丰富的标准库和第三方库，支持各种编程范式和领域，例如 Web 开发、数据分析、人工智能等。此外，Python 还支持高级特性，如列表推导式、生成器、装饰器等，为程序员提供了丰富的工具和技术，它的开源性也为开发者提供了更开放、灵活和自由的编程环境。

 习 题

一、选择题

1. 计算机系统中执行算术运算和逻辑运算的功能部件是（　　）。

A. ALT　　　　　　　　B. CPU　　　　　　　C. ALU　　　　　　　D. DBMS

2. 所谓"裸机"是指（　　）。

A. 单片机　　　　　　　　　　　　　　　B. 没安装任何软件的计算机

C. 单板机　　　　　　　　　　　　　　　D. 只安装操作系统的计算机

3. 计算机软件通常分为（　　）。

A. 高级软件和一般软件　　　　　　　　B. 管理软件和控制软件

C. 系统软件和应用软件　　　　　　　　D. 专业软件和大众软件

4. Python 语言属于（　　）。

A. 机器语言　　　　　B. 汇编语言　　　　　C. 高级语言　　　　D. 以上都不是

5. 用 Python 语言编写的程序，需要经过（　　）后计算机才能识别。

A. 汇编　　　　　　　B. 编译　　　　　　　C. 解释　　　　　　　D. 连接

6. Python 程序文件的扩展名是（　　）。

A. .exe　　　　　　　B. .php　　　　　　　C. .doc　　　　　　　D. .py

7. Python 内置的集成开发工具是（　　）。

A. Python Win　　　B. Pydev　　　　C. PyCharm　　　　　　D. IDLE

8. Python 解释器的命令提示符是（　　）。

A. >　　　　　　　　B. >>　　　　　　　　C. >>>　　　　　　　D. #

二、解答题

1. 冯·诺依曼原理的内容是什么？

2. 程序的编译和解释有什么不同？

3. Python 程序为什么能够跨平台运行？

三、操作题

下载安装 Python IDLE 和 PyCharm 后，编写第一个 Python 程序输出一行文字。

第 2 章　Python 语言基础知识

> **内容要点：**
> - Python 语言程序编写规范；
> - Python 语言的保留字与标识符；
> - Python 语言中变量的赋值与使用；
> - Python 语言中的基本数据类型（数字、布尔值、字符串）；
> - Python 中有关字符串常用函数和方法；
> - Python 语言中的各种运算符。
>
> **思政目标：**
> - 通过本章的学习，强化规范意识。

2.1　Python 语言程序编写规范

每一门编程语言都有自己的语法规则和编写规范，语法就是编写程序时需要遵循的一些规则约定。掌握编程语言的语法规则是学习该门语言的第一步，也是最简单的环节。规范的代码可以减少程序 Bug，提高程序可读性，降低维护成本以及有利于团队合作开发。本节详细介绍 Python 语言的语法规范。

2.1.1　Python 语言程序书写规范

1. 代码行

在代码编辑器中可以一行写多条代码，代码之间用分号（;）隔开，但不建议这样做。建议每行只写一条代码，且每行不要超过 80 个字符，如果超过，建议使用小括号将多行内容隐式地连接起来，而不推荐使用反斜杠"\"进行连接。代码如下：

```
if (width == 0 and height == 0 and
        color == 'red' and emphasis == 'strong'):
x = ('这是一个很长很长很长很长很长很长很长很长'
     '很长很长很长很长很长很长很长很长的字符串')
```

注意：此编程规范适用于绝对大多数情况，但以下两种情况除外：

- 导入模块的语句过长时，请写成一行。
- 注释里的长 URL 地址时，请写成一行。

2. 缩进

Python 使用缩进来表示代码的包含关系，比如，在连续的代码行中，缩进相同的行被认为是同一级别的程序块。代码如下：

```
class PythonLanguage:              # 代码前没有空格
    def __init__(self,name):       # 代码前有 4 个空格
        self.name = name           # 代码前有 8 个空格
    def setname(self,name):
        self.name = name
    def getname(self):
        return self.name
pl= PythonLanguage ("Python 语言 ")      # 代码前没有空格
print(pl.getname())
pl.setname("Python 程序设计 ")
print(pl.getname())
print(pl.getname())
```

Python 没有强制要求用 Tab 键缩进还是用空格键缩进，甚至空格按几个都没有强制要求。建议大家用 4 个空格来缩进代码，不要用 Tab 键，绝对不允许 Tab 和空格混用。原因是 Tab 键在 ASCII 码中，编码是 9，而空格是 32，当我们按下一个 Tab 键的时候，有的编辑器中它表示 4 个空格，而另外的编辑器有可能表示的是 8 个空格，所以在一个编辑器里混用 Tab 和空格键设置缩进后，在其他编辑器里有可能缩进就乱了。如果统一使用空格键就不会出现这个问题，因为一个空格就占一个字符的位置。

3. 空行

可以用空行来从形式上对程序代码块表示间隔，有助于提高代码的可读性。代码如下：

```
foo = 1000
long_name = 2

                                  # 空行
dictionary = {
    "foo": 1,
    "long_name": 2,
    }
```

4. 注释

用来向用户提示或解释某些代码的作用和功能，提高程序的可读性，在调试（Debug）程序的过程中，注释还可以用来临时移除无用的代码。它可以出现在代码中的任何位置。Python 解释器在执行代码时会忽略注释，不做任何处理，就好像它不存在一样。注释往往容易被初学者所忽视，但每个成熟的程序员都能深刻理解注释的重要性，所以一般软件企业都会有明确的规定，要求必须要写注释，合理的代码注释应该占源代码的 1/3 左右。Python 支持两种类型的注释，分别是"单行注释"和"多行注释"。

（1）Python 使用井号（#）作为单行注释的符号，语法格式为：

 # 注释内容

从井号（#）开始，直到这行结束为止的所有内容都是注释。Python 解释器遇到 # 时，会忽略它后面的整行内容。用于注释单行代码的功能时一般将注释放在代码的右侧。代码如下：

```
print("Hello Python!")        # 使用 print 输出 Hello Python!
print(100)                    # 使用 print 输出数字
```

用于注释多行代码的功能时一般将注释放在代码的上一行。代码如下：

```
# 使用 print 输出字符串
print("Hello Python!")
print(" 欢迎进入 Python 的世界！ ")
# 使用 print 输出数字
print(100)
print( 3 + 100 * 2)
```

（2）多行注释指的是一次性注释程序中多行的内容（包含一行）。多行注释通常用来为 Python 文件、模块、类或者函数等添加版权或者功能描述信息。Python 使用三个连续的单引号（'''）或者三个连续的双引号（"""）注释多行内容。格式如下：

```
def max (input_list):
    """ 计算输入列表中元素的最大值，首先判断输入的是否是列表，如果是列表，则通过
for 循环语句计算出最大值并返回，如果输入的不是列表，则返回 None。
    """
    if isinstance(input_list, list):
        ret = input_list[0]
        for x in input_list:
            if x > ret:
```

```
                    ret = x
            return ret
    else:
            return None
```

（3）需要注意的是不管是单行注释还是多行注释，当注释符作为"字符串"的一部分出现时，就不能再将它们视为注释标记，而应该看做正常代码的一部分。代码如下：

```
print('''Hello Python!''')
print("""# 是单行注释的开始 """)
```

执行结果是：

```
Hello Python!
# 是单行注释的开始
```

5. 空格分隔

在运算符两侧、函数参数之间以及逗号两侧，可使用空格进行分隔。

6. 符号

除了符号本身作为了字符串的情况下，在 Python 语言中所有的符号都必须使用英文符号。

2.1.2 Python 保留字与标识符

1. Python 保留字

保留字又可称为关键字，是在 Python 语言中已经被赋予特定意义的 33 个单词，开发者在开发程序时，不能用这些保留字作为标识符给变量、函数、类、模板以及其他对象命名。所有 Python 的关键字只包含小写字母。可以在 IDLE Shell 命令行中执行如下命令查看 Python 包含的保留字：

```
>>> import keyword
>>> keyword.kwlist
```

运行结果如下：

```
    and、as、assert、break、class、continue、def、del、elif、else、
except、
    finally、for、from、False、global、if、import、in、is、lambda、
nonlocal、
    not、None、or、pass、raise、return、try、True、while、with、yield
```

2. Python 内置函数

函数就是将需要重复使用的代码封装起来，并给这段封装的代码起一个名字，以后需要使用该段代码功能的时候只要调用名字就可以了，这样有助于大大提高编程效率。Python 语言中的函数包括：内置函数、标准函数、扩展函数（自定义函数）。

（1）内置函数。Python 解释器自带的函数叫做内置函数，Python 解释器启动以后，内置函数也生效了，这些函数可以直接拿来使用，不需要导入某个模块。

（2）标准函数。Python 标准库相当于解释器的外部扩展，它并不会随着解释器的启动而启动，要想使用这些外部扩展，必须提前导入。Python 标准函数库非常庞大，包含了很多模块，要想使用某个函数，必须提前导入对应的模块，否则函数是无效的。

一般来说，内置函数的执行效率要高于标准库函数。但内置函数的数量必须被严格控制，否则 Python 解释器会变得庞大和臃肿。只有那些使用频繁或者和语言本身绑定比较紧密的函数，才会被提升为内置函数。例如，在屏幕上输出文本是使用最频繁的功能之一，因此 print() 是 Python 的内置函数。除了 print() 函数以外，Python 解释器还提供了更多的内置函数，表 2-1 列出了 Python 3.x 中的所有内置函数。

表 2-1　Python 3.x 内置函数

abs()	delattr()	hash()	memoryview()	set()	all()
dict()	help()	min()	setattr()	any()	dir()
hex()	next()	slicea()	ascii()	divmod()	id()
object()	sorted()	bin()	enumerate()	input()	oct()
staticmethod()	bool()	eval()	int()	open()	str()
breakpoint()	exec()	isinstance()	ord()	sum()	bytearray()
filter()	issubclass()	pow()	super()	bytes()	float()
iter()	print()	tuple()	callable()	format()	len()
property()	type()	chr()	frozenset()	list()	range()
vars()	classmethod()	getattr()	locals()	repr()	zip()
compile()	globals()	map()	reversed()	__import__()	complex()
hasattr()	max()	round()			

3. Python 标识符

标识符就是一个名字，就像我们每个人都有属于自己的名字，它的主要作用就是作为变量、函数、类、模块以及其他对象的名称。Python 中标识符的命名要遵守下述命令规则：

（1）标识符是由字母（A～Z 和 a～z）、下划线和数字组成，但第一个字符不能是数字。

（2）不能使用 Python 中的保留字和内置函数名作为标识符。

（3）Python 中的标识符中，不能包含空格、@、% 以及 $ 等特殊字符。例如合法标识符：UserID，name，mode12，user_age；非法标识符：try，12mode，$money，user age。

（4）在 Python 中标识符的字母是严格区分大小写的，也就是说，两个同样的单词，如果大小格式不一样，代表的意义是完全不同的。例如：

number = 100

Number = 100

NUMBER = 100

表示 3 个不同的变量。

（5）在 Python 语言中，以下划线开头的标识符有特殊含义（后面章节中有专门介绍），应避免使用以下划线开头的标识符。例如：

1）以单下划线开头的标识符（如：_width），表示不能直接访问的类属性，其无法通过 from...import * 的方式导入；

2）以双下划线开头的标识符（如：__add）表示类的私有成员；

3）以双下划线作为开头和结尾的标识符（如：__init__），是专用标识符。

（6）Python 允许使用汉字作为标识符，例如：姓名 = "LiLei"，但为了避免一些汉字编码错误，我们应尽量避免使用汉字作为标识符。

除了要遵守以上这几条规则外，我们还应该养成良好的标识符的命名习惯。例如：

（7）当标识符用作模块名、函数名、类中的属性名和方法名时，应尽量短小，并且全部使用小写字母，如果名称由多个单词组成，可以使用下划线进行分割，例如：user_name、user_age 等。

（8）当标识符用作包的名称时，应尽量短小，也全部使用小写字母，不推荐使用下划线。

（9）当标识符用作类名时，应采用单词首字母大写的形式。例如，定义一个图书类，可以命名为 Book。

2.1.3　Python 之禅

前面小节介绍了 Python 程序的编写规范，关于 Python 语言程序开发的原则 Tim Peters 还专门进行了总结，被称为"Zen of Python"，也被称为"Python 之禅"。

这些编码的原则被 Python 社区广泛接受，因此最后被放入到各个 Python 解释器中。我们可以在 Python 解释器中输入 import this 即可看到这个"Python 之禅"的具体内容（见图 2-1）。当然它是用英文编写的，这里做了一下简单的翻译和解释。

```
>>> import this
The Zen of Python, by Tim Peters

Beautiful is better than ugly.
Explicit is better than implicit.
Simple is better than complex.
Complex is better than complicated.
Flat is better than nested.
Sparse is better than dense.
Readability counts.
Special cases aren't special enough to break the rules.
Although practicality beats purity.
Errors should never pass silently.
Unless explicitly silenced.
In the face of ambiguity, refuse the temptation to guess.
There should be one-- and preferably only one --obvious way to do it.
Although that way may not be obvious at first unless you're Dutch.
Now is better than never.
Although never is often better than *right* now.
If the implementation is hard to explain, it's a bad idea.
If the implementation is easy to explain, it may be a good idea.
Namespaces are one honking great idea -- let's do more of those!
```

图 2-1　Python 之禅

"Python 之禅"的内容翻译成中文如下：

（1）优美漂亮的代码优于丑陋的代码（就是说我们不仅要求代码能够正常工作，而且还希望代码看起来优美）。

（2）明确优于隐含（简单来说就是我们的代码要明确说明其用法，不要让用户根据他们自己的理解来猜）。

（3）简单优于复杂（能用简单方法就一定不要故意给自己找麻烦，最简单的方法就是最好的方法）。

（4）复杂胜于凌乱（如果功能很复杂，则希望能够将其分割成功能单一的多个模块；希望保持模块间接口函数简洁，保证各个模块功能单一）。

（5）扁平优于嵌套（就是尽量不要使用嵌套，毕竟嵌套代码在调试时，定位问题比较麻烦，不知道是在哪一层嵌套时出的问题）。

（6）宽松优于紧凑（各个代码模块之间的联系要简单，不能过于依赖某些模块，不要不同模块之间的联系过于复杂而形成蜘蛛网状）。

（7）代码可读性很重要（变量名、函数名、类名最好有明确的含义。注释也是很重要的，注释可以帮助我们和他人来理解代码）。

（8）即便是特例，也不可违背上述规则（所谓的特例就是这样一些情况，如果我们不遵守这些规则，看起来在目前更加划算。但是如果我们的代码会长期服务于我们，那么遵守这些规则最终会让我们受益）。

（9）虽然现实往往不那么完美，但是不应该放过任何异常（对异常的处理非常重要，90% 的问题就发生在那些边角用例中）。

（10）对异常处理不可马虎（虽然多数异常出现概率很低，但是我们不能掉以轻心，

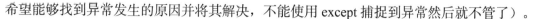

希望能够找到异常发生的原因并将其解决，不能使用 except 捕捉到异常然后就不管了）。

（11）如果存在多种可能，不要猜测（肯定有一种，通常也是唯一一种最佳的解决方案）。

（12）对待代码，要有精益求精的精神（开发者要逐步改进代码，让其趋于完美）。

（13）虽然这并不容易，因为你不是 Python 之父（完全按照上面执行，最开始可能有点困难，但是坚持下来，事情会变得容易起来）。

（14）动手比不动手要好（编程既是脑力劳动，也是体力劳动。多多练习，将想法付之实践能够帮助我们更好地理解代码的优缺点）。

（15）不假思索就动手还不如不做（动手之前，需要思考，确定目标，了解现状。比如，我们要完成的功能是否有类似的库可以使用，它们能否满足我们的需要，即使不能完全满足我们的需要，但可以看看有哪些设计思想值得我们借鉴）。

（16）如果你的方案很难懂，那肯定是一个糟糕的方案（一个难懂的方案，一般很难实现，毕竟代码还是要人来写的。如果编写代码的人对这个方案的理解都不好，结果会和期望值相去甚远，毕竟差之毫厘谬以千里）。

（17）如果你的方案很好懂，那肯定是一个好方案（如果一个方案很好懂，在方案论证时大家都能很好地理解，也能帮忙出主意。在开发时，开发人员也容易保证开发的进度和质量，测试方案和实施也要容易得多。最后出来一个爆款是大概率事件，大家都能从中受益）。

（18）命名空间非常有用，我们应当多加利用（尽量不要将太多的东西放在一个包中，这样会导致功能不清，就像杂货铺一样。应该尽量将代码按照某种方式有效地组织起来）。

2.2　Python 语言变量和基本数据类型

2.2.1　Python 语言中的变量

计算机程序不仅只是指令还包括要处理的各种类型的数据，比如数字、字符等。我们可以把这些数据视为常量直接使用，但更多的时候是将数据保存在变量中，方便以后可以反复使用。那么，什么是变量呢？

变量（Variable）其实就是内存单元格。第 1 章中我们已经学习过内存，内存由很多个单元格组成，每个单元格都是可以存放数据的"容器"，且每个单元格都有一个唯一的地址，但单元格地址不便于书写和记忆，就需要给这些"容器"取名字，这些名字就是"变量名"（见图 2-2），变量名属于标识符，其命名规则在 2.1.2 节中已介绍。

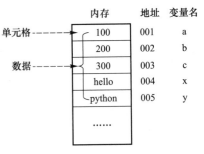

图 2-2　内存示意图

在 Python 语言中，每个变量在使用前都必须先赋值，变量赋值以后计算机才会留出内存单元格予以保存数据，该变量才会被创建。将数据放入变量的过程叫做赋值（Assignment）。Python 使用等号（=）作为赋值运算符，具体格式为：

```
name = value
```

说明：name 表示变量名；= 赋值符号；value 表示要存储的数据。例如：

```
score = 100      #将100存放在名为score的内存单元格中，score就代表100
name = "张三"     #将张三存放在名为name的内存单元格中
```

变量的值可以随时被修改，只要重新赋值即可，甚至都不用操心数据的类型，Python 语言允许将不同类型的数据赋值给同一个变量。例如：

```
n = 59           #将59赋值给变量n
n = 95           #重新将95赋值给变量n，这时n中的59已被95替换
m = n + 5        #将n中的95取出来加上5后，将结果100赋值给变量m
m = "hello"      #将字符串"hello"赋值给m，替换掉了100
```

Python 允许同时为多个变量赋值。例如：

```
a, b, c = 100, 200, "hello"
```

以上代码表示有 a，b，c 三个内存单元格，将整数 100 赋值给 a，将整数 200 赋值给 b，将字符串 "hello" 赋值给 c。

```
a = b = c = 1
```

以上代码表示只有一个单元格，该单元格被取了 a，b，c 三个名字，然后将整数 1 存放在该单元格中。注意区分以上两种不同的赋值方式。

2.2.2　Python 语言中的数字

在现实生活中我们需要用不同类型的符号来表示不同的信息。例如：通常用数字类型

的数据来表示事物的大小多少；用逻辑类型的数据来表示真假对错；用字符串来表示事物的名称信息；等等。在计算机中也是一样，数据是有类型区分的，就如一个人的年龄通常用数字来存储，他的名字用字符串来存储。Python 语言有以下几种数据类型：

- 数字类型（number），包括：整数型（int）、浮点型（float）、复数（complex）。
- 布尔类型（bool）。
- 字符串类型（string）。
- 列表（list）。
- 元组（tuple）。
- 字典（dictionary）。

本章重点介绍"数字类型""布尔类型"和"字符串"类型的数据，"列表""元组""字典"将在第 3 章中详细介绍。

1. 整数型（int）

Python 中的整数包括正整数、0 和负整数。有些强类型的编程语言会提供多种整数类型，每种类型的长度都不同，能容纳的整数的大小也不同，开发者要根据实际数字的大小选用不同的类型。例如 C 语言提供了 short、int、long、long long 四种类型的整数，它们的长度依次递增，初学者在选择整数类型时往往比较迷惑，有时候还会导致数值溢出。而 Python 语言则不同，它是弱类型的语言整数就不再进一步分类型，或者说它只有一种类型的整数。Python 整数的取值范围是无限的，不管多大或者多小的数字，Python 都能轻松处理。当所用数值超过计算机自身的计算能力时，Python 会自动转用高精度计算（大数计算）。例如：

```
n = 100              # 将 100 赋值给变量 n
print（n）# 输出 n 的值
print（type（n））# 输出 n 的数据类型
a = 888888888888888888888          # 给 a 赋值一个很大的整数
print（a）# 输出 a 的值
print（type（a））# 输出 a 的数据类型
b = -999999999999999999999          # 给 b 赋值一个很小的整数
print（b）# 输出 b 的值
print（type（b））# 输出 b 的数据类型
```

以上代码的运行结果如下：

```
100
<class 'int'>
```

```
88888888888888888888888
<class 'int'>
-999999999999999999999
<class 'int'>
```

通过以上例子我们发现无论一个整数是特别大还是特别小，Python 都能够正确输出，不会发生溢出，这说明 Python 只需要用一种整数类型（int）来存储就行了，这样对编程人员来说就更简单，不用去区分该整数是长整型还是短整型。由此可以看出 Python 对整数的处理能力非常强大。

2. 整数的不同进制

计算机中整数可以用不同进制来表示，在 Python 中也是一样的，可以使用十进制、二进制、八进制、十六进制来表示。

（1）十进制数。Python 中的十进制数跟我们平时常见的十进制数形式完全一样，它由 0~9 共十个数字符号排列组合而成。由于十进制数大家已经非常熟悉，在此不就再赘述。

（2）二进制数。根据冯·诺依曼思想，计算机从产生到今天，所有数据在计算机内部都是以二进制的形式来存储的。由于二进制数只有两种状态，要么是 0 要么是 1，所以更容易用电子元器件来表示。二进制是学习编程必须掌握的基础。

二进制数是由 0 和 1 两个数字组成，基数为 2。书写时以 0b 或 0B 开头（第一个符号是数字 0，第二个符号是字母 b 或 B，这两个符号只用来说明该数是二进制数，不影响数据本身的大小）。例如数字 0b0，0b1，0b10，0b111，0b100，0b1000001 等都是二进制数。

二进制加减法和十进制加减法的思想是类似的：

• 对于十进制，进行加法运算时逢十进一，进行减法运算时借一当十；

• 对于二进制，进行加法运算时逢二进一，进行减法运算时借一当二。

例如：

1）二进制加法 1+0=1，1+1=10，11+10=101，111+111=1110，如图 2-3 所示。

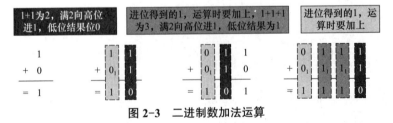

图 2-3　二进制数加法运算

2）二进制减法 1-0=1，10-1=1，101-11=10，1100-111=101，如图 2-4 所示。

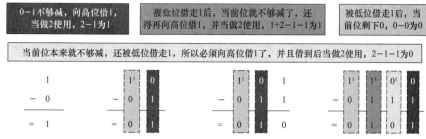

图 2-4　二进制数减法运算

（3）八进制数。除了二进制数以外，我们还可以用八进制和十六进制形式来表示。八进制数是由 0~7 共八个数字组成，八进制数的基数为 8。书写时以 0o 或 0O 开头（第一个符号是数字 0，第二个符号是小写字母 o 或大写字母 O）。例如数字 0o0，0o1，0o5，0o7，0o14，0o733，0o67001，0o25430 等都是八进制数。

八进制加法运算时"逢八进一"，减法运算时"借一当八"。例如：

1）八进制加法 3+4=7，5+6=13，75+42=137，2427+567=3216，如图 2-5 所示。

图 2-5　八进制数减法运算

2）八进制减法 6-4=2，52-27=23，307-141=146，7430-1451=5757，如图 2-6 所示。

图 2-6　八进制数减法运算

（4）十六进制数。十六进制数由 0 ～ 9 十个数字以及 A ～ F（或 a ～ f）6 个字母共 16 个符号组成（A 表示 10，B 表示 11，C 表示 12，D 表示 13，E 表示 14，F 表示 15）。十六进制数的基数为 16。书写时以 0x 或 0X 开头（第一个符号是数字 0，第二个符号是小写字母 x 或大写字母 X）。例如数字 0x0，0x1，0x6，0x9，0xA，0xD，0xF，0x419，0xEA32，0x80A3，0xBC00 等都是十六进制数。

十六进制数加法运算时"逢十六进一"，减法运算时"借一当十六"。例如：

1）十六进制加法 6+7=D，18+BA=D2，595+792=D27，2F87+F8A=3F11，如图 2-7 所示。

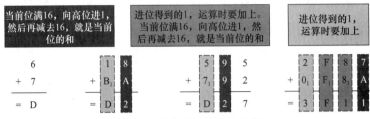

图 2-7　十六进制数减法运算

2）十六进制减法 D-3=A，52-2F=23，E07-141=CC6，7CA0-1CB1=5FEF，如图 2-8 所示。

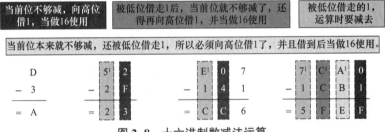

图 2-8　十六进制数减法运算

不同进制数之间是可以进行相互转换的，也就是说十进制数可以转换为二、八、十六进制数；二、八、十六进制数也可以转换为十进制数；二、八、十六进制数之间也可以进行相转换。

说明：此小节内容在《计算机应用基础》课程中已学过，此处不再赘述。

3. 浮点型（float）

浮点型数据简单来说就是实数，也叫小数。例如 34.6，346.0，0.346 都是十进制的浮点数。在 Python 中为了简化书写，通常我们把浮点数写成指数形式，即

```
aEn 或 aen
```

a 为尾数部分，是一个十进制数；n 为指数部分，是一个十进制整数；E 或 e 是固定的字符，用于分割尾数部分和指数部分。整个表达式等价于 $a \times 10^n$。

例如：

$2.1E5 = 2.1 \times 10^5$，其中 2.1 是尾数，5 是指数。

$3.7E-2 = 3.7 \times 10^{-2}$，其中 3.7 是尾数，-2 是指数。

$0.5E7 = 0.5 \times 10^7$，其中 0.5 是尾数，7 是指数。

4. 复数（complex）

复数是 Python 的内置类型，直接书写即可。换句话说，Python 语言本身就支持复数，

而不依赖于标准库或者第三方库。复数由实部（real）和虚部（imag）构成，在 Python 中，复数的虚部以 j 或者 J 作为后缀。具体格式为：

```
a + bj
```

a 表示实部，b 表示虚部。

例如：

```
x=1+2j
y=12.3+4j
```

2.2.3　Python 语言中的布尔数

布尔类型（bool）又称为逻辑类型，只有两个值：真（True）和假（False）。在 Python 语言中，布尔类型是一种特殊的整数类型，通常用整数 1 表示"真"（True），用整数 0 表示"假"（False）。通过以下例子可以进行验证：

```
>>> False+1        # False 对应的整数值是 0，因此 False+1 就相当是 0+1
1
>>> True+1         # True 对应的整数值是 1，因此 True +1 就相当是 1+1
2
```

注意，这里只是为了说明 True 和 Flase 对应的整型值，在实际应用中是不会用 bool 值来进行加减运算的。

在实际应用中 bool 类型的数据主要用于表示某个判断或比较的结果，要么是"真"（对）要么是"假"（错）。例如：

```
>>> 8 > 5          #判断 8 大于 5 是"对"还是"错"
True
>>> 5 < 2          #判断 5 小于 2 是"对"还是"错"
False
```

2.2.4　Python 语言中的字符串

字符串（string）是最常见的一种数据类型，在现实生活中，通常用字符串来表示对象的名字或者用于对事物进行说明描述等。字符串是由一组字符组合而成（单个的字母、全世界各个国家的文字、标点符号、数字、空格等，几乎所有符号均可以作为字符）。例如"欢迎来到 Python3.9 的世界！"就是一个由 17 个字符组合而成的字符串。字符串是以二进制形式保存在计算机内存中。字母、数字、符号保存的是其对应的 ASCII 编码值，汉字则保存的是其对应的 unicode 编码。

为了把字符串与其他数据类型进行区分，字符串必须要用一组英文引号括起来。引号中间可以有多个字符，也可以有一个字符或者没有任何字符，如果引号中没有任何字符则称为空字符串（注意空格不是空字符串）。可以使用以下 4 种方式表示：

- 使用一组 '……' 单引号把字符串引来起。
- 使用一组 "……" 双引号把字符串引来起。
- 使用一组 '''……''' 三单引号把字符串引来起。
- 使用一组 """……""" 三双引号把字符串引来起。

以上 4 种引号单独使用时没有任何区别，但在一些特殊情况下 Python 语言为了避免造成歧义，同时简化操作，我们在使用时可以参考以下规则：

（1）如果字符串内容本身包含单引号，建议使用双引号或三双引号作为界定符。

（2）如果字符串内容本身包含双引号，建议使用单引号或三单引号作为界定符。

（3）如果是包含有换行符的长字符串，建议使用三引号作为界定符。

下述是字符串各种引号使用方法的举例：

```
>>> str = ''                  # 把单引号引起来的空字符串赋值给变量 str
>>> str = 'hello'             # 把单引号引起来 hello 字符串赋值给变量 str
>>> str = ""                  # 把双引号引起来的空字符串赋值给变量 str
>>> str = "hello"             # 把双引号引起来 hello 字符串赋值给变量 str
>>> str = """"""              # 把三双引号引起来的空字符串赋值给变量 str
>>> str = """hello"""         # 把三双引号引起来 hello 字符串赋值给变量 str
>>> str = ''' hello,
    欢迎学习
    "Python"'''              # 使用三单引号把多行字符串包含换行符引起来
>>> str                       # 直接查看字符串 str 的内容
' hello,\n    欢迎学习 \n    "Python"'          # \n 表示换行
>>> str = """ If you do not learn to think
when you are young, you may never learn.
    'Edison'"""              # 使用三双引号把多行字符串包含换行符引起来
>>> print(str)                # 使用 print() 函数输出字符串 str 的内容
If you do not learn to think
when you are young, you may never learn.
'Edison'
```

如果字符串本身包含单引号，我们也非要使用单引号或三单引号来作为界定符也是可

以的，但这时我们就得使用转义字符来告诉解释器，这个是语句的分隔，而只是一个单纯的标点符号。例如：

```
>>> str='it\'s my book'              #  \表示转义字符
>>> print(str)
it's my book
```

该例子中字符串本身包含了单引号，同时我们又把单引号作为了界定符，此时解释器就会报错。为了说明字符串中自身的单引号不是界定符，就需要在前面加上一个 \（转义字符见表 2-2）来转义说明，此时的 \' 就表示 ' 本身。双引号和三双引号的用法同理，就不再赘述。例如：

```
>>> str= "it\"s my book"              #  \表示转义字符
>>> print(str)
it"s my book
```

如果不想使用转义字符，就需要遵守引号使用规则。例如：字符串本身包含单引号，我们就用双引号作为界定符。

```
>>> str= "it's my book"
>>> print(str)
it's my book
```

表 2-2 Python 中的转义字符

转义字符	功能描述	转义字符	描述功能
\（在行尾时）	续行符	\b	退格（Backspace）
\\	反斜杠符号	\v	纵向制表符
\'	单引号	\t	横向制表符
\"	双引号	\r	回车
\a	响铃	\f	换页
\n	换行	\e	转义
\oyy	八进制数，例如：\012 代表换行	\xyy	十六进制数，例如：\x0a 代表换行

2.2.5 Python 语言中字符串常用的内置函数和方法

在 2.1.2 小节中已经介绍过函数的概念，下述重点介绍一些有关于字符串处理的常用内置函数。

1. print() 函数

print() 是 Python 语言中最常用一个内置函数，主要功能是用于把想显示的内容输出到控制台（console）。

（1）print() 函数输出单个值或变量，例如：

```
>>> print("Hello Python!")          # 输出字符串
Hello Python!
>>> print(100)                      # 输出数字
100
>>> str = ' Hello Python!'
>>> print(str)                      # 输出变量
Hello Python!
```

（2）print() 函数输出多个值或变量，例如：

```
>>> user_name = 'LiLei'
>>> user_age = 20
# 同时输出多个字符串和变量，书写时用逗号进行分隔，输出结果默认用空格间隔
>>> print("用户名：",user_name,"年龄：",user_age)
用户名： LiLei 年龄： 20
```

从输出结果可以看出，使用 print() 函数输出多个值或变量时，输出结果默认以空格进行间隔，如果希望自定义分隔符，可通过 sep 参数进行设置。例如：

```
# 同时输出多个字符串和变量，书写时用逗号进行分隔，输出结果为指定分隔符
>>> print("读者名：",user_name,"年龄：",user_age,sep='_')
读者名：_LiLei_年龄：_20
```

在默认情况下，print() 函数输出之后会自动换行，这是因为 print() 函数的 end 参数的默认值是 "\n"，这个 "\n" 就代表了换行。例如：

```
print(100)
print(200)
print(300)
```

说明：如果是使用 IDLE 进行编写程序，请新建一个 .py 文件，将以上代码写入该文件中运行。运行结果为：

```
100
200
300
```

可以看到每输出完一个结果后，自动换行到下一行输出下一个结果。如果我们想要三个结果在同一行输出，则需要设置 end 参数。例如：

```
# 设置 end 参数，其值设置为空字符串，指定输出之后不再换行
print(100,'\t',end="")                # \t 横向制表符
print(200,'\t',end="")
print(300,'\t',end="")
```

以上 3 条 print() 语句会执行 3 次输出，但由于它们都指定了 end = ""，因此每条 print() 语句的输出都不会换行，依然位于同一行。运行上面代码，可以看到如下输出结果：

```
100      200      300
```

（3）print() 函数格式化输出。在实际应用中，经常需要控制输出内容的显示格式，Python 语言中的 print() 函数同 C 语言中的 printf() 函数一样支持格式化输出。使用 print() 函数按照指定的格式进行内容输出时需要用到格式化字符串和格式控制符。常用的格式化字符串和格式控制符见表 2-3 和表 2-4。

表 2-3　print() 函数中的格式化字符串

符　号	功能描述
%c	格式化字符及其 ASCII 码
%s	格式化字符串
%d	格式化整数
%u	格式化无符号整型
%o	格式化无符号八进制数
%x	格式化无符号十六进制数
%X	格式化无符号十六进制数（大写）
%f	格式化浮点数字，可指定小数点后的精度
%e	用科学计数法格式化浮点数

续表

符 号	功能描述
%E	作用同 %e，用科学计数法格式化浮点数
%g	%f 和 %e 的简写
%G	%f 和 %E 的简写
%p	用十六进制数格式化变量的地址

表 2-4　print() 函数中的格式控制符

符 号	功能描述
*	定义宽度或者小数点精度
−	用于左对齐
+	在正数前面显示正号（+），在负数前面显示负号（−）
<sp>	在正数前面显示空格
#	在八进制数前面显示零 ('0')，在十六进制前面显示 '0x' 或者 '0X'(取决于用的是 'x' 还是 'X')
0	显示的数字前面填充 '0' 而不是默认的空格
%	'%%' 输出一个单一的 '%'
（var）	映射变量（字典参数）
m.n.	m 是显示的最小总宽度，n 是小数点后的位数（如果可用的话）

【例 2-1】使用格式化字符串输出字符串、整数和小数，代码如下：

```
>>> user_name = 'LiLei'
>>> user_age = 20
>>> height = 1.752
# 用格式化字符串 %s、%d、%f 把需要填写变量的地方先占上，输出时会自动输
出对应的变量值
>>> print("用户名:%s,年龄:%d,身高:%.2f"%(user_name,user_
age,height))
用户名:LiLei,年龄:20,身高:1.75          # 输出结果
```

以上例子中用 %s 格式化 user_name；用 %d 格式化 user_age；用 %.2f（保留两位小数）格式化 height。输出时 user_name 的值会在第 1 个格式化字符串 %s 的位置显示；user_name 的值会在第 2 个格式化字符串 %d 的位置显示；height 的值会在第 3 个格式化字符串 %.2f 的位置显示，并保留两位小数。

【例 2-2】 使用格式化字符串输出八进制和十六进制数，代码如下：

```
>>> x = 30127
>>> print("x = %o,x = %x"%(x,x))
X = 72657,x = 75af
```

【例 2-3】 使用格式化字符串和格式控制符输出浮点数，代码如下：

```
>>> pi = 3.141592653              # 给变量 pi 赋值为 3.141592653
>>> print('%10.3f' % pi)     # 输出结果占 10 个字符的宽度，保留 3 位小数
     3.142
>>> print("pi = %.*f" % (3,pi)) # 用 * 从后面的元组中读取字段宽度或精度
pi = 3.142
>>> print('%010.3f' % pi)          # 用 0 填充空白位
000003.142
>>> print('%-10.3f' % pi)          # 输出结果占 10 个字符，并"左对齐"输出
3.142
>>> print('%+f' % pi)              # 显示"正负"号，默认保留六位小数
+3.141593
                          # 当 pi = 3.141592653 时，显示为 +3.141593
>>> pi = -3.141592653              # 重新给变量 pi 赋值为 -3.141592653
>>> print('%+f' % pi)
-3.141593                 # 当 pi = -3.141592653 时，显示为 -3.141593
```

2. input() 函数

input() 函数用于从控制台（比如：键盘）读取用户输入的内容，它也是 Python 语言的常用的一个内置函数，用户可以使用 input() 函数输入任何字符数据，但 input() 函数读取到数据后统一处理为字符串类型的数据。

input() 函数的用法为：

```
str = input (tipmsg)
```

说明：

• str 表示一个字符串类型的变量，input() 会将读取到的字符串放入 str 中。

• tipmsg 表示提示信息，它会显示在控制台上，告诉用户应该输入什么样的内容；如果不写 tipmsg，就不会有任何提示信息。

【例 2-4】 使用 input() 函数输入，代码如下：

```
>>> a = input("请输入一个整数：")
```

```
# 使用 input() 函数接收从键盘输入的数存入变量 a 中
请输入一个整数: 100                                    # 从键盘输入 100

>>> b = input("请再输入一个小数: ")
# 使用 input() 函数接收从键盘输入的数存入变量 b 中
请再输入一个小数: 20.5                                # 从键盘输入 20.5

>>> print("a 的数据类型是: ", type(a))
# 使用 type() 函数测试变量 a 的数据类型, 并将其类型通过 print() 函数输出
a 的数据类型是: <class 'str'>
# 显示 a 的数据类型为 str (字符串类型), 而不是 int (整型)

>>> print("b 的数据类型是: ", type(b))
#type() 函数用于测试变量 b 的数据类型, 并将其类型通过 print() 函数输出
b 的数据类型是: <class 'str'>
# 显示 b 的数据类型为 str (字符串类型), 而不是 float (浮点型)

>>> result = a + b                    # 此处的 a+b 不是 a 加上 b, 而是 a 连接 b
>>> print("a + b 的结果是: ", result)
a + b 的结果是: 10020.5              #a 连接上 b 的结果为: 10020.5

>>> print("result 的数据类型是: ", type(result))
# 输出 result 的数据类型
result 的数据类型是: <class 'str'>
#result 的数据类型还是 str (字符串)
```

本例中我们输入了两个数字，希望计算出它们的和，但是事与愿违。原因是 Python 中的 input() 函数会把我们输入的数据统一当成字符串，+ 加号用在两个字符串之间则表示拼接作用，而不是求和的作用。

我们想要得到输入两个数相加的和又怎么办呢？在此可以使用 Python 内置函数将字符串转类型的数据换成数字类型数据。具体方法如下：

- int（string）将字符串转换成 int（整数类型）；
- float（string）将字符串转换成 float（浮点数类型）；
- bool（string）将字符串转换成 bool（逻辑类型）。

修改【例 2-4】的代码，将用户输入的内容转换成数字，然后相加求和，即

```
>>> a = input("请输入一个整数: ")
请输入一个整数: 100                                    # 从键盘输入 100
```

```
>>> b = input("请再输入一个小数：")
请再输入一个小数：20.5                          # 从键盘输入 20.5

>>> a = int(a)                          # 使用 int() 函数将 a 转换为整数
>>> b = float(b)                        # 使用 float() 函数将 b 转换为小数

>>> print("a 的数据类型是：", type(a))
a 的数据类型是： <class 'str'>            # 显示 a 的数据类型为 int（整型）
>>> print("b 的数据类型是：", type(b))
b 的数据类型是： <class 'float'>          # 显示 b 的数据类型为 float（小数）

>>> result = a + b        # 此处 a、b 是数字型数据，+ 表示加法，而不是连接
>>> print("a + b 的结果是：", result)
a + b 的结果是： 120.5                        #a 加上 b 的结果为：120.5

>>> print("result 的数据类型是：", type(result))
result 的数据类型是： <class 'float'>    #result 是 float 类型（小数）
```

3. 数据类型转换函数

虽然 Python 是弱类型编程语言，不需要像 C 或 Java 语言那样需要在使用变量前先声明变量的类型，但在有些场景中，我们仍然需要用数据类型转换函数来统一数据类型，这样解释器才不会报错。

例如：我们通过使用 print() 函数输出信息成绩信息，代码如下：

```
>>> score= 85.5
>>> print("你的成绩是："+ score)
```

运行以上代码后解释器会报以下错误：

```
Traceback (most recent call last):
  File "<pyshell#1>", line 1, in <module>
    print("你的成绩是："+ score)
TypeError: can only concatenate str (not "float") to str
```

说明：print("你的成绩是："+ score) 该条语句 + 前面的内容 "你的成绩是：" 为 str 字符串类型，但是 + 后面的内容 score 为 float 浮点数类型。此时，+ 两边的数据类型不一致，所以解释器会报错：TypeError: can only concatenate str (not "float") to str。

我们应该在执行输出语句之前，使用 str() 函数把 score 转换为字符串类型的数据，然

后才能使用 + 直接把两个字符串连接起来。修改之后的代码如下：

```
>>> score = 85.5
>>> score1 = str(score)
>>> print(" 你的成绩是： "+ score1)
```

运行以上代码后输出了正确结果，如下：

```
你的成绩是：85.5
```

常用数据类型转换函数见表 2-5。

表 2-5　常用数据类型转换函数

函　　数	作　　用
int（x）	将 x 转换成整数类型
float（x）	将 x 转换成浮点数类型
complex（real，[,imag]）	创建一个复数
str（x）	将 x 转换为字符串
repr（x）	将 x 转换为表达式字符串
eval（str）	计算在字符串中的有效 Python 表达式，并返回一个对象
chr（x）	将整数 x 转换为一个字符
ord（x）	将一个字符 x 转换为它对应的整数值
hex（x）	将一个整数 x 转换为一个十六进制字符串
oct（x）	将一个整数 x 转换为一个八进制的字符串

4. len() 函数

len() 函数用于计算一个字符串由多少个字符组成。len() 函数的基本用法如下：

```
>>> str=" 欢迎学习 Python 语言！ "
>>> len（str）
13
```

在实际开发中，除了要获取字符串的字符个数之外，有时还要获取字符串所占内存的字节数。在 Python 中，不同的字符所占内存的字节数不一样的，如数字、英文字母、小数点、下划线以及空格等，这些字符每个只占用一个字节，而每一个汉字和中文标点符号则占 2~4 个字节，具体占多少个字节，取决于采用的编码方式。例如，汉字在 GBK/GB2312 编码方式中占用 2 个字节，而在 UTF-8 编码方式中一般占用 3 个字节。

【例 2-5】分别统计字符串"人生苦短，我用 Python ！"使用 UTF-8编码方式和

GBK/GB2312 编码方式各所占用的字节数。UTF-8 编码的汉字所占字节数如图 2-9 所示。

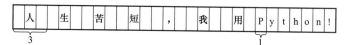

图 2-9　UTF-8 编码的汉字所占字节数

我们需要通过使用 encode() 方法，将字符串按照 UTF-8 编码方式进行编码后再获取它的字节数，代码如下：

```
>>> str = "人生苦短，我用 Python!"
# 此处的逗号采用的是中文符号，感叹号采用的是英文符号
>>> len(str.encode())        # 使用 encode() 方法，将 str 按照 UTF-8 进行
编码
28
>>> len(str.encode('gbk'))
# 使用 encode('gbk') 方法，将 str 按照 GBK 编码方式进行编码
21
```

说明：采用 UTF-8 编码方式进行统计时，因为汉字加中文标点符号共 7 个，每个字符占 3 个字节，总共占用 21 个字节，而英文字母和英文的标点符号共 7 个，每个字符占 1 个字节，总共占 7 个字节，合计占用 28 个字节。

当采用 GBK 编码方式进行统计时，每个汉字加中文标点符号占 2 个字节，总共占用 14 个字节，英文字母和英文的标点符号总共占 7 个字节，合计占用 21 个字节。

5. 字符串切片（取子字符串）

字符串是由多个字符构成的，字符之间是有顺序的，这个顺序号就称为索引（index）。Python 允许通过索引来操作字符串中的单个或者多个字符，比如获取指定索引处的字符，返回指定字符的索引值等。Python 允许从字符串的两端使用索引，具体方式如下：

• 当以字符串的左端（字符串的开头）为起点时，索引是从 0 开始计数的；字符串的第一个字符的索引为 0，第二个字符的索引为 1，第三个字符串的索引为 2，……。

• 当以字符串的右端（字符串的末尾）为起点时，索引是从 –1 开始计数的；字符串的倒数第一个字符的索引为 –1，倒数第二个字符的索引为 –2，倒数第三个字符的索引为 –3，……如图 2-10 所示。

（1）取单个字符。我们想从一个字符串中取出其中某一个字符时，需字符串变量名后加个方括号 [ ]，然后在方括号中使用索引号来访问对应的字符，语法格式如下：

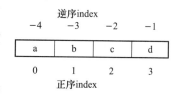

图 2-10　字符串索引方式

```
      strname[index]
```

strname 表示字符串名字，index 表示索引值。

【例 2-6】从一个字符串中获取单个字符，代码如下：

```
>>> url = "https://www.python-china.com/"
>>> print(url[0])
h
>>> print(url[13])
y
>>> print(url[-1])
/
>>> print(url[-6])
a
```

（2）取多个字符。使用 [ ] 除了可以获取单个字符外，还可以指定一个范围来获取多个字符，也就是一个子串或者片段，格式如下：

```
      strname[start : end : step]
```

说明：

• strname：要截取的字符串。

• start：表示要截取的第一个字符所在的索引（截取时包含该字符）。如果不指定，默认为 0，也就是从字符串的开头截取。

• end：表示要截取的最后一个字符所在的索引（截取时不包含该字符）。如果不指定，默认为字符串的长度。

• step：指的是从 start 索引处的字符开始，每 step 个距离获取一个字符，直至 end 索引出的字符。step 默认值为 1，当省略该值时，最后一个冒号也可以省略。

【例 2-7】从一个字符串中获取多个字符，代码如下：

```
>>> url = "https://www.python-china.com/"
>>> print(url[0:5])
https
>>> print(url[8:-1])
www.python-china.com
>>> print(url[8:-1:3])
w.tnhao
```

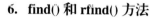
6. find() 和 rfind() 方法

find() 方法用于检索字符串中是否包含目标字符串，如果包含，则返回第一次出现该字符串的索引；反之，则返回 −1。find() 方法的语法格式如下：

```
str.find(sub[,start[,end]])
```

此格式中各参数的说明如下：

- str：表示原字符串；
- sub：表示要检索的目标字符串；
- start：表示开始检索的起始位置，如果不指定，则默认从头开始检索；
- end：表示结束检索的结束位置，如果不指定，则默认一直检索到结尾。

【例 2-8】用 find() 方法检索 "https://www.python-china.com/" 中在指定范围内出现 "/" 的位置索引号，代码如下：

```
>>> str = "https://www.python-china.com/"
>>> str.find('/')
6
>>> str.find('/',10)        # 从第 10 号位开始检索 "/" 出现的位置
28
>>> str.find('/',8,-1)      # 从第 8 号位开始到末尾结束检索 "/" 出现的位置
-1                          #-1 表示在此区间没有 "/"
```

Python 还提供了 rfind() 方法用于检索字符串中是否包含目标字符串，rfind() 方法与 find() 方法用法基本相同，最大的不同在于 find() 方法是从左往右进行检索，而 rfind() 是从右往左进行检索。

【例 2-9】用 rfind() 方法检索 "https://www.python-china.com/" 中最后一次出现 "/" 的位置索引号，代码如下：

```
>>> str = "https://www.python-china.com/"
>>> str.rfind('/')
28
```

7. index() 方法

index() 方法与 find() 方法类似，也用于检索是否包含指定的字符串，不同之处在于，当指定的字符串不存在时，index() 方法会抛出异常。index() 方法的语法格式如下：

```
str.index(sub[,start[,end]])
```

此格式中各参数的说明如下:

- str: 表示原字符串;
- sub: 表示要检索的子字符串;
- start: 表示检索开始的起始位置,如果不指定,默认从头开始检索;
- end: 表示检索的结束位置,如果不指定,默认一直检索到结尾。

【例 2-10】用 index() 方法检索"https://www.python-china.com/"中在指定范围内出现"/"的位置索引号,代码如下:

```
>>> str = "https://www.python-china.com/"
>>> str.index('/')
6
>>> str.index('/',10)          # 从第 10 号位开始检索"/"出现的位置
28
>>> str.index('/',8,-1)    # 从第 8 号位开始到末尾结束检索"/"出现的位置
Traceback (most recent call last):
  File "<pyshell#3>", line 1, in <module>
    str.index('/',8,-1)
ValueError: substring not found          # 报错,没有检索到子字符串
```

同 find() 和 rfind() 一样,index() 方法也有一个对应的 rindex() 方法,其作用和 index() 方法相同,不同之处在于 rindex() 方法是从右边开始检索。

【例 2-11】用 rindex() 方法检索"https://www.python-china.com/"中最后一次出现"/"的位置索引号,代码如下:

```
>>> str = "https://www.python-china.com/"
>>> str.rindex('/')
28
```

8. count() 方法

count() 方法用于检索统计指定某字符串在另外一字符串中出现的次数,如果检索的字符串不存在,则返回 0,否则返回出现的次数。count 方法的语法格式如下:

```
str.count (sub[,start[,end]])
```

此方法中,各参数的具体含义如下:

- str: 表示原字符串。
- sub: 表示要检索的字符串。

- start：指定检索的起始位置，也就是从什么位置丌始检测。如果不指定，默认从头开始检索。

- end：指定检索的终止位置，如果不指定，则表示一直检索到结尾。

【例2-12】检索字符串"https://www.python-china.com/"中"."出现的次数，代码如下：

```
>>> str = "https://www.python-china.com/"
>>> str.count('.')          #检索 . 在 str 中出现的次数
2
>>> str.count('.',11)       #从索引号 11 的位置开始检索 . 在 str 中出现的次数
2
>>> str.count('.',12)       #从索引号 12 的位置开始检索 . 在 str 中出现的次数
1
>>> str.count('.',2,15)     #从索引号 2 的位置开始到 15 的位置结束进行检索
1
>>> str.count('.',0,-4)     #从第 1 个字符开始到倒数第 4 个位置结束进行检索
2
>>> str.count('.',0,-5)     #从第 1 个字符开始到倒数第 5 个位置结束进行检索
1
```

9. split() 方法

Python 中，除了可以使用一些内置函数获取字符串的相关信息外（例如：len() 函数获取字符串长度），Python 还提供了一些方法来对字符串进行处理。注意，这里所说的方法，指的是字符串对象本身所具有的方法，由于涉及到类和对象的知识（将在后面章节介绍），初学者不必深究，只需要知道方法类似于函数，也是一段封装的具有独立功能的代码模块。

split() 方法用于将一个字符串按照指定的分隔符切分成多个子字符串，这些子字符串会被保存到列表中（不包含分隔符），作为方法的返回值反馈回来。该方法的基本语法格式如下：

```
str.split (sep,maxsplit)
```

此方法中各部分参数的含义分别是：

- str：表示要进行分割的字符串。

- sep：用于指定分隔符，可以包含多个字符。此参数默认为 None，表示所有空字符，包括空格、换行符 "\n"、制表符 "\t" 等。

- maxsplit：可选参数，用于指定分割的次数，最后列表中子字符串的个数最多为

maxsplit+1。如果不指定或者指定为 –1，则表示分割次数没有限制。在 split() 方法中，如果不指定 sep 参数，那么也不能指定 maxsplit 参数。

方法与内置函数的使用方式不同，字符串对象所拥有的方法，只能采用"字符串对象 . 方法名 ()"的方式调用。这里不用纠结为什么，在后面章节中学完类和对象之后，自然会明白。

【例 2-13】定义一个字符串，然后使用 split() 方法根据不同的分隔符进行分隔，代码如下：

```
>>> str = "Python 官网地址是：    https://www.python-china.com/"
# 把字符串赋值给变量 str，注意在 https 前面有空格
>>> list1 = str.split()
# 采用默认分隔符（此处是空格）将字符串进行分割后存入列表 list1 中
>>> list1              # 查看 list1 的值，已被分成了 2 个字符串
['Python 官网地址是：', 'https://www.python-china.com/']


>>> list2 = str.split(':')
# 采用冒号作为分隔符，将字符串进行分割后存入列表 list2 中
>>> list2              # 查看 list2 的值，已被分成了 3 个字符串
['Python 官网地址是：', '    https', '//www.python-china.com/']
```

10. join() 方法

前面例子中我们已了解到"+"可以把字符串连接起来组成一个完整的字符串。另外，Python 还提供了 join() 方法专门用于将列表（或元组）中包含的多个字符串连接成一个字符串，它是 split() 方法的逆方法。使用 join() 方法合并字符串时，它会将列表（或元组）中多个字符串采用固定的分隔符连接在一起。join() 方法的语法格式如下：

```
newstr = str.join(iterable)
```

此方法中各参数的说明如下：

- newstr：表示合并后生成的新字符串；
- str：用于指定合并时的分隔符；
- iterable：做合并操作的源字符串数据，允许以列表、元组等形式提供。

【例 2-14】将列表中的几个字符串合并成一个新的完整字符串。代码如下：

```
>>> list1=['Python 官网地址是：', 'https:', '//www.python-china.
com/']
>>> list2=''.join(list1)
```

```
>>> list2
'Python 官网地址是：https://www.python-china.com/'
```

join() 方法也可以把元组元素合并成一个字符串，方法与合并列表元素完全一样。列表和元组的内容将在后面章节再详细介绍。

11. title()、lower()、upper() 方法

（1）title() 方法。title() 方法用于将字符串中每个单词的首字母转为大写，其他字母全部转为小写，转换完成后，此方法会返回转换得到的字符串。如果字符串中没有需要被转换的字符，此方法会将字符串原封不动地返回。title() 方法的语法格式如下：

```
str.title()
```

说明：str 表示要进行转换的字符串。

【例 2-15】请将字符串中每个单词的首字母转换为大写字母，代码如下：

```
>>> str = "https://www.python-china.com/"
>>> str.title()
'Https://www.Python-China.Com/'
>>> str = "I LIKE PYTHON!"
>>> str.title()
'I Like Python!'
```

（2）lower() 方法。lower() 方法用于将字符串中的所有大写字母转换为小写字母，转换完成后，该方法会返回新得到的字符串。如果字符串中原本就都是小写字母，则该方法会返回原字符串。lower() 方法的语法格式如下：

```
str.lower()
```

【例 2-16】请将字符串中的每个字母转换为小写字母，代码如下：

```
>>> str = "I LIKE PYTHON!"
>>> str.lower()
'i like python!'
```

（3）upper() 方法。upper() 方法的功能和 lower() 方法恰好相反，upper() 方法用于将字符串中的所有小写字母转换为大写字母，和以上两种方法的返回方式相同，即如果转换成功，则返回新字符串；反之，则返回原字符串。upper() 方法的语法格式如下：

```
str.upper()
```

【例 2-17】请将字符串中的每个字母转换为大写字母，代码如下：

```
>>> str = "I Like Python!"
>>> str.lower()
'I LIKE PYTHON!'
```

12. format() 方法

前面介绍了如何使用 % 操作符对各种类型的数据进行格式化输出，这是早期 Python 提供的方法。自 Python 2.6 版本开始，字符串类型（str）专门提供了 format() 方法对字符串进行格式化。format() 方法通过 {} 和 : 来代替以前的 %。format() 方法的语法格式如下：

```
str.format（args）
```

说明：str 用于指定字符串的显示样式；args 用于指定要进行格式转换的项，如果有多项，之间有 "," 逗号进行分割。

学习 format() 方法的难点，在于搞清楚 str 显示样式的书写格式。在创建显示样式模板时，需要使用 {} 和 : 来指定占位符，其完整的语法格式为

```
{[index][:[[fill]align][sign][#][width][.precision][type]]}
```

注意，格式中用 [] 括起来的参数都是可选参数，即可以使用，也可以不使用。各个参数的含义如下：

• index：指定 ":" 后边设置的格式要作用到 args 中第几个数据，数据的索引值从 0 开始。如果省略此选项，则会根据 args 中数据的先后顺序自动分配。

• fill：指定空白处填充的字符。注意，当填充字符为逗号 "," 且作用于整数或浮点数时，该整数（或浮点数）会以逗号分隔的形式输出，例如：（1000000 会输出 1,000,000）。

• align：指定数据的对齐方式，具体的对齐方式见表 2-6。

• sign：指定有无符号数，此参数的值以及对应的含义见表 2-7。

• width：指定输出数据时所占的宽度。

• .precision：指定保留的小数位数。

• type：指定输出数据的具体类型，见表 2-8。

表 2-6 align 参数及含义

align 参数	含 义
<	数据左对齐
>	数据右对齐
=	数据右对齐，同时将符号放置在填充内容的最左侧，该选项只对数字类型有效
^	数据居中，此选项需和 width 参数一起使用

表 2-7 sign 参数及含义

sign 参数	含 义
+	正数前加正号，负数前加负号
-	正数前不加正号，负数前加负号
空格	正数前加空格，负数前加负号
#	对于二进制数、八进制数和十六进制数，使用此参数，各进制数前会分别显示 0b、0o、0x 前缀；反之则不显示前缀

表 2-8 type 占位符类型及含义

type 类型值	含 义
s	对字符串类型格式化
d	十进制整数
c	将十进制整数自动转换成对应的 Unicode 字符
e 或者 E	转换成科学计数法后，再格式化输出
g 或 G	自动在 e 和 f（或 E 和 F）中切换
b	将十进制数自动转换成二进制表示，再格式化输出
o	将十进制数自动转换成八进制表示，再格式化输出
x 或者 X	将十进制数自动转换成十六进制表示，再格式化输出
f 或者 F	转换为浮点数（默认小数点后保留 6 位），再格式化输出
%	显示百分比（默认显示小数点后 6 位）

【例 2-18】举例说明 format() 方法的用法，代码如下：

```
>>> print("{} {}".format("hello", "python"))        # 按默认顺序输出
'hello python'
>>> print("{1} {0}".format("python", "hello"))      # 按指定位置输出
'hello python'
>>> print("{:.5}".format("hello python"))           # 按指定长度输出
hello
>>> print("{:.2f}".format(3.1415926))        # 四舍五入保留两位小数
3.14
>>> print("{:.2e}".format(135600100))        # 以科学计数法形式输出
1.36e+08
>>> print("货币形式：{:,d}".format(1000000))    # 以代币形式输出
货币形式：1,000,000
>>> print("0.05 的百分比：{:.0%}".format(0.05))   # 以百分比形式输出
```

```
0.05 的百分比：5%
>>> print("{:b}".format(11))        # 输出十进制数 11 的二进制形式
1011
>>> print("{:x}".format(11))        # 输出十进制数 11 的十六进制形式
b
>>> print("{:#x}".format(11))   # 输出十进制数 11 带前辍的十六进制形式
0xb
>>> print("{:>5}".format(1))        # 输出内容占 5 个字符，右对齐
    1
>>> print("{:<5}".format(1))        # 输出内容占 5 个字符，左对齐
1
```

2.2.6　Python 语言中的运算符

1. 算术运算符

算术运算符即数学运算符，用来对数字进行数学四则运算，比如：加、减、乘、除。Python 中的算术运算符与数学中的算术运算符有部分相同，也有些不相同。Python 支持的基本算术运算符见表 2-9。

表 2-9　Python 中常用算术运算符

运算符	说　明	实　例	结　果
+	加	12.45+ 15	27.45
-	减	4.56- 0.26	4.3
*	乘	5 *3.6	18.0
/	除法（和数学中的规则一样）	7 / 2	3.5
//	整除（只保留商的整数部分）	7 // 2	3
%	取余，即返回除法的余数	7 % 2	1
**	幂运算/次方运算，即返回 x 的 y 次方	2 ** 4	16，即 2^4

【例 2-19】 举例说明 Python 算术运算符的用法，代码如下：

```
>>> x = 10.5
>>> y = 15.3
>>> sum_xy = x + y
>>> print("x+y={:.2f}".format(sum_xy))
x+y=25.80
>>> print("x-y=%.2f"%(x-y))
```

```
x-y=-4.80
>>> print("x*y=%.2f"%(x*y))
x*y=160.65
>>> print("12.4/3.5 =", 12.4/3.5)
12.4/3.5 = 3.542857142857143
>>> print("12.4//-3.5 =", 12.4//-3.5)        # 整除的结果不会四舍五入
12.4//-3.5 = -3.0
>>> print("15%6 =", 15%6)
15%6 = 3
>>> print("-15%6 =", -15%6)
-15%6 = 3
>>> print("15%-6 =", 15%-6)
15%-6 = -3
>>> print("-15%-6 =", -15%-6)
-15%-6 = -3
>>> print('2**4 =', 2**4)
2**4 = 16
```

说明：在进行求余运算时，只有当第二个数字是负数时，求余的结果才是负数。换句话说，求余结果的正负和第一个数字没有关系，只由第二个数字决定。

2. 比较运算符（关系运算符）

比较运算符，也称关系运算符，用于对常量、变量或表达式的结果进行大小比较。如果这种比较是成立的，则返回 True（真），反之则返回 False（假）。Python 支持的比较运算符见表 2-10。

表 2-10　Python 中比较运算符汇总

比较运算符	说　明
>	大于，如果 > 前面的值大于后面的值，则返回 True，否则返回 False
<	小于，如果 < 前面的值小于后面的值，则返回 True，否则返回 False
==	等于，如果 == 两边的值相等，则返回 True，否则返回 False
>=	大于等于（等价于数学中的≥），如果 >= 前面的值大于或者等于后面的值，则返回 True，否则返回 False
<=	小于等于（等价于数学中的≤），如果 <= 前面的值小于或者等于后面的值，则返回 True，否则返回 False
!=	不等于（等价于数学中的≠），如果 != 两边的值不相等，则返回 True，否则返回 False

比较运算符	说　明
is	判断两个变量所引用的对象是否相同，如果相同则返回 True，否则返回 False
is not	判断两个变量所引用的对象是否不相同，如果不相同则返回 True，否则返回 False
in	成员运算符，判断一个元素是否在某个序列中，如果存在返回 True，否则返回 False
not in	成员运算符，判断一个元素是否在某个序列中，如果不存在返回 True，否则返回 False

【例 2-20】举例说明 Python 比较运算符的用法，代码如下：

```
>>> print("89是否大于100: ", 99 > 100)
99是否大于100: False
>>> print("24*5是否大于等于76: ", 24*5 >= 76)
24*5是否大于等于76: True
>>> print("86.5是否等于86.5: ", 86.5 == 86.5)
86.5是否等于86.5: True
>>> print("25是否等于25.0: ", 25 == 25.0)
25是否等于25.0: True
>>> print("False是否小于True: ", False < True)
False是否小于True: True
>>> print("True是否不等于True: ", True != True)
True是否不等于True: False
```

注意：== 和 is、!= 和 is not 是有区别的。== 和 != 用来比较两个变量的值是否相等，而 is 和 is not 则用来比对两个变量引用的是否是同一个对象。in 和 not int 在后面序列章节中作介绍。

3. 赋值运算符

2.2.1 小节中介绍过"="等号作为赋值运算符时的用法。"="等号用来把右侧的值传递给左侧的变量（或者常量）；可以直接将右侧的值交给左侧的变量，也可以进行某些运算后再交给左侧的变量，比如：加、减、乘、除、函数调用、逻辑运算等。

此处将重点介绍"复合赋值运算符"，就是"="等号与其他运算符（包括算术运算符、位运算符和逻辑运算符）相结合，扩展成为功能更加强大的赋值运算符，见表 2-11。扩展后的赋值运算符将使得赋值表达式的书写更加优雅和方便。

表 2-11　Python 复合赋值运算符

运算符	说明	用法举例	等价形式
=	赋值运算	x = y	x = y
+=	加赋值	x += y	x = x + y
-=	减赋值	x -= y	x = x - y
*=	乘赋值	x *= y	x = x * y
/=	除赋值	x /= y	x = x / y
%=	取余数赋值	x %= y	x = x % y
**=	幂赋值	x **= y	x = x ** y
//=	取整数赋值	x //= y	x = x // y
&=	按位与赋值	x &= y	x = x & y
|=	按位或赋值	x |= y	x = x | y
^=	按位异或赋值	x ^= y	x = x ^ y
<<=	左移赋值	x <<= y	x = x << y，这里的 y 指的是左移的位数
>>=	右移赋值	x >>= y	x = x >> y，这里的 y 指的是右移的位数

【例 2-21】举例说明 Python 复合赋值运算符的用法，代码如下：

```
>>> number1=100
>>> number2=300
>>> number1+=50                # 等价于 number1=number1+50
>>> number2*=number1-100       # 等价于 number2=number2*(number1-100)
>>> print("%d"%number1)
150
>>> print("{}".format(number2))
15000
```

通常情况下，只要能使用复合赋值运算符的地方，都推荐使用赋值运算符。但是要注意，赋值运算符只能针对已经存在的变量赋值，因为赋值过程中需要变量本身参与运算，如果变量没有提前赋值，它的值就是未知的，无法参与运算。例如：

```
number+=100     # 直接运行此条代码解释器会报错，因为 number 此前没有值
```

修改以上代码：

```
number=100
number+=100          # 能正确运行，执行后 number 的值为 200
```

4. 逻辑运算符

在逻辑运算中，有"与（and）、或（or）、非（not）"三种基本逻辑运算符。逻辑运算符两边的操作数一般情况下应该是逻辑值（True 或者 False），通常可以用数字"1"表示 True，用"0"表示 False。逻辑运算的结果一般情况下也应该为"True"或者"False"，这样才有意义（说明：如果逻辑运算符两边的操作数不是逻辑值，解释器不会报错。究其原因其实逻辑运算实质是将其两边的操作数取其一，所以逻辑运算的结果也可以不为"True"或者"False"，但这种情况没什么意义）。Python 中逻辑运算的法则见表 2-12。

表 2-12　Python 逻辑运算符及功能

逻辑运算符	含　义	基本格式	说　明
and	逻辑与运算，等价于数学中的"且"	a and b	当 a 和 b 两个表达式都为真时，a and b 的结果才为真，否则为假
or	逻辑或运算，等价于数学中的"或"	a or b	当 a 和 b 两个表达式都为假时，a or b 的结果才是假，否则为真
not	逻辑非运算，等价于数学中的"非"	not a	如果 a 为真，那么 not a 的结果为假；如果 a 为假，那么 not a 的结果为真。相当于对 a 取反

（1）逻辑"与"运算法则。图 2-11 表示一个简单逻辑"与"的电路（串联电路），电压 V 通过开关 A 和 B 向灯泡 L 供电，开关接通表示为"真"（1），不接通为"假"（0）。只有 A 和 B 同时接通时，灯泡 L 才会亮。A 和 B 中只要有一个不接通或二者均不接通时，则灯泡 L 都不会亮。其真值表见表 2-13。从这个电路中可总结出逻辑"与"的运算法则：只有当两个运算数都为"真"的时候，其值才为"真"，否则其值均为"假"。换言之在逻辑"与"运算中，只要有一个运算数为"假"，结果均为"假"。

表 2-13　逻辑"与"运算真值表

A	B	L=A and B
0	0	0
0	1	0
1	0	0
1	1	1

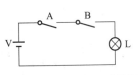

图 2-11　逻辑"与"电器图

（2）逻辑"或"运算法则。图 2-12 表示一个简单逻辑"或"的电路（并联电路），电压 V 通过开关 A 和 B 向灯泡 L 供电，开关接通表示为"真"（1），不接通为"假"（0）。只要 A 和 B 有一个开关接通，灯泡 L 就会亮。只有当 A 和 B 都不接通时，灯泡 L 才不会亮。其真值表见表 2-14。从这个电路中可总结出逻辑"或"的运算法则：只有当两个运算数都为"假"的时候，运算结果才为"假"，否则其值均为"真"。换言之在逻辑"或"运算中，只要有一个运算数为"真"，结果均为"真"。

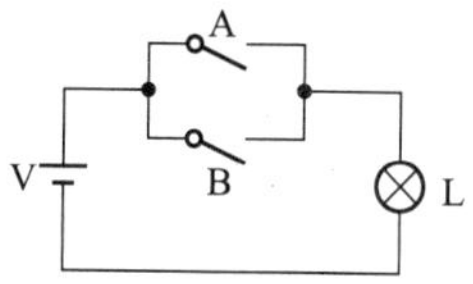

表 2-14　逻辑"或"运算真值表

A	B	L=A or B
0	0	0
0	1	1
1	0	1
1	1	1

图 2-12　逻辑"或"电器图

（3）逻辑"非"运算法则。逻辑"非"就比较简单了，它是单目运算符（只接一个运算数），"真"取非结果为"假"，"假"取非结果为"真"。

【例 2-22】逻辑运算的应用，代码如下：

```
age = int(input("请输入年龄："))
height = int(input("请输入身高："))
if age>=18 and age<=30 and height >=170 and height <= 185 :
    print("恭喜，你符合报考飞行员的条件！")
else:
    print("抱歉，你不符合报考飞行员的条件！")
```

5. 位运算符

Python 位运算是按照数据在内存中的二进制位（Bit）进行操作，它一般用于底层开发（算法设计、驱动、图像处理、单片机等），在应用层开发（Web 开发、Linux 运维等）中并不常见。Python 位运算符只能用来操作整数类型，它按照整数在内存中的二进制形式进行计算。

（1）&、|、~：按"位与"（&）、按"位或"（|）、按"位取反"（~）的运算法则和"逻辑与"（and），"逻辑或"（or），"逻辑非"（not）相同，只不过按位运算是按二进制位来运算的。

（2）按"位异或"（^）：运算法则是参与运算的两个二进制位不同时，结果为"1"，相同时结果为"0"。例如：0^1 结果为 1，1^0 结果为 1，0^0 为结果 0，1^1 结果为 0。

（3）"左移运算符"（<<）：用来把运算数的各个二进制位全部往左移动，高位丢弃，低位补 0。

（4）"右移运算符"（>>）：用来把运算数的各个二进制位全部往右移动。低位丢弃，高位补 0 或 1。如果数据的最高位是 0，那么就补 0；如果最高位是 1，那么就补 1。Python 支持的位运算符见表 2-15。

表 2-15　Python 位运算符一览表

位运算符	说明	使用形式	举例
&	按位与	a & b	4 & 5（00000100 & 00000101），结果为：00000100
|	按位或	a | b	4 | 5（00000100 | 00000101），结果为：00000101
^	按位异或	a ^ b	4 ^ 5（00000100 & 00000101），结果为：00000001
~	按位取反	~a	~4（~00000100），结果为：11111011
<<	按位左移	a << b	4 << 2，把 00000100 往左移动 2 位结果为：00010000
>>	按位右移	a >> b	4 >> 2，把 00000100 往右移动 2 位结果为：00000001

6. 三目运算符（"三元运算符"或"条件运算符"）

同其他编程语言三目运算符（? :）一样的作用，只不过 Python 提供的三目运算符的写法如下：

```
exp1 if contion else exp2
```

说明：condition 是判断条件，exp1 和 exp2 是两个表达式。如果 condition 成立（结果为真），就执行 exp1，并把 exp1 的结果作为整个表达式的结果；如果 condition 不成立（结果为假），就执行 exp2，并把 exp2 的结果作为整个表达式的结果。

例如：使用三目运算符来输出两个数中较大的一个，代码如下：

```
>>> a = 20
>>> b = 50
>>> max = a if a>b else b
>>> print (max)
50
```

- 如果 a>b 成立，就把 a 作为整个表达式的值，并赋给变量 max；
- 如果 a>b 不成立，就把 b 作为整个表达式的值，并赋给变量 max。

三目运算符支持嵌套，如此可以构成更加复杂的表达式。在嵌套时需要注意 if 和 else 的配对。例如：

```
a if a>b else c if c>d else d
```

可理解为：

```
a if a>b else (c if c>d else d)
```

7. 运算符的优先级和结合性

Python 中运算符的优先级和结合性跟数学中运算符的优先级和结合性是一样的作用。所谓"优先级"，就是当多个运算符同时出现在一个表达式中时，先执行哪个运算符。所谓结合性，就是当一个表达式中出现多个优先级相同的运算符时，先执行哪个运算符，先执行左边的叫"左结合"，先执行右边的叫"右结合"。Python 支持数十种运算符，被划分成将近 20 个优先级，有的运算符优先级不同，有的运算符优先级相同，见表 2-16。

表 2-16　Python 运算符优先级和结合性一览表（按优先级由高到低排序）

Python 运算符	运算符说明	优先级	结合性
()	小括号	19	无
x[i] 或 x[i1: i2 [:i3]]	索引运算符	18	左
x.attribute	属性访问	17	左
**	乘方	16	右
~	按位取反	15	右
+（正号）、-（负号）	符号运算符	14	右
*、/、//、%	乘、除、取余	13	左
+、-	加、减	12	左
>>、<<	位移	11	左
按位与	&	10	右
按位异或	^	9	左
按位或	|	8	左
比较运算符	==、!=、>、>=、<、<=	7	左
is、is not	is 运算符	6	左
in、not in	in 运算符	5	左
not	逻辑非	4	右
and	逻辑与	3	左
or	逻辑或	2	左
exp1, exp2	逗号运算符	1	左

当一个表达式中出现多个运算符时，Python 会先比较各个运算符的优先级，按照优先级从高到低的顺序依次执行；当遇到优先级相同的运算符时，再根据结合性决定先执行哪个运算符：如果是左结合性就先执行左边的运算符，如果是右结合性就先执行右边的运算符。

虽然 Python 运算符存在优先级的关系，但我不推荐过度依赖运算符的优先级，这会导致程序的可读性降低：

（1）不要把一个表达式写得过于复杂，如果一个表达式过于复杂，可以尝试把它拆分来书写。

（2）不要过多地依赖运算符的优先级来控制表达式的执行顺序，这样可读性太差，应尽量使用 () 来控制表达式的执行顺序。

总 结

> 掌握 Python 语言编程的书写规范，养成良好的编程习惯；
> 理解 Python 语言中变量的命名规范，掌握变量的赋值与使用方法；
> 理解 Python 语言中的数字、布尔值、字符串，掌握在具体情况中该用哪种类型的数据；
> 掌握 Python 语言中在关字符串常用内置函数和方法的使用；
> 掌握 Python 语言中各种运算符的使用方法和优先级。

拓展阅读

党的二十大提出要"坚持全面依法治国，推进法治中国建设"。通过本章的学习，我们知道 Python 的语言编写规范非常严谨，有一套严格的标准，在编写过程中需要严格按照规范书写。例如代码缩进、命名规范、注释规范等等，这些规范都是为了保证代码的可读性、可维护性和可扩展性。

习 题

一、选择题

1. 下面哪个不是 Python 合法的标识符（　　　）。

A. int320　　　　　B. self_1　　　　　C. _name_　　　　　D. 40XL

2. 关于 Python 内存管理，下列说法错误的是（　　）。

A. 变量不必事先声明　　　　　　　　　　B. 变量无须指定类型

C. 变量无须先创建和赋值而直接使用　　　D. 可以使用 del 释放资源

3. Python 不支持的数据类型有（　　）。

A.int　　　　　　　　B.float　　　　　　　　C.char　　　　　　　　D.list

4. 以下哪个字符串是正确的（　　）。

A."abcd" abc"　　　B. 'abcd' abc"　　　C. 'abcd "abc"　　　D."abcd\" abc"

5. 表达式 "ab" + "c" *2 结果是（　　）。

A. abc2　　　　　　B. abcabc　　　　　　C. abcc　　　　　　D. ababcc

6. Python 语言提供的 3 个基本数字类型是（　　）。

A. 整数类型、浮点数类型、复数类型

B. 整数类型、二进制类型、浮点数类型

C. 整数类型、二进制类型、复数类型

D. 浮点数类型、二进制类型、复数类型

7. 以下选项中，属于 Python 语言中合法的二进制整数是（　　）。

A. 0B1010　　　　　　B. 0B1019　　　　　　C. 0BC3F　　　　　　D. 0B1708

8. 关于 Python 中的复数，下列说法错误的是（　　）。

A. 表示复数的语法是 real + image j　　　　B. 虚部必须后缀 j，且必须是小写

C. 实部和虚部都是浮点数　　　　　　　　D. 方法 conjugate 返回复数的共轭复数

9. 关于字符串下列说法错误的是（　　）。

A. 字符应该视为长度为 1 的字符串

B. 既可以用单引号，也可以用双引号创建字符串

C. 在三引号字符串中可以包含换行回车等特殊字符

D. 字符串以 \0 标志字符串的结束

10. 下面关于 count()，index()，find() 三个方法描述错误的是（　　）。

A. count() 方法用于统计字符串里某个字符出现的次数

B. find() 方法检测字符串中是否包含子字符串 str 如果包含子字符串返回开始的索引值，否则会报一个异常

C. index() 方法检测字符串中是否包含子字符串 str，如果 str 不在会报一个异常

D. 以上 3 个选项都错误

11. 当需要在字符串中使用特殊字符时，python 使用（　　）。

A. /　　　　　　　　B. \　　　　　　　　C. #　　　　　　　　D. %

12. 幂运算的运算符是（　　）。

A. *　　　　　　　　B. **　　　　　　　　C. %　　　　　　　　D. //

13. 关于 a and b 的描述正确的是（　　）。

A. 若 a=False, b=False, 则 a and b == True

B. 若 a=True, b=False, 则 a and b ==True

C. 若 a=True, b=True, 则 a and b ==False

D. 若 a=True, b=True, 则 a and b ==True

14. 与 x > y and y > z 语句等价的是（　　　）。

A. x > y > z

B. not x < y or not y < z

C. not x < y or y < z

D. x > y or not y < z

15. 下列运算符的使用错误的是（　　　）。

A.100 + 'Python'

B.3 * 'abc'

C.–10 % –3

D.[1, 2, 3] + [4, 5, 6]

二、解答题

1. 简述 Python 中标识符的命名规则。

2. 表达式 "2>3 or 18!=16" 的输出结果是什么？

3. 把数学表达式 100[（x+y）×z]-50（c+d），改写成 Python 语言的表达式。

4. 逻辑表达式 15 & 10 的结果是多少？

三、操作题

1. 编写程序，使用 input() 函数输入用户姓名、年龄和地址，然后使用 print() 函数进行输出。

2. 编写程序，实现两个数的交换。

第3章 列表、元组、字典和集合

> **内容要点：**
>
> ■ Python 语言中列表的定义、操作与使用；
>
> ■ Python 语言中元组的定义、操作与使用；
>
> ■ Python 语言中字典的定义、操作与使用；
>
> ■ Python 语言中集合的定义、操作与使用。
>
> **思政目标：**
>
> ■ 通过本章的学习，强化规范意识。

上述已介绍过"变量"，我们已了解到变量指向的内存单元中只能存放单个数据。这不便于多个数据批量的存储和处理。因此，Python 提供了序列（Sequence）数据类型用于批量数据的操作。序列是指按特定顺序依次排列的一组数据，它们可以占用一块连续的内存，也可以分散到多块内存中。Python 中的序列类型包括列表（list）、元组（tuple）、字典（dict）和集合（set）。其实上述介绍过的"字符串"也是一种序列。

列表（list）和元组（tuple）比较相似，它们都按顺序存储数据，所存放的数据占用一块连续的内存单元，每个数据元素都有自己的索引，因此列表和元组的数据都可以通过索引（index）来访问。它们的区别在于：列表是可以修改的，而元组是不可以修改的。

字典（dict）和集合（set）存储的数据都是无序的，每个数据元素占用不同的内存单元，其中字典元素以键值对（key-value）的形式存储。

3.1 Python 语言中的列表

在实际开发中，经常需要将一组包含多个元素的数据存储起来，以便后序的代码使用。看到这里，有些读者可能会想到大部分编程语言中都有的"数组"（Array），它就能把多个数据按顺序存储到内存中，然后可以通过数组下标来访问数组中的每个数据元素。需要明确的是，Python 中没有数组，但是有功能更加强大的列表。如果把数组看做是一个集装箱，那么 Python 中的列表就是一个工厂的仓库。

3.1.1 列表的操作

列表（list）是将所有数据元素都放在一对中括号 [ ] 里面，相邻的数据元素之间用逗号 "," 进行分隔。列表可以存储整数、小数、字符串、列表、元组等任何类型的数据，并且同一个列表中元素的类型也可以不同。需要提醒的是，在使用列表时，虽然可以将不同类型的数据放入到同一个列表中，但通常情况下不建议这么做。建议同一列表中只存放同一类型的数据，这样可以提高程序的可读性。列表的格式如下：

```
[element1, element2, element3, ..., elementn]
```

1. 创建列表

在 Python 中，创建列表的方法可分为以下两种。

（1）使用 [ ] 直接创建列表。使用 [ ] 创建列表后，一般使用等号 "=" 将它赋值给某个变量，具体格式如下：

```
listname = [element1 , element2 , element3 , ... , elementn]
```

说明：listname 表示变量名；element1 ～ elementn 表示列表中的数据元素（列表中数据元素可以有多个，也可以只有一个，甚至为空都可以）。

例如：下面定义的列表都是合法的：

```
emptylist = [ ]
number = [ 5 ]
numberlist = [1,2,3,4,5,6,7]
name = ["Python 语言中文网 ", " https://www.python-china.com/"]
program = ["Python 语言 ", " C 语言 ", "Java 语言 "]
```

（2）使用 list() 函数创建列表。Python 还提供了一个内置的函数 list()，使用它可以将其他数据类型转换为列表类型，从而创建一个新列表。例如：

```
>>> list1=list()                    # 创建了一个空列表
>>> list1 = list("I like Python!")  # 将字符串转换成列表
>>> print(list1)
['I',' ', 'l', 'i', 'k', 'e', ' ', 'P', 'y', 't', 'h', 'o', 'n', '!']
```

2. 访问列表元素

列表是 Python 序列的一种，可以使用索引（Index）访问列表中的某个元素（得到的是一个元素的值），也可以使用切片访问列表中的一组元素（得到的是一个新的子列表）。

列表的索引方式与字符串的索引方式相同，这里就不再重复。

使用索引访问列表单个元素的格式为：

```
listname[i]
```

说明：listname 表示列表名字；i 表示索引号。列表的索引可以是正数，也可以是负数。

使用切片访问列表元素的格式为：

```
listname[start : end : step]
```

说明：listname 表示列表名字；start 表示起始索引号；end 表示结束索引号；step 表示步长，用 "：" 冒号进行间隔。例如：

```
>>> url = list("https://www.python-china.com/")
>>> list1=url[5]          # 使用索引访问列表中的某个元素
>>> list2=url[-2]
>>> list3=url[8:18]       # 从索引号 8 开始到 18 结束，注意不包括 18 的字符
>>> list4=url[-4: -1]       # 注意在使用负数索引时，也只能从左往右取值
>>> list5=url[8:23:3]       # 从索引号 8 开始到 23 结束，每隔 3 位取一个值
>>> print(list1)
:
>>> print(list2)
m
>>> print(list3)
['w', 'w', 'w', '.', 'p', 'y', 't', 'h', 'o', 'n']
>>> print(list4)
['c', 'o', 'm']
>>> print(list5)
['w', '.', 't', 'n', 'h']
```

3. 删除列表

对于已经创建的列表，如果不再使用，可以使用 del 关键字将其删除。但是在实际开发中并不怎么会使用 del 来删除列表，因为 Python 自带的垃圾回收机制会自动销毁无用的列表，即使开发者不手动删除列表，Python 也会自动将其回收。

del 关键字的语法格式为：

```
del listname
```

说明：listname 表示要删除列表的名称。

Python 删除列表实例演示：

```
>>> intlist = [100,200,300,400]
>>> print(intlist)
[100, 200, 300, 400]
>>> del intlist
>>> print(intlist)
>>> del intlist                    # 删除 intlist 列表
>>> print(intlist)                 # 输出已删除的列表，解释器会报错
Traceback (most recent call last):
  File "<pyshell#3>", line 1, in <module>
    print(intlist)
NameError: name 'intlist' is not defined
```

3.1.2 列表中数据元素的操作

创建列表后需要经常对列表中的数据元素进行操作。下述重点介绍对列表中数据元素的查找、添加、删除、修改。

1. 查找列表中的数据元素

在项目开发中，有时候需要判断列表中是否包含某个数据元素，如果该数据在列表中存在，还需要准确找到它所在的位置，Python 语言主要提供了 count() 方法和 index() 方法来实现查找功能。

（1）count() 方法。count() 方法用来统计某个元素在列表中出现的次数，或者说是统计某个元素在列表中的个数。count() 的语法格式为：

```
listname.count(obj)
```

说明：listname 代表列表名，obj 表示要统计的元素。如果 count() 返回 0，就表示列表中不存在该元素，因此 count() 也可以用来判断列表中的某个元素是否存在。

【例 3-1】举例说明 count() 方法的用法，代码如下：

```
>>> numlist = [35,20,-90,200,50,100,70,-50.2,50]
>>> print("65 出现了 %d 次 " % numlist.count(65))
65 出现了 0 次
>>> print("50 出现了 %d 次 " % numlist.count(50))
50 出现了 2 次
```

除了使用 count() 方法可以统计某个元素的个数以外，Python 还提供了一个 len() 函数用于统计列表中元素的总个数。例如：

```
>>> len（[100, 200, 300]）# 该列表包含了 3 个数据元素
3
```

如果只是判断某数在一个列表中是否存在，还可以使用 in 和 not int 运算符来实现。例如：

```
>>> numlist = [35,20,-90,200,50,100,70,-50.2,50]
>>> 100 in numlist
True
>>> 100 not in numlist
False
```

（2）index() 方法。index() 方法用来查找某个元素在列表中出现的位置（也就是查找该数据元素在列表中的索引号），如果该数据元素不存在，则会导致 ValueError 错误，所以在查找之前最好先使用 count() 方法判断一下是否存在该数据元素。index() 的语法格式为：

```
listname.index（obj, start, end）
```

说明：listname 表示列表名称；obj 表示要查找的元素；start 和 end 参数用来指定检索范围；start 表示查找范围的起始位置索引号；end 表示查找范围的结束位置索引号（注意，不检索 end 位置上的数据元素）。

• start 和 end 可以都不写，此时表示将在整个列表范围内进行检索；

• 如果只写 start 不写 end，那么表示从 start 位置开始到末尾的元素进行检索，不能不写 start 只写 end；

• 如果 start 和 end 都写，那么表示检索 start 和 end 之间的元素。

index() 方法会返回要查找的数据元素所在列表中的位置索引号。

【例 3-2】举例说明 index() 方法的用法，代码如下：

```
>>> numlist = [35,20,-90,200,50,100,70,-50.2,50]
>>> print(numlist.index(100))
5
>>> print(numlist.index(100,5))
5
```

```
>>> print(numlist.index(100,0,6))
5
>>> print(numlist.index(100,0,5))    #结束位置本身的元素不在检索范围内
Traceback (most recent call last):
  File "<pyshell#14>", line 1, in <module>
    print(numlist.index(100,0,5))
ValueError: 100 is not in list
```

2. 添加数据到列表中

创建好列表后，不可能一次性把所列表数据元素都初始化完整，经常还需要把新数据添加到列表中。Python 提供了几种常用方法来实现列表元素添加功能。主要有 append() 方法、extend() 方法、insert() 方法，还可以使用连接符号"+"加号连接多个列表来达到添加数据元素的目的。

（1）append() 方法。append() 方法用于在列表的末尾追加一个元素（该元素可以是 1 个值，也可以是一个含多个元素的列表或元组等），append() 的语法格式如下：

```
listname.append(obj)
```

说明：listname 表示要添加数据元素的列表；obj 表示要添加到列表末尾的数据，它可以是单个元素，也可以是列表、元组等。

【例 3-3】举例说明 append() 方法的用法，代码如下：

```
>>> list1 = ['Python', 'C++', 'Java']
>>> list1.append('PHP')              #将字符串'PHP'添加到list1列表尾部
>>> print(list1)
['Python', 'C++', 'Java', 'PHP']
>>> list2 = ['JavaScript', 'C#', 'Go']
>>> list1.append(list2)
#把含有3个元素的列表list2作为一个整体添加到list1列表的尾部
>>> print(list1)
['Python', 'C++', 'Java', 'PHP',['JavaScript', 'C#', 'Go']]
```

可以看出，当使用 append() 方法添加列表时，此方法会将要添加的列表视为一个整体，当作一个元素添加到列表中，从而形成包含该列表的新列表。另外，append() 方法也可直接添加元组，具体操作方式与添加列表一样。元组的内容将在后面小节中介绍，此处就不再举例说明。

（2）extend() 方法。extend() 方法也是在列表尾部添加数据元素，extend() 方法和

append() 方法的不同之处在于 extend() 方法不会把新添加列表或者元祖视为一个整体，而是把它们包含的数据元素拆解开后逐个添加到列表中。extend() 的语法格式如下：

```
listname.extend（obj）
```

说明：listname 指的是要添加数据元素的列表；obj 表示到添加到列表末尾的数据，它可以是单个元素，也可以是列表、元组等，但不能是单个的数字。

【例 3-4】举例说明 extend() 方法的用法，代码如下：

```
>>> list1 = ['Python', 'C++', 'Java']
>>> list1.extend('PHP') #将字符串 'PHP' 拆解为单个字符后添加到 list1 中
>>> print(list1)
['Python', 'C++', 'Java', 'P', 'H', 'P']
>>> list2 = ['JavaScript', 'C#', 'Go']
>>> list1.extend(list2)     # 将 list2 中的每个元素拆解后添加到 list1 中
>>> print(list1)
['Python', 'C++', 'Java', 'P', 'H', 'P', 'JavaScript', 'C#',
'Go']
>>> list1.extend(100)          # 不能添加单个数字
Traceback (most recent call last):
  File "<pyshell#22>", line 1, in <module>
     list1.extend(100)
TypeError: 'int' object is not iterable
>>> list3 = [100]              #将单个数字存入列表中，则可添加
>>> list2.extend(list3)
>>> print(list2)
['JavaScript', 'C#', 'Go', 100]
```

（3）insert() 方法。append() 方法和 extend() 方法只能在列表尾部插入元素，如果希望在列表中间某个位置插入元素，那么可以使用 insert() 方法。insert() 的语法格式如下：

```
listname.insert（index , obj）
```

说明：listname 表示要插入数据元素的列表；index 表示将在该指定位置插入数据元素；obj 表示要插入到 listname 列表中的数据元素。

当插入列表或者元组时，insert() 也会将它们视为一个整体，作为一个元素插入到列表中，这一点和 append() 方法是一样的。

【例 3-5】举例说明 insert() 方法的用法，代码如下：

```
>>> list1 = ['Python', 'C++', 'Java']
>>> list1.insert(1,'JavaScript')
>>> print(list1)
['Python', 'JavaScript', 'C++', 'Java']
>>> list2 = ['C','PHP','C#','Go']
>>> list1.insert(3,list2)
>>> print(list1)
['Python', 'JavaScript', 'C++', ['C', 'PHP', 'C#', 'Go'],
'Java']
```

除了使用以上方法添加列表元素，Python 中还可以使用连接符号"+"加号来将多个列表进行连接，这样就相当于在一个列表的末尾添加了另外一个新列表。例如：

```
>>> list1 = ['Python', 'C++', 'Java']
>>> list2 = ['C','PHP','C#','Go']
>>> list3 = list1 + list2
>>> print(list3)
['Python', 'C++', 'Java', 'C','PHP','C#','Go']
```

3. 删除列表中的数据元素

对于列表中不再需要的数据元素，可以将其删除。Python 提供了几种常用方法来实现列表中数据元素的删除功能，主要有 remove() 方法、del() 方法、pop() 方法和 clear() 方法。

（1）remove() 方法。remove() 方法会根据元素本身的值来进行删除操作。需要注意的是，remove() 方法只会删除第一个和指定值相同的元素，而且必须保证该元素是存在的，否则会引发 ValueError 错误。

【例 3-6】举例说明 remove() 方法的用法，代码如下：

```
>>> numlist = [200, 300, 100, 500, 800, 100, 700]
>>> numlist.remove(100)
>>> print(numlist)
[200, 300, 500, 800, 100, 700]
>>> numlist.remove(900)    #列表中没有 900 的元素，会引发 ValueError 错误
Traceback (most recent call last):
  File "<pyshell#17>", line 1, in <module>
    numlist.remove(900)
ValueError: list.remove(x): x not in list
```

（2）del 关键字删除列表中的数据元素。在前面小节中已经介绍过使用 del 关键字删除整个列表，它还可以删除列表中的单个元素或者一段连续的数据元素。删除单个数据元素的代码格式为：

```
del listname[index]
```

说明：listname 表示列表名称；index 表示想删除元素的索引值。

删除中间一段连续数据元素的代码格式为：

```
del listname[start : end]
```

说明：start 表示起始索引；end 表示结束索引。del 会删除从索引 start 到 end 之间的元素（不包括 end 位置的元素）。

【例 3-7】使用 del 关键字删除列表中的数据元素，代码如下：

```
>>> languagelist = ["Python", "C++", "Java", "PHP", "Ruby",
"MATLAB"]
>>> del languagelist[2]          # 删除 2 号索引位处的数据元素
>>> print(languagelist)
['Python', 'C++', 'PHP', 'Ruby', 'MATLAB']
>>> del languagelist[1: 4]
# 删除 1 号索引位到 4 号索引位之间的数据元素，注意不包含 4 号索引位的元素
>>> print(languagelist)
['Python', 'MATLAB']
```

（3）pop() 方法。pop() 方法的功能与 del 关键字的功能一样，也是用来删除列表中指定索引号处的数据元素，但是 pop() 方法不能删除一段连续的数据元素。其代码格式如下：

```
listname.pop (index)
```

说明：listname 表示列表名称；index 表示索引值。如果不写 index 参数，默认会删除列表中的最后一个元素，类似于数据结构中的"出栈"操作。

【例 3-8】使用 pop() 方法删除列表中的数据元素，代码如下：

```
>>> numlist = [100, 200, 300, 400, 500, 600, 700]
>>> numlist.pop(2)
>>> print(numlist)
[100, 200, 400, 500, 600, 700]
```

```
>>> numlist.pop()
>>> print(numlist)
[100, 200, 400, 500, 600]
```

4. 修改列表中的数据元素

Python 提供了两种修改列表中数据元素的方法，一是可以每次修改单个数据元素，二是可以每次修改一组（多个）数据元素。

（1）修改单个数据元素。修改单个元素非常简单，直接对元素赋值即可。例如：

```
>>> numlist = [100, 200, 300, 400, 500, 600, 700]
>>> numslist[2] = 350          # 使用正数索引
>>> numslist[-2] = 666         # 使用负数索引
>>> print(numslist)
[100, 200, 350, 400, 500, 666, 700]
```

（2）修改一组元素。Python 支持通过切片语法给列表元素赋值，从而达到修改列表元素的目的。其代码格式为：

```
listname[start : end : step] = [obj]
```

说明：listname 表示列表名称；start 表示要修改元素的起始索引号；end 表示要修改元素的结束索引号（注意不包括 end 位置元素的修改）；step 表示步长。如果不指定步长（step 参数），Python 就不要求新赋值的元素个数与原来的元素个数相同。这意味，该操作既可以为列表添加和修改元素，也可以为列表删除元素。

【例 3-9】使用切片方式修改列表中的数据元素，代码如下：

```
>>> numlist = [100, 200, 300, 400, 500, 600, 700]
>>> numlist[2 : 4] = [30, 40, 50]
# 用 30,40,50 三个元素替换了 300,400
>>> print(numlist)
[100, 200, 30, 40, 50, 500, 600, 700]
>>> numlist[2 : 5] = []          # 用空列表替换 30,40,50，相当于删除功能
>>> print(numlist)
[100, 200, 500, 600, 700]
>>> numlist[0 : 4 : 2]=[10,30]
>>> print(numlist)
[10, 200, 30, 600, 700]
>>> numlist[0 : 4 : 2]=[100,300,500]
```

```
# 有步长参数时，新过犹元素要与被替换的元素个数相同，否则会报错
Traceback (most recent call last):
  File "<pyshell#22>", line 1, in <module>
    numlist[0 : 4 : 2]=[100,300,500]
ValueError: attempt to assign sequence of size 3 to extended
slice of size 2
```

3.2 Python 语言中的元组

元组（tuple）是 Python 语言中另一种重要的序列结构，和列表类似，元组也是由一系列按特定顺序排序的元素组成。元组和列表（list）的不同之处如下：

（1）列表的元素是可以更改的，包括添加、修改和删除元素的值，所以列表是可变序列；

（2）元组一旦被创建，它的元素就不可更改了，所以元组是不可变的序列（或者说元组也可以视为是不可变的列表），通常情况下，在开发过程中可使用元组来保存无需修改的内容。

从形式上看，元组的所有元素都放在一对小括号 () 中，相邻元素之间用逗号 "," 进行分隔，如下所示：

```
(element1, element2, ... , elementn)
```

说明：element1 ～ elementn 表示元组中的各个元素，个数没有限制。

从存储内容上看，元组可以存储整数、实数、字符串、列表、元组等，只要是 Python 支持的任何类型的数据，并且在同一个元组中，元素的类型可以不同。例如：

```
("c.biancheng.net", 1, [2,'a'], ("abc",3.0))
```

在这个元组中，有多种类型的数据，包括整形、字符串、列表、元组。

我们都知道，列表的数据类型是 list，那么元组的数据类型是什么呢？不妨通过 type() 函数来查看一下：

```
>>> type( ("c.biancheng.net",1,[2,'a'],("abc",3.0)) )
<class 'tuple'>
```

可以看到，元组是 tuple 类型，这也是很多教程中用 tuple 指代元组的原因。元组（tuple）不能对其中的元素进行添加、修改和删除，只能访问元组元素。所以就只能针对整个元组进行整体的创建、删除和替换。

1. 创建元组

Python 提供了下述两种创建元组的方法。

（1）使用 () 直接创建。通过 () 创建元组后，一般要使用 "=" 将它赋值给某个变量，代码具体格式为：

```
tuplename = (element1, element2, ..., elementn)
```

说明：tuplename 表示变量名；element1 ～ elementn 表示元组中的数据元素。

【例 3-10】使用 () 直接创建元组，代码如下：

```
>>> tuple1 = (100, 200, -300, -400.5, 500)
>>> print(tuple1)
(100, 200, -300, -400.5, 500)# 对元组进行重新赋值
>>> tuple1 = ("Python", "C++", "Java", "PHP", "Ruby", "MATLAB")
# 元组 tuple1 整体被重新创建，相当于修改了元组（注意不能修改元组中的部
分元素）
>>> print(tuple1)
('Python', 'C++', 'Java', 'PHP', 'Ruby', 'MATLAB')
>>> tuple1 = ("Python",)
# 只有一个字符串作为元组元素时，需在末尾加个逗号 "，" 否则被视为字符串
>>> type(tuple1)
<class 'tuple'>
>>> tuple1 = ("Python")
>>> type(tuple1)
<class 'str'>
```

（2）使用 tuple() 函数创建元组。Python 还提供了一个 tuple() 内置函数，用来将其他数据类型转换为元组类型。tuple() 函数的语法格式如下：

```
tuple(data)
```

说明：data 表示可以转化为元组的数据，包括字符串、元组、range 对象等。

【例 3-11】使用 tuple() 函数创建元组，代码如下：

```
# 将字符串转换为元组
```

```
>>> tuple1 = tuple("Python")
>>> print(tuple1)
('P', 'y', 't', 'h', 'o', 'n')
# 将列表转换为元组
>>> list1 = ['Python', 'Java', 'C++', 'JavaScript']
>>> tuple1 = tuple(list1)
>>> print(tuple1)
('Python', 'Java', 'C++', 'JavaScript')
>>> tuple1 = tuple()          # 创建了一个空元组
>>> print(tuple1)
()
```

2. 访问元组中的元素

和访问列表元素一样，也可以使用索引（index）来访问元组中的某个元素（得到的是一个元素的值），还可以使用切片访问元组中的一组元素（得到的是一个新的子元组）。使用索引访问元组元素的格式为：

```
tuplename[index]
```

说明：tuplename 表示元组名字；index 表示索引号。元组的索引号可以是正数，也可以是负数。

使用切片方式访问元组元素的格式为：

```
tuplename[start : end : step]
```

说明：start 表示起始索引号；end 表示结束索引号；step 表示步长。

【例 3-12】访问元组中的元素，代码如下：

```
>>> tuple1 = ("Python", "C++", "Java", "PHP", "Ruby", "MATLAB")
>>> print(tuple1[2])
Java
>>> print(tuple1[2 : 4])
# 从 2 号索引位开始取值，到 4 号索引位结束（不包括 4 号索引位的元素）
('Java', 'PHP')
>>> print(tuple1[1 : 5 : 2])
('C++', 'PHP')
```

3. 删除元组

与删除列表一样，当创建的元组不再使用时，可以通过使用 del 关键字来删除元组。

例如：

```
>>> tuple1 = ("Python", "C++", "Java", "PHP", "Ruby", "MATLAB")
>>> print(tuple1)
('Python', 'C++', 'Java', 'PHP', 'Ruby', 'MATLAB')
>>> del tuple1
>>> print(tuple1)
Traceback (most recent call last):
  File "<pyshell#21>", line 1, in <module>
    print(tuple1)
NameError: name 'tuple1' is not defined
```

其实跟 Python 会自动回收不用的列表一样，Python 也会自动销毁不用的元组，因此一般不需要通过 del 来手动删除元组。

3.3　Python 语言中的字典

Python 语言中的字典（dict）是一种无序的、可变的序列数据类型，它的元素以"键值对（key-value）"的形式存储。列表和元组都是有序的序列。字典类型是 Python 中唯一的映射类型。"映射"是数学中的术语，简单理解，它指的是元素之间相互对应的关系，即通过一个元素，可以唯一找到另一个元素。字典中，习惯将各元素对应的索引称为键（key），各个键对应的元素称为值（value），键及其关联的值称为"键值对"。如图 3-1 所示。

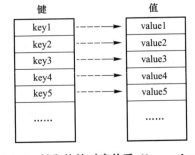

图 3-1　键和值的对应关系（key-value）

字典类型的数据具有的以下特征：

（1）字典是任意数据类型的无序集合，和列表、元组不同，通常会将索引 0 对应的元素称为第一个元素，而字典中的元素是无序的。

（2）字典是通过"键"访问数据元素，而不是通过索引来读取数据元素。

（3）字典是可变的，并且可以任意嵌套，即字典存储的值可以是列表或其他的字典。

（4）字典中的"键"必须唯一的，它不支持同一个键出现多次，否则只会保留最后一个键值对。

（5）字典中每个键值对的"键"是不可变的，只能是数字、字符串或者元组，不能使用列表作为"键"。

3.3.1 字典的操作

1. 创建字典

（1）使用 { } 创建字典。由于字典中每个元素都包含两部分，分别是键（key）和值（value），因此在创建字典时，键和值之间使用冒号":"进行分隔，相邻元素之间使用逗号","进行分隔，所有元素放在一对大括号 { } 中。使用 { } 创建字典的语法格式如下：

```
dictname = {'key':'value1', 'key2':'value2', ..., 'keyn':'valuen'}
```

说明：dictname 表示字典变量名；keyn：valuen 表示各个元素的键值对。需要注意的是，同一字典中的各个键必须唯一的，不能重复。

【例 3-13】使用 { } 创建字典，代码如下：

```
>>> dict1 = { }                #使用 { } 创建空字典
>>> print(dict1)
{}
>>> scores = {'语文':90, '数学':95, '英语':88}    #使用字符串作为
key
>>> print(scores)
{'语文':90, '数学':95, '英语':88}
>>> dict2 = {(20, 30):'great', 30:[1,2,3]} #使用元组和数字作为 key
>>> print(dict2)
{(20, 30):'great', 30:[1,2,3]}
```

从以上例子中可以看出，字典的键可以是整数、字符串或者元组，只要符合唯一和不可变的特性就行；字典的值可以是 Python 支持的任意数据类型。

（2）通过 dict() 映射函数创建字典。通过 dict() 函数创建字典的写法有多种，例如：

```
>>> dict1=dict([('one',1), ('two',2), ('three',3)])
>>> print(dict1)
{'one': 1, 'two': 2, 'three': 3}
>>> dict1=dict([['one',1], ['two',2], ['three',3]])
>>> print(dict1)
{'one': 1, 'two': 2, 'three': 3}
>>> dict1=dict((('one',1), ('two',2), ('three',3)))
>>> print(dict1)
```

```
{'one': 1, 'two': 2, 'three': 3}
>>> dict1=dict((['one',1], ['two',2], ['three',3]))
>>> print(dict1)
{'one': 1, 'two': 2, 'three': 3}
>>> listkeys=['one','two','three']
>>> list_keys=['one','two','three']
>>> list_values=[1,2,3]
>>> dict1=dict(zip(list_keys,list_values))
# 通过使用 dict() 函数和 zip() 函数，可将两个列表转换为一个字典
>>> print(dict1)
{'one': 1, 'two': 2, 'three': 3}
>>> dict1=dict( ) # 使用 dict() 函数创建一个空字典
>>> print(dict1)
{}
```

（3）通过 fromkeys() 方法创建字典。Python 中，还可以使用 dict 字典类型提供的 fromkeys() 方法创建带有默认值的字典，具体格式为：

```
dictname = dict.fromkeys (key，value=None)
```

说明：list 参数表示字典中所有键的列表或元组；value 参数表示默认值，如果不写，则为空值 None。例如：

```
>>> courses = [' 语文 ', ' 数学 ', ' 英语 ']
>>> scores = dict.fromkeys(courses, 60)
>>> print(scores)
{' 语文 ': 95, ' 数学 ': 95, ' 英语 ': 95}
```

2. 访问字典

列表和元组可通过索引来访问元素的，而字典不能通过索引来访问元素，因为字典中的元素是无序的，每个元素的位置都是不固定的，所以字典也不能像列表和元组那样，采用切片的方式一次性访问多个元素。字典是键值对需要通过键来访问对应的值。Python 访问字典元素的具体格式为：

```
dictname[key]
```

说明：dictname 表示字典变量的名字；key 表示键名。注意，键必须是存在的，否则会抛出异常。例如：

```
    >>> dict1=dict(( ['one',100],['two',200],['three',300],['fo
ur',400]))
    >>> print(dict1['three'])
    300
    >>> print(dict1['five'])        # 字典 dict1 中不存在 'five' 键，解释器会错
    Traceback (most recent call last):
      File "<pyshell#33>", line 1, in <module>
        print(dict1['five'])
    KeyError: 'five'
```

除了用上面这种方式访问字典外，Python 更推荐使用 dict 类型提供的 get() 方法来获取指定键对应的值。当指定的键不存在时，get() 方法不会抛出异常。get() 的语法格式为：

```
    dictname.get（key[,default]）
```

说明：dictname 表示字典变量的名字；key 表示指定的键；default 用于指定要查询的键不存在时，此方法返回的默认值，如果不手动指定，会返回 None。例如：

```
    >>> dict1=dict(( ['one',100],['two',200],['three',300],['fo
ur',400]))
    >>> print(dict1.get('three'))          # 获取 key 为 'three' 对应的 value
    300
    >>> print(dict1.get('five',' 该键不存在！'))
    该键不存在！
    >>> print(dict1.get('five'))
    None
```

3. 删除字典

手动删除整个字典和删除列表、元组操作相同，手动删除字典也可以使用 del 关键字来实现。例如：

```
    >>> dict1=dict(( ['one',100],['two',200],['three',300],['fo
ur',400]))
    >>> print(dict1)
    {'one': 100, 'two': 200, 'three': 300, 'four': 400}
    >>> del dict1
    >>> print(dict1)
    Traceback (most recent call last):
```

```
    File "<pyshell#39>", line 1, in <module>
      print(dict1)
  NameError: name 'dict1' is not defined
```

同样地，Python 自带的垃圾回收功能，除了可以自动销毁不用列表和元组，也可以自动销毁不用的字典，因此一般不需要通过 del 来手动删除。

3.3.2 字典中数据元素的操作

因为字典属于可变序列，所以我们可以任意操作字典中的键值对（key-value）。Python 中，常见的字典操作有判断现有字典中是否存在指定的键值对、向现有字典中添加新的键值对、修改现有字典中的键值对、从现有字典中删除指定的键值对。大家一定要牢记，字典是由一个一个的键值对（key-value）构成的，key 是找到 value 值的关键，Python 对字典的操作都是通过 key 来完成的。

1. 判断字典中是否存在指定的键值对

如果要判断字典中是否存在指定的键值对，要先判断字典中是否有对应的键。判断字典是否包含指定键值对的键，可以使用成员运算符 in 或 not in 来实现。需要指出的是，对于 dict 而言，in 或 not in 运算符都是基于 key 来进行判断的。例如：

```
>>> dict1 = {'数学': 95, '语文': 89, '英语': 90}
>>> dict1 = {'语文': 95, '数学': 90, '英语': 85}
>>> print('数学' in dict1)    # 判断'数学'key在字典dict1中是否存在
True
>>> print('物理' in dict1)    # 判断'物理'key在字典dict1中是否存在
False
```

通过 in 或 not in 运算符，可以很轻易地判断出现有字典中是否包含某个键，如果存在，由于通过键可以很轻易的获取对应的值，因此很容易就能判断出字典中是否有指定的键值对。

2. 给 Python 字典添加键值对

要给 Python 字典添加键值对，首先要确定该字典中不存在要添加的"键"，然后再直接给要添加的且原字典不存在的 key 赋值即可。如果新添加的键在原字典中已经存在，就变成了修改该键的值。其语法格式如下：

```
dictname[key] = value
```

说明：dictname 表示字典名称；key 表示要新添加的键；value 表示要新添加键对应的

值，该值只要是 Python 支持的数据类型都可以。例如：

```
>>> dict1 = {'语文':90}
>>> dict1['数学']=95
>>> print(dict1)
{'语文': 90, '数学': 95}
```

3. 修改 Python 字典键值对的值

Python 字典中键（key）的名字不能被修改，只能修改值（value）。字典中各元素的键必须是唯一的，因此，如果新添加元素的键与已存在元素的键相同，那么键所对应的值就会被新的值替换掉，以此达到修改元素值的目的，例如：

```
>>> dict1 = {'语文':90 ,'数学': 95, '英语': 88}
>>> dict1['数学']=92
>>> print(dict1)
{'语文':90 ,'数学': 92, '英语': 88}
```

4. 删除 Python 字典的键值对

如果要想删除字典中的键值对，还是可以使用关键字 del 来实现的，例如：

```
>>> dict1 = {'语文':90 ,'数学': 95, '英语': 88}
>>> del dict1['英语']
>>> print(dict1)
{'语文':90 ,'数学': 95}
```

3.4 Python 语言中的集合

Python 中的集合（set），和数学中的集合概念一样，用来保存不重复的元素，即集合中的元素都是唯一的，且是无序的。从形式上看，和字典类似，Python 集合会将所有元素放在一对大括号 {} 中，相邻元素之间用 "," 分隔，格式如下：

```
{element1,element2,...,elementn}
```

说明：elementn 表示集合中的元素，个数没有限制。

从内容上看，同一集合中，只能存储不可变的数据类型，包括整形、浮点型、字符串、元组，无法存储列表、字典、集合这些可变的数据类型，否则 Python 解释器会抛出

TypeError 错误。例如：

```
>>> {[100 , 200, 300, 400, 500]}     # 列表不能作为集合元素
Traceback (most recent call last):
  File "<pyshell#4>", line 1, in <module>
    {[100 , 200, 300, 400, 500]}
TypeError: unhashable type: 'list'
>>> {{'语文':90 , '数学': 95, '英语': 88}}     # 字典不能作为集合元素
Traceback (most recent call last):
  File "<pyshell#2>", line 1, in <module>
    {{'语文':90 , '数学': 95, '英语': 88}}
TypeError: unhashable type: 'dict'
>>> {{100 , 200, 300, 400, 500}}     # 集合不能作为集合元素
Traceback (most recent call last):
  File "<pyshell#5>", line 1, in <module>
    {{100 , 200, 300, 400, 500}}
TypeError: unhashable type: 'set'
```

另外需要注意的是，集合数据元素必须保证是唯一的不能重复的，如果出现重复元素，集合只会保留一份该元素。例如：

```
>>> {100, 100, 200, 200, 300, 400, 500}
{100, 200, 300, 400, 500}
```

其实，Python 中有两种集合类型，一种是 set 类型的集合，另一种是 frozenset 类型的集合，它们唯一的区别是，set 类型集合可以做添加、删除元素的操作，而 forzenset 类型集合不行，本小节主要介绍 set 类型的集合，forzenset 类型的集合将在后面介绍。

3.4.1 集合的操作

Python 中集合（set）的操作包括：创建集合、删除集合、访问集合。

1. 创建集合

Python 提供了两种创集合（set）的方法，分别是使用大括号 { } 创建和使用 set() 函数将列表、元组等类型数据转换为集合。

（1）使用 { } 创建。在 Python 中，创建集合可以像创建列表、元素和字典一样，直接将集合元素用一对大括号 { } 括起来赋值给集合变量，从而实现创建集合的目的。其语法格式如下：

```
setname = {element1,element2,...,elementn}
```

说明：setname 表示集合的名称，起名时既要符合 Python 标识符的命名规范，又要避免与 Python 内置函数重名。例如：

```
# 创建一个包含数字、字符串、元组的集合
>>> set1 = {100,'Python',(100,200,300)}
>>> print(set1)
{(100, 200, 300), 100, 'Python'}
```

因为 Python 中的集合是无序的，所以每次输出时元素的排序顺序可能都不相同。

（2）使用 set() 函数创建集合。set() 函数为 Python 的内置函数，其功能是将字符串、列表、元组、range 对象等可迭代对象转换成集合。该函数的语法格式如下：

```
setname = set（iteration）
```

说明：setname 表示集合的名称；iteration 可作为集合元素的字符串、列表、元组、range 对象等数据。例如：

```
>>> set1 = set("https://www.python-china.com/")
>>> set2 = set([100,200,300,400,500])
>>> set3 = set((100,200,300,400,500))
>>> print("set1:",set1)
set1: {'c', 'p', 't', 's', 'w', 'n', 'a', 'y', ':', 'i', '.',
'o', '/',
  'h', '-', 'm'}
>>> print("set2:",set2)
set2: {100, 200, 300, 400, 500}
>>> print("set3:",set3)
set3: {100, 200, 300, 400, 500}
```

注意，如果要创建空集合，只能使用 set() 函数来实现。因为直接使用一对 { }，Python 解释器会将其视为一个空字典。

2. 访问 Python 集合中的元素

由于集合中的元素是无序的，因此无法向列表那样使用下标访问元素。Python 中，访问集合元素最常用的方法是使用循环结构，将集合中的数据逐一读取出来。例如：

```
>>> set1 = set([100,200,300,400,500])
```

```
>>> for element in set1:
        print(element,end=' ')        # 循环语句将在后面章节中介绍
100 200 300 400 500
```

由于目前尚未学习循环结构的语句，以上代码初学者只需初步了解，后续学习循环结构后自然会明白。

3. 删除 Python 集合

同其他序列类型的数据一样，想要手动删除集合类型的数据，也可以使用 del 关键字来实现。例如：

```
>>> set1 = set([100,200,300,400,500])
>>> del set1
>>> print(set1)
Traceback (most recent call last):
  File "<pyshell#23>", line 1, in <module>
    set1
NameError: name 'set1' is not defined
```

同样需要说明的是，Python 自带有垃圾回收功能，所以一般不需要通过 del 来手动删除集合。

3.4.2 集合中数据元素的操作

Python 集合中最常用的操作是向集合中添加、删除元素，以及集合之间做交集、并集、差集等运算。

1. 向 Python 集合中添加数据元素

向 Python 集合中添加元素，可以使用 set 类型提供的 add() 方法来实现。其语法格式如下：

```
setname.add(element)
```

说明：setname 表示要添加元素的集合；element 表示要添加的元素内容。需要注意的是，使用 add() 方法添加的元素，只能是数字、字符串、元组或者布尔类型（True 和 False）值，不能添加列表、字典、集合这些类型的可变数据，否则 Python 解释器会报 TypeError 错误。例如：

```
>>> set1 = {100,200,300,400,500}
>>> set1.add((600,700))            # 向集合中添加元组
```

```
>>> print(set1)
{100, 200, 300, 400, 500, (600, 700)}
>>> set1.add('Python')                #向集合中添加字符串
>>> print(set1)
{100, 200, 300, 400, 500, (600, 700), 'Python'}
>>> set1.add(1000)                    #向集合中添加数字
>>> print(set1)
{100, 200, 1000, 300, 400, 500, (600, 700), 'Python'}
>>> set1.add([800,900])         #向集合中添加列表会报 TypeError 错误
Traceback (most recent call last):
  File "<pyshell#36>", line 1, in <module>
    set1.add([800,900])
TypeError: unhashable type: 'list'
```

2. 从 Python 集合中删除数据元素

删除现有集合中指定的元素，可以使用集合类型提供的 remove() 方法来实现。该方法的语法格式如下：

```
setname.remove(element)
```

说明：setname 表示要添加元素的集合；element 表示要删除的元素内容。不过使用此方法删除集合中的元素，需要注意的是，如果被删除元素本就不包含在集合中，则此方法会抛出 KeyError 错误。例如：

```
>>> set1 = {100,200,300,400,500}
>>> set1.remove(500)            #删除集合 set1 中的元素 500
>>> print(set1)
{100, 200, 300, 400}
>>> set1.remove(500)
#再次删除 500，但集合 set1 中的 500 已被删除，则会抛出 KeyError 错误
Traceback (most recent call last):
  File "<pyshell#42>", line 1, in <module>
    set1.remove(600)
KeyError: 600
```

如果我们不想在删除失败时令解释器提示 KeyError 错误，还可以使用 discard() 方法，此方法和 remove() 方法的用法完全相同，唯一的区别就是，当删除集合中不存在的元素

时，discard() 方法不会抛出任何错误。例如：

```
>>> set1 = {100,200,300,400,500}
>>> set1. discard (600)
# 删除集合 set1 中不存在的元素 600，无任何错误提示
>>> print(set1)
{100, 200, 300, 400, 500}
```

3. Python 集合中常用的方法

set 类型除了提供有 add()、remove()、discard() 方法外，还提供有其他常用方法以便集合元素的操作。例如：要清空集合中的全部元素可以使用 clear() 方法，拷贝一个集合的所有元素给另外一个元素可以使用 copy() 方法，等等。可以通过 dir（set）命令查看 set 类型提供的方法。例如：

```
>>> dir(set)
['add', 'clear', 'copy', 'difference', 'difference_update',
'discard',
    'intersection', 'intersection_update', 'isdisjoint',
'issubset',
    'issuperset', 'pop', 'remove', 'symmetric_difference', 'update',
    'symmetric_difference_update', 'union']
```

4. 求 Python 集合的交集、并集、差集

集合除了可以添加、删除、访问元素以外，还会经常进行交集、并集、差集以及对称差集的运算。

【例 3-14】有两个集合，分别为 set1={1,2,3} 和 set2={3,4,5}，它们既有相同的元素，也有不同的元素，分别做它们的交集、并集、差集以及对称差集运算。两个集合的关系如图 3-2 所示。

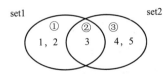

图 3-2 两个集合关系示意图

各运算见表 3-1。

表 3-1　两个集合运算

运算操作	Python 运算符	含义	例子
交集	&	取两集合公共的元素	>>> set1 & set2 {3}
并集	|	取两集合全部的元素	>>> set1 | set2 {1,2,3,4,5}

差集	-	取一个集合中另一集合没有的元素	>>> set1 - set2
			{1,2}
			>>> set2 - set1
			{4,5}

对称差集	^	取集合 A 和 B 中不属于 A & B 的元素	>>> set1 ^ set2 {1,2,4,5}

3.4.3　frozenset 集合（set 集合的不可变版本）

有时候程序要求使用不可变对象时，可以使用 fronzenset 集合来替代 set 集合，这样更加安全。通过上小节的介绍可知，集合是可变序列，程序可以改变序列中的元素。而 frozenset 集合是不可变序列，程序不能改变序列中的元素。集合中所有能改变集合本身的方法，比如 add()、remove()、discard() 等，frozenset 集合都不支持；集合中不改变集合本身的方法，fronzenset 集合都支持。

可以在交互式编程环境中输入 dir（frozenset）来查看 frozenset 集合支持的方法。例如：

```
>>> dir(frozenset)
['copy', 'difference', 'intersection', 'isdisjoint', 'issubset',
 'issuperset', 'symmetric_difference', 'union']
```

frozenset 集合的这些方法和 set 集合中同名方法的功能是完全一样的。例如：

```
>>> frozenset1 = {100,200,300,400,500}
>>> frozenset2 = frozenset1.copy()
>>> print(frozenset2)
{400, 100, 500, 200, 300}        #frozenset 集合也是无序的
```

总 结

> 掌握 Python 语言中列表的创建、访问与删除，以及列表中元素的查找、添加、删除与修改等操作；
>
> 掌握 Python 语言中元组的创建与删除，以及元组中元素的访问操作；
>
> 掌握 Python 语言中字典的创建、访问与删除，以及字典中键值对的添加、删除与修改等操作；
>
> 掌握 Python 语言中集合的创建、访问与删除，以及集合中元素的添加、删除与交集、并集、差集运算等操作；
>
> 注意列表、元组、字典与集合几种序列数据类型的区别。

 拓展阅读

本章学习的列表、元组、字典和集合都是 Python 中常用的数据结构，它们可以存储不同类型的数据，并且可以进行各种操作，如添加、删除、修改、查找等。列表、元组、字典和集合之间也可以相互嵌套使用，可以相互协作完成各种任务。也体现了党的二十大的团结精神、开放包容精神和创新精神，强调了团结协作、开放包容、不断创新的重要性，这也是我们在编程中应该秉持的精神。

习 题

一、选择题

1.字符串是一个字符序列，例如：字符串 str，从右侧向左第 5 个字符用什么索引（ ）。

A. s[5]　　　　　　　B. s[-5]　　　　　　　C. s[0:-5]　　　　　D. s[:-5]

2.关于列表数据结构，下面描述正确的是（ ）。

A. 不支持 in 运算符　　　　　　　　B. 可以不按顺序查找元素

C. 所有元素类型必须相同　　　　　　D. 所有元素类型必须相同

3.关于元组类型，下列描述错误的是（ ）。

A. 元组中的元素不可以是不同类型　　B. 一个元组可以作为另一个元组的元素

C. 元组一旦创建便不能修改　　　　　D. 元组采用逗号和圆括号来表示

4. 元组变量 t=("red","blue","pick","white")，t[::-1] 的结果是（　　　）。

A.{"white","pick","blue","red"}　　　　B.("white","pick","blue","red")

C.["white","pick","blue","red"]　　　　D. 代码运行出错

5. 若 list1=["red","blue","pink","white","black","yellow"]，则 print(list1 [1:4:2]) 输出的结果是（　　　）。

A. ['red','blue','pink','white','black','yellow']　　　B. ['red','blue','pink','white']

C. ['blue','white']　　　　D. ['red',,'pink']

6. 以下哪条语句定义了一个 Python 字典（　　　）。

A. {1, 2, 3}　　　B. [1, 2, 3]　　　C.（1, 2, 3）　　　D. { }

7. 下列哪项类型数据是不可变化的（　　　）。

A. 列表　　　　B. 元组　　　　C. 字典　　　　D. 集合

8. 对于字典 d={'aaaa':1, 'bbbb':2, 'cccc':3}，len(d) 的结果为（　　　）。

A.3　　　　B.6　　　　C.9　　　　D.12

9. 以下关于列表表述中错误的是哪一项（　　　）。

A. 可以用"=="比较两个列表是否相同

B. Python 的列表可以嵌套，形成二维列表

C. "+"号可以用来拼接两个列表

D. 列表与字符串一样都是不可变的

10. 以下不能作为字典的 key 的是哪一个选项（　　　）。

A. listA ＝ ['className']　　　　B. 'number'

C. tupleA ＝ （'sum'）　　　　D. 12345

11. 下面不能创建一个集合的语句是（　　　）。

A. set1 = set()　　　　B. set2 = set（"abcd"）

C. set3 =（1, 2, 3, 4）　　　　D. set4 = frozenset（（3,2,1））

12. 以下关于列表和字符串的描述，错误的是（　　　）。

A. 列表使用正向递增序号和反向递减序号的索引体系

B. 列表是一个可以修改数据项的序列类型

C. 字符和列表均支持成员关系操作符（in）和长度计算函数（len()）

D. 字符串是单一字符的无序组合

13. 以下表达式，正确定义了一个集合数据对象的是（　　　）。

A. set1 = { 1000, 'Python', 2000.35}　　　B. set1 =（1000, 'Python', 2000.35）

C.set1 = [1000, 'Python', 2000.35]　　　D.set1 = {'Python': 2000.35}

14. 以下选项中，不能使用下标运算的是（　　）。

A. 列表　　　　　　　　B. 元组　　　　　　　　C. 集合　　　　　　　　D. 字符串

15. 以下说法不正确的是（　　）。

A. 元组的索引是从 0 开始的

B. 使用下标索引能够修改列表中的元素

C. 通过 insert 方法可以在列表指定位置插入元素

D. 通过下标索引可以修改和访问元组的元素

二、解答题

1. 分别简述列表、元组、字典和集合，这四种序列类型的数据结构有什么区别？

2. 假设列表对象 list1 的值为 [100,200,300,400,500,600,700,800]，那么 list1[5]、list1[-3]、list1[2:7] 的值分别是什么？

三、操作题

1. 编写程序，定义一个列表并为其赋值，然后再删除列表中的所有元素。

2. 编写程序，定义两个集合并为其赋值，然后计算它们的交集、并集、差集以及对称差集。

第 4 章　Python 选择结构

> **内容要点：**
> - 基本流程结构；
> - 基本 if 语句；
> - 嵌套 if 语句；
> - pass 语句。
>
> **思政目标：**
> - 通过本章节的学习，培养学生良好的思维习惯；养成认真、细心和严谨的作风，学会进行正确的取舍，树立正确的人生观和价值观。

4.1　基本流程结构

结构化程序设计理论指出，任何可解的算法，无论多么复杂，都可以由三种基本结构组成，即顺序结构、选择（分支）结构和循环结构。

（1）顺序结构中代码是一条一条语句顺序执行的，不重复执行任何代码，也不跳过任何代码。

（2）选择（分支）结构是根据某个条件是否满足来有选择地决定是否执行指定操作。

（3）循环结构是当满足某个条件时重复执行指定操作。

三种结构执行流程如图 4-1 所示。

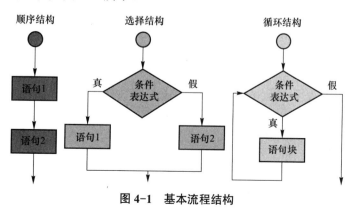

图 4-1　基本流程结构

4.2 选择（分支）结构

前面章节的程序多数都是一条一条语句顺序执行的，但有的问题中需要根据不同的条件执行不同的操作。例如，学生必须本学期没有不通过的课程，下学期才能申请奖学金，如果有不通过课程，是不能申请的，因此需要首先判断学生是否有不通过课程才能决定是否可以申请奖学金。不仅生活中需要条件判断，在使用各种软件和应用程序时，也经常会接触到条件判断。例如，在使用教务管理系统查询课表时，需要首先登录系统，只有当输入的用户名、密码、验证码三者全部正确，才允许登录。Python 提供了选择（分支）结构来解决这类问题。选择（分支）结构是根据某个条件是否满足来有选择地决定是否执行指定操作。

Python 中实现选择结构的语句称为 if 语句。if 语句的实现形式有：if 单分支语句，if-else 双分支语句，if-elif-else 多分支语句和嵌套的 if 语句。接下来，本章将对这些语句进行详细讲解。

4.2.1 if 单分支语句

if 语句是最简单的选择语句，允许程序通过判断条件是否成立来选择是否执行指定的语句，其语法格式如下：

```
if 条件表达式：
    语句块
```

说明：条件表达式多数是关系表达式和逻辑表达式，也可以是其他合法的表达式；语句块可以是一条语句，也可以是多条语句，当有多条语句时，必须保持每条语句的缩进相同。

if 语句的执行过程为：如果条件表达式为真（True），执行语句块中的所有语句，否则直接跳过 if 语句，执行其后面的语句。因此在选择结构中，if 语句中的语句块有可能被执行，也有可能不被执行，是否执行依赖于条件表达式的判断结果。if 语句的执行流程如图 4-2 所示。

【注意】

if 后面的"条件表达式"的形式是很自由的，只要条件表

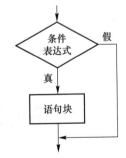

图 4-2　if 语句的执行流程

达式有一个结果，不管这个结果是什么类型，Python 都能判断它是"真"还是"假"。

（1）布尔类型（bool）只有 True 和 False 两个值，Python 会把 True 当做"真"，把 False 当做"假"。

（2）对于数字，Python 会把 0 和 0.0 当做"假"，把其它值当做"真"。

（3）对于其他类型，当对象为空或者为 None 时，Python 会把它们当做"假"，其它情况当做"真"。

【例 4-1】城市空气质量等级是根据城市空气环境质量标准和各项污染物的生态环境效应及其对人体健康的影响，所确定的污染指数分级以及相应的污染物浓度限值。当空气污染指数（API）小于等于 50 时，为国家空气质量日均值一级标准，空气质量为优。编写程序，要求输入 API 值，判断空气质量是否为优，如果为优，输出"此时空气清洁，应多参加户外活动，呼吸清新空气。"不管是否为优，都输出"请爱护我们生活的环境！"

【参考代码】

```
API = int(input("请输入城市的空气污染指数："))
if API <= 50:
    print("空气质量优，此时空气清洁，应多参加户外活动，呼吸清新空气。")
print("请爱护我们生活的环境！")
```

【运行结果】

第一次运行输入 45 时运行结果为：

```
请输入城市的空气污染指数：45
空气质量优，此时空气清洁，应多参加户外活动，呼吸清新空气。
请爱护我们生活的环境！
```

第二次运行输入 60 时运行结果为：

```
请输入城市的空气污染指数：60
请爱护我们生活的环境！
```

【程序说明】

第一次输入的 API 值为 45，满足 if 中的判断条件（小于等于 50），执行 if 语句，输出"此时空气清洁，应多参加户外活动，呼吸清新空气。"然后继续执行 if 语句后面的语句，输出"请爱护我们生活的环境！"

第二次输入的 API 值为 60，不满足 if 中的判断条件（小于等于 50），因此不执行 if 中的语句块，直接执行 if 语句后面的语句，输出"请爱护我们生活的环境！"也就是不满足判断条件，跳过 if 语句，直接执行 if 语句后面的语句。

【注意】

（1）每个 if 条件后要使用英文半角冒号（:），表示接下来是满足条件后要执行的语句块；

（2）使用缩进来划分语句块，相同缩进数的语句在一起组成一个语句块；

（3）在 Python 中没有 switch-case 语句。

4.2.2　if-else 双分支语句

使用 if 语句只能做到满足条件时要做什么，那么如果不满足条件需要做某些事情时应该怎么办呢？Python 提供了 if-else 双分支语句用于在条件为假时也可指定要执行的语句。if-else 语句的语法格式如下：

```
if 条件表达式:
    语句块 1
else:
    语句块 2
```

if-else 语句的执行过程为：如果条件表达式为真（True），执行语句块 1，否则执行语句块 2。同 if 单分支结构一样，语句块中可以是一条语句，也可以是多条语句。在 if-else 双分支语句中，要么语句块 1 会被执行，要么语句块 2 被执行，不可能两个都执行或都不执行。if-else 双分支语句执行流程如图 4-3 所示。

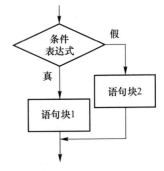

图 4-3　if-else 语句的执行流程

【例 4-2】编写程序，任意输入两个数，输出其中较大的那个数。

【参考代码】

```
x = int(input("请输入第一个数："))
y = int(input("请输入第二个数："))
if  x > y:
    print("较大数为：",x)
else:
    print("较大数为：",y)
```

【运行结果】

第一次运行输入的两个数分别为 8 和 10，运行结果为：

```
请输入第一个数：8
请输入第二个数：10
较大数为：10
```

第二次运行输入的两个数分别为 25 和 –6，运行结果为：

```
请输入第一个数：25
请输入第二个数：-6
较大数为：25
```

第三次运行输入的两个数分别为 6 和 6，运行结果为：

```
请输入第一个数：6
请输入第二个数：6
较大数为：6
```

【例 4-3】我们都知道"好好学习，天天向上"这句话，那么"好好学习"究竟能好到什么程度呢？编写程序，计算一年如果每天都好好学习，能好到什么程序，不好好学习，会坏到什么程度。假设一年有 365 天，能力值的初始值记为 1，当好好学习一天时，相比前一天会进步 1%，没有学习时，相比前一天会退步 1%，计算一年后每天努力和每天放任，能力值分别为多少。

【问题分析】这是一个比较简单的计算题，假设第一天的能力初始值为 R，好好学习后第二天会进步 1% 就是增加 0.01，第二天能力值为 R+R*0.01=R*（1+0.01），第三天是在第二天的基础上继续增加 0.01，第三天能力值为 R*（1+0.01）+R*（1+0.01）*0.01= R*（1+0.01）*（1+0.01）= R*1.01^2，以此类推，一年 365 天后就变成了 R*1.01^{365}。同理可以计算每天没有学习，一年后的能力值就变成了 R*0.99^{365}。

Python 中可以使用 pow() 函数计算次方，基本写法是 pow（x,y）代表求解 x 的 y 次方的值。

【参考代码】

```
progress = 1        # 能力初始值为 1
# 输入是否坚持好好学习
effort = int(input(" 一年 365 天每天是否坚持好好学习：0 不是，1 是："))
if effort == 1:
    # 如果坚持好好学习，计算能力值
    print(" 一年后能力值会成长为原来的：{0:.4F} 倍 ".format(pow(progress*(1+0.01),365)))
```

```
else:
    # 如果未学习，计算能力值
    print(" 一年后能力值会退步为原来的：{0:.4F} 倍 ".format(pow(progre
ss*(1-0.01),365)))
```

【运行结果】

第一次运行输入 1，代表每天好好学习时的运行结果为：

```
一年 365 天每天是否坚持好好学习：0 不是，1 是：1
一年后能力值会成长为原来的：37.7834 倍
```

第二次运行输入 0，代表每天没有学习时的运行结果为：

```
一年 365 天每天是否坚持好好学习：0 不是，1 是：0
一年后能力值会退步为原来的：0.0255 倍
```

【结果分析】如果每天进步 1%，那么一年以后会进步为原来的 37.783 4 倍，每天退步 1%，一年以后会退步到原来的 0.025 5 倍。如果每天进步 2%，那么一年以后会进步为原来的 1 377 倍，每天退步 2%，那么一年以后会退步到原来的 0.000 6 倍。每天进步 5%，一年以后会进步 54 211 841 倍，每天退步 5%，那么一年以后会退步到原来的 0.000 000 007 4，这意味着：**积跬步以至千里，积怠惰以致深渊！**

4.2.3 if-elif-else 多分支语句

if-else 双分支语句仅能用于一个条件成立和不成立的情况，如果需要判断的情况大于两种，就需要结合逻辑运算符一起使用。Python 中提供了 if-elif-else 多分支语句（elif 是 else if 的简写）用于判定一系列的条件。if-elif-else 语句的语法格式如下：

```
if 条件表达式 1:
    语句块 1
elif 条件表达式 2:
    语句块 2
...
elif 条件表达式 n:
    语句块 n
else:
    语句块 n+1
```

上述格式中，需要注意 elif 必须与 if 配合使用，不能单独出现。

if-elif-else 多分支语句的执行过程如下：

（1）如果条件表达式 1 为真（True），则执行语句块 1，然后整个 if 语句结束，跳转到 if 语句后继续执行程序。

（2）如果条件表达式 1 为假（False），则继续判断条件表达式 2；如果条件表达式 2 为真（True），则执行语句块 2，然后整个 if 语句结束，跳转到 if 语句后继续执行程序。

（3）如果前面的条件表达式都为假（False），继续判断条件表达式 n，如果条件表达式 n 为真（True），则执行语句块 n，然后整个 if 语句结束，跳转到 if 语句后继续执行程序。

（4）如果前面所有条件全部不满足，都为假（False），则执行最后一个 else 对应的语句块 n+1，然后整个 if 语句结束，继续执行后续程序。

if-elif-else 多分支语句执行流程如图 4-4 所示。

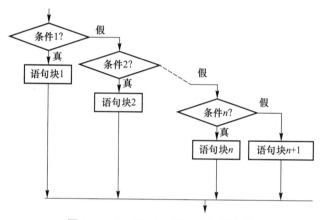

图 4-4　if-elif-else 语句的执行流程

【例 4-4】城市空气质量污染指数的分级标准为：

- 空气污染指数（API）0 ～ 50，空气质量为优。
- 空气污染指数（API）51 ～ 100，空气质量良好。
- 空气污染指数（API）101 ～ 200，空气质量为轻度污染。
- 空气污染指数（API）201 ～ 300，，空气质量为中度污染。
- 空气污染指数（API）大于 300，空气质量为重度污染。

编写程序，根据输入的 API 指数，输出对应的空气质量等级。

【问题分析】本题是在【例 4-1】的基础上，添加了其他级别的空气质量分级标准，针对此类多种判断条件问题，可以使用 if-elif-else 多分支语句书写。

【参考代码】

```
# 通过键盘输入空气污染指数 API 值
```

```
API = int(input("请输入城市的空气污染指数："))
if API < 0:                              # 输入值小于 0，提示错误
    print("输入数据有误，请输入不小于 0 的数！")
elif API <= 50:                          #API 值小于等于 50，输出空气质量为优
    print("空气质量为优！")
elif API <= 100:                         #API 值小于等于 100，输出空气质量为
良好
    print("空气质量为良好！")
elif API <= 200:                         #API 值小于等于 200，输出空气质量为轻度
污染！
    print("空气质量为轻度污染！")
    print("请爱护我们的环境！")
elif API <=300:                          #API 值小于等于 300，输出空气质量为中度
污染
    print("空气质量为中度污染！")
    print("请爱护我们的环境！")
else:                                    #API 值大于 300，输出空气质量为重度污染
    print("空气质量为重度污染！")
    print("请爱护我们的环境！")
```

【运行结果】

第一次运行输入不合法数据 -10 时的运行结果为：

```
请输入城市的空气污染指数：-10
输入数据有误，请输入不小于 0 的数！
```

第二次运行输入数据 45，满足 0 ~ 50 时的运行结果为：

```
请输入城市的空气污染指数：45
空气质量为优！
```

第三次运行输入数据 80，满足 51 ~ 100 时的运行结果为：

```
请输入城市的空气污染指数：80
空气质量为良好！
```

第四次运行输入数据 140，满足 101 ~ 200 时的运行结果为：

```
请输入城市的空气污染指数：140
```

空气质量为轻度污染！

请爱护我们的环境！

第五次运行输入数据 230，满足 201 ～ 300 时的运行结果为：

请输入城市的空气污染指数：230

空气质量为中度污染！

请爱护我们的环境！

第六次运行输入数据 360，满足大于 300 时的运行结果为：

请输入城市的空气污染指数：360

空气质量为重度污染！

请爱护我们的环境！

【注意】

（1）elif 和 else 必须和 if 一起使用，不能单独使用，否则程序会出错。

（2）if 和 elif 后才会书写条件表达式用于判断，else 后无条件表达式，但注意它们后面都有冒号。

（3）例 4-4 中空气质量指数为优的条件是 API 值为 0 ～ 50，表示 API 值应满足大于等于 0 且小于等于 50，此时可简写为 elif API <= 50，而不需要写为 elif API >= 0 and API <=50，原因是当条件表达式 1（API < 0）不成立才会执行到该 elif 处，而 API < 0 不成立就代表了 API 值是大于等于 0 的，因此只需要书写小于等于 50 的条件即可。在编程时要善于利用 elif 中的隐含条件，使程序代码更加清晰简洁。

4.2.4　嵌套的 if 语句

当我们乘坐火车或者地铁时，必须要先买票，只有买到票，才能进入车站进行安检，只有安检通过才可以正常乘车。在这个过程中，后面的条件表达式的判断是在前面的条件表达式成立的基础上才进行的，针对这种情况，Python 提供了嵌套的 if 语句来实现。

嵌套的 if 语句是指在 if 或者 if-else 语句里面又包含一个或多个 if 或者 if-else 语句。if 语句嵌套 if-else 语句的语法格式如下：

```
if 条件表达式 1:
    if 条件表达式 2:
        语句块 1
    else:
```

```
        语句块 2
 else:
        if 条件表达式 3:
            语句块 3
```

上述嵌套 if 语句的执行过程是：

（1）如果条件表达式 1 为真（True），则继续判断条件表达式 2，如果条件表达式 2 也为真（True），则执行语句块 1；如果条件表达式 2 为假（False），则执行语句块 2，然后整个 if 语句结束，跳转到 if 语句后继续执行程序。

（2）如果条件表达式 1 为假（False），则继续判断条件表达式 3，如果条件表达式 3 为真（True），则执行语句块 3，然后整个 if 语句结束，跳转到 if 语句后继续执行程序。

上述语句中，语句块 1 的执行条件是条件表达式 1 和条件表达式 2 都为真，语句块 2 执行的条件是条件表达式 1 为真且条件表达式 2 为假，语句块 3 执行的条件是条件表达式 1 为假且条件表达式 3 为真。嵌套 if 语句也可以使用逻辑运算符连接来实现。

【注意】

（1）内嵌 if 可以是简单的单分支 if 语句，也可以是双分支的 if-else 语句，还可以是多分支的 if-elif-else 语句。

（2）注意 if 嵌套语句的逐层缩进，保持同级缩进相同。

（3）else 语句不能单独出现，必须有对应的 if 配套。

【例 4-5】 编写程序，模拟乘客乘坐火车的过程。乘客必须先购票，购票后需要进行安检，安检要求只能携带小于 10cm 的刀具才能上车。根据不同的情况输出对应的结果。

【参考代码】

```
ticket = int(input("请输入是否购买了车票：1 代表已购买，0 代表未购买："))
if ticket == 1:                 # 判断是否购买车票，如果成立代表已购买
    print("有车票，可以进站")
    knifeLength = int(input("请输入携带刀具的长度：0 代表未携带："))
    if knifeLength < 10:        # 判断刀具长度，如果小于 10 则通过安检
        print("通过安检！")
    else:                       # 刀具大于等于长度，未通过安检
        print("未通过安检！")
        print("携带的刀具超过规定长度！")
else:                           # 未购买车票
    print("没有车票，不能进站！")
```

【运行结果】

第一次运行时，首先输入 1 代表已购票，接着输入 8 代表携带的刀具为 8cm，这时程序的运行结果为：

```
请输入是否购买了车票：1 代表已购买，0 代表未购买：1
有车票，可以进站
请输入携带刀具的长度：0 代表未携带：8
通过安检！
```

第二次运行时，首先输入 1 代表已购票，接着输入 25 代表携带的刀具为 25cm，这时程序的运行结果为：

```
请输入是否购买了车票：1 代表已购买，0 代表未购买：1
有车票，可以进站
请输入携带刀具的长度：0 代表未携带：25
未通过安检！
携带的刀具超过规定长度！
```

第三次运行时，首先输入 0 代表未购票，这时程序的运行结果为：

```
请输入是否购买了车票：1 代表已购买，0 代表未购买：0
没有车票，不能进站！
```

可以看出当未购票时，是不需要输入刀具长度，因为这种情况下是不满足进入嵌套的 if 语句中的条件，直接执行 else 语句。

第四次运行时，首先输入 1 代表已购票，接着输入 0 代表未携带刀具，这时程序的运行结果为：

```
请输入是否购买了车票：1 代表已购买，0 代表未购买：1
有车票，可以进站
请输入携带刀具的长度：0 代表未携带：0
通过安检！
```

4.2.5　逻辑运算符连接多个条件

在 Python，C，Java 等多种程序设计语言中，都可以使用逻辑运算符 and 和 or 连接多个条件。

1. 需要同时满足多个条件，可用 and 运算符连接

例如，考试成绩在 80 ~ 90 分（包括 80 分，不包括 90 分）的学生，转换为等级制为良好，由于需要同时满足大于等于 80 且小于 90 这两个条件，因此使用 and 运算符连接。定义 score 变量表示学生考试成绩，程序代码如下：

```
>>> score = int(input("请输入学生成绩："))
请输入学生成绩：85
>>> if  score >= 80 and score < 90:
        print("成绩等级为良好！")
成绩等级为良好！
```

2. 只需要满足多个条件中的一个，可用 or 运算符连接

例如，学生参加竞赛或者发表论文均可以加 0.2 的学分绩点。由于只需要满足参加竞赛或者发表论文这两个条件中的其中一个，因此可使用 or 运算符连接，定义 competition 变量代表参加竞赛，paper 变量代表发表论文，gpa 变量代表学分绩点。程序代码如下：

```
>>> gpa = int(input("请输入学生原始绩点："))
请输入学生原始绩点：3
>>> competition = int(input("请输入学生是否参加竞赛1参加,0未参加："))
请输入学生是否参加竞赛1参加, 0未参加： 1
>>> paper = int(input("请输入学生是否已发表论文1已发表，0未发表： "))
请输入学生是否已发表论文1已发表，0未发表： 0
>>> if  competition == 1  or  paper == 1:
        gpa += 0.2
>>> gpa
3.2
```

3. and 和 or 可以一起使用，形成复合条件语句

例如，学生必须没有不通过课程且有参加竞赛或者发表论文才可以申请奖学金。题目中要求首先必须满足没有不通过课程，在此基础上还需要满足参加竞赛或者发表论文这两个条件中的其中一个，因此可使用 and 和 or 运算符结合使用，定义 fail 变量代表是否有不通过课程，程序代码如下：

```
>>> fail = int(input("请输入学生是否有未通过课程1有,0没有： "))
请输入学生是否有未通过课程1有,0没有： 0
>>> competition = int(input("请输入学生是否参加竞赛1参加,0未参加： "))
请输入学生是否参加竞赛1参加, 0未参加： 0
```

```
>>> paper = int(input("请输入学生是否已发表论文 1 已发表，0 未发表：  "))
请输入学生是否已发表论文 1 已发表，0 未发表：1
>>> if  fail == 0  and  ( competition == 1  or  paper == 1 ):
    print(" 恭喜你，可以申请奖学金！ ")
恭喜你，可以申请奖学金！
```

此题也可以使用嵌套 if 语句完成。

```
if  fail == 0:
    if  competition == 1  or  paper == 1:
        print(" 恭喜你，可以申请奖学金！ ")
```

【注意】

（1）and 和 or 运算符一起使用应注意它们的优先级，and 运算符的优先级要高于 or 运算符，因此在一个表达式中同时出现 and 运算符和 or 运算符，默认会优先计算 and 运算符。如果想先计算 or 运算符，可以使用圆括号 () 改变运算符优先级。本例中需要先执行 or 运算符连接条件的判断，因此使用圆括号改变优先级。

（2）编程时为了美观，习惯在运算符左右两侧空一格，但注意像等于运算符（==），书写时是两个 = 号，是一个运算符，中间不能空格，空格后就是两个赋值运算符，程序会报错；像大于等于运算符（>=）也不能在 > 和 = 中间空格。

4. not 运算符

在 Python 中，not 运算符可与 if 语句结合用于检查变量是否为空，使用方法是将语句 "not 变量" 作为 if 语句的判断条件。在 Python 中，False、None、空字符串、空列表、空元组、空字典等都相当于 "False"，not 运算符与这些空变量结合，会返回 "True"。

例如，检查输入的列表是否为空，如为空，输出 "list is empty"，代码如下：

```
>>> input_list = []
>>> input_list
[]
>>> if  not  input_list:
    print("list is empty ")
list is empty
```

4.2.6 使用 if 语句实现三元运算符的功能

假设现在有两个数字，我们希望获得其中较大的一个，那么可以使用 if-else 语句，例如：

```
if a > b:
    max = a;
else:
    max = b;
```

但是 Python 提供了一种更加简洁的写法，如下：

```
max = a if a>b else b
```

这是一种类似于其他编程语言中三目运算符 "？:" 的写法。Python 是一种极简主义的编程语言，没有引入？:这个新的运算符，而是使用已有的 if-else 关键字来实现相同的功能。

使用 if-else 关键字实现三目运算符（条件运算符）的格式如下：

```
表达式 1  if 判断条件 else 表达式 2
```

上述语句的执行过程为：

（1）如果判断条件成立（结果为真），就执行表达式 1，并把表达式 1 的结果作为整个表达式的结果。

（2）如果判断条件不成立（结果为假），就执行表达式 2，并把表达式 2 的结果作为整个表达式的结果。

前面语句 max = a if a>b else b 的含义是：

• 如果 a>b 成立，就把 a 作为整个表达式的值，赋给变量 max；

• 如果 a> b 不成立，就把 b 作为整个表达式的值，赋给变量 max。

Python 三目运算符支持嵌套，可以构成更加复杂的表达式。在嵌套时需要注意 if 和 else 的配对，例如：

```
a if a>b else c if c>d else d
```

应该理解为：

```
a if a>b else (c if c>d else d)
```

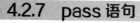

4.2.7 pass 语句

在实际开发中，有时候我们会先搭建程序的整体逻辑结构，但是暂时不去实现某些细节，而是在这些地方加一些注释，方便以后再添加代码，例如：

```python
age = int( input("请输入你的年龄：") )
if age < 12 :
    print("婴幼儿")
elif age < 18:
    print("青少年")
elif age < 30:
    print("成年人")
elif age < 50:
    # 以后处理
else:
    print("老年人")
```

当年龄大于等于 30 并且小于 50 时，我们暂时还未想好此处应该如何处理，就想先写一个注释占位，或者什么都不写，但程序运行时会报语法错误 "excepted an indented block"，提示该处应该有语句块。

有时候为了保持程序结构的完整性，在程序某处需要占一个位置，或者放一条语句，但又不希望这条语句做任何事情，比如上面的例子，可如果不写能执行的语句，程序又会报错。Python 提供了 pass 语句来解决这个问题。pass 是 Python 中的关键字，用来让解释器跳过此处，什么都不做。

使用 pass 语句更改上面的代码为：

```python
age = int( input("请输入你的年龄：") )
if age < 12 :
    print("婴幼儿")
elif age < 18:
    print("青少年")
elif age < 30:
    print("成年人")
elif age < 50:
    pass
else:
    print("老年人")
```

第一次运行，输入 40 时的运行结果为：

```
请输入你的年龄：40
```

从结果中可以看出，当输入 40 时，程序没有任何输出结果。

第二次运行，输入 16 时的运行结果为：

```
请输入你的年龄：16
青少年
```

4.3　典型案例——猜拳游戏

【例 4-6】编写程序，模拟一个用户和计算机进行猜拳游戏比赛，提示用户输入拳头，计算机随机选择拳头，判断输赢后输出。

【问题分析】猜拳游戏是将剪刀、石头、布 3 种不同的拳头相互做比较。游戏规则是剪刀赢过布，布赢过石头，石头赢过剪刀。此题可能的结果分 3 种情况：

（1）用户获胜，获胜的可能有：用户出剪刀，计算机出布；用户出石头，计算机出剪刀；用户出布，计算机出石头；

（2）平局，当用户与计算机选择的拳头相同时平局；

（3）计算机获胜，第（1）和第（2）种情况以外的均为计算机获胜。

【参考代码】

```python
import random          # 导入 random 模块用于生成随机数
# 获取用户输入的拳头值
playerInput = input("请输入用户的选择（0 剪刀、1 石头、2 布：）")
player = int(playerInput)                # 将用户的拳头值转换为整型
#随机生成一个 [0,2] 的整数，即随机生成 0,1,2 三个数之一
computer = random.randint(0,2)
if player < 0 or player > 2:             # 用户输入了游戏规则以外的数字
    print("请遵守游戏规则 ")
else:
    if (player == 0 and computer == 2)  or (player == 1 and
computer == 0)\
    or (player == 2 and computer == 1):     #用户所有能获胜的条件
        print("用户出的拳头是：%2d,计算机出的拳头是：%2d,恭喜，你赢了！
```

```
"%(player,computer))
        elif player == computer:                    #用户和计算机拳头相同时
            print("用户出的拳头是：%2d，计算机出的拳头是：%2d，打成平局了！
"%(player,computer))
        else:                                       #计算机获胜
            print("用户出的拳头是：%2d，计算机出的拳头是：%2d，你输了，再接
再厉！"%(player,computer))
```

【运行结果】

第一次运行，输入 0，代表用户出的剪刀，这时的运行结果为：

请输入用户的选择（0 剪刀、1 石头、2 布：）0
用户出的拳头是：0，计算机出的拳头是：2，恭喜，你赢了！

第二次运行，输入 0，代表用户出的仍为剪刀，这时的运行结果为：

请输入用户的选择（0 剪刀、1 石头、2 布：）0
用户出的拳头是：0，计算机出的拳头是：0，打成平局了！

第三次运行，输入 0，代表用户还出的剪刀，这时的运行结果为：

请输入用户的选择（0 剪刀、1 石头、2 布：）0
用户出的拳头是：0，计算机出的拳头是：1，你输了，再接再厉！

总　结

➤ 掌握简单的 if 语句、if-else 语句和 if-elif-else 语句的基本语法；
➤ 掌握 if 语句的嵌套；
➤ 掌握选择结构程序设计的方法；
➤ 了解 pass 语句。

拓展阅读

　　在党的二十大报告中，强调要"推动理论创新、实践创新、制度创新、文化创新、管理创新"，并指出"我们要大力推动科技创新，推进数字中国建设，加快实现网络强国和数字中国战略目标"。

　　本章所学习的条件判断语句可以根据不同的条件执行不同的代码，这种灵活性体现了实践创新的精神。在编程中，我们需要根据实际情况进行判断和决策，寻找最优解决方案，这也是实践创新的核心。

习　题

1. 求分段函数的值，$fx = \begin{cases} x, & x \geqslant 0 \\ 0, & x < 0 \end{cases}$

2. 编写程序，输入一个温度值，在末尾用 F 表示华氏度，C 表示摄氏度，如 82F 表示华氏 82 度，28C 表示摄氏 28 度。将输入的温度值转换为另一种表示方法。比如输入的是摄氏度，输出就应为华氏度。

两种温度之间的转换公式如下：

$$C = (F - 32) / 1.8$$
$$F = C * 1.8 + 32$$

其中，C 表示摄氏温度，F 表示华氏温度。

3. 编写程序，根据用户输入商品重量，计算快递费。快递费收费标准见表 4-1。

表 4-1　快递费收费标准

地区	首重（1kg）	续重 500g
其他地区	10 元	5 元
东三省、宁夏、青海、海南	12 元	10 元
新疆、西藏	20 元	15 元
港澳台、国外	不接收寄件，请联系总公司	

4. 编写程序，根据用户输入的身高和体重，计算用户的 BMI 值，并给出相应的健康建议。

BMI，即身体质量指数，是用体重（kg）除以身高（m）的平方得出的数字（BMI= 体重（kg）÷ 身高^2（m）），是目前国际上常用的衡量人体胖瘦程度以及是否健康的一个标准。成人的 BMI 数值见表 4-2。

表 4-2　成人 BMI 数值表

过轻	低于 18.5
正常	18.5 ～ 23.9
过重	24 ～ 27.9
肥胖	28 ～ 32
过于肥胖	32 以上

5. 编写程序，实现判断用户输入的账号和密码是否正确。

提示：预先通过初始化设置好一个账号和密码，然后根据输入判断，如果账号和密码都正确，就显示"Hello Python！"否则提示账号和密码输入有误。

第 5 章　Python 循环结构

内容要点：

■ while 循环；

■ for 循环；

■ 嵌套循环；

■ break 和 continue 语句。

思政目标：

■ 通过本章的学习，增加学生的自信心，培养学生树立专注坚守的工匠精神，在专业领域精益求精。

　　循环结构是结构化程序设计的三种基本结构之一，用于当满足某个条件时重复循环执行指定操作。循环是让计算机自动完成重复工作的常见方式之一。在现实生活中，有很多循环的场景，例如，红绿灯交替变化，一年四季交替，地球自转，地球公转，等等。

　　循环分为两种：无休止循环和有终止循环，例如前面提到的地球自转公转属于无休止循环，求 1 到 100 的累加和属于有终止循环。

　　Python 提供了两种循环语句，分别是 while 循环和 for 循环，接下来本章将对这两种循环进行详细讲解。

5.1　while 循环语句

　　while 循环和 if 语句类似，在条件表达式为真（True）的情况下，会执行相应的语句块。不同之处在于，只要条件为真（True）时，while 就会一直重复执行相应的语句块；当条件为假（False）时，才会从 while 循环体中退出。while 循环语句有两种实现形式，分别是 while 语句和 while-else 语句。

5.1.1　while 循环语句

while 循环语句的基本语法格式如下：

```
while 条件表达式：
    语句块
```

上述格式中，条件表达式可以是关系表达式或者逻辑表达式，也可以是其他合法的表达式，语句块可以是一条语句，也可以是多条语句，当有多条语句时，必须保持每条语句的缩进相同。

while 循环语句的执行过程为：如果条件表达式的值为真（True），执行语句块中的所有语句；接着再次判断条件表达式的值，如果为真（True），继续执行语句块；如此循环，直到条件表达式的值为假（False），才终止循环，继续执行 while 循环后面的语句。

while 循环语句中的语句块是循环体，是循环重复执行的部分，条件表达式是用来控制循环体是否执行。while 循环语句也被称为"当型循环"，当条件表达式为真，循环执行循环体。

while 循环语句的执行流程如图 5-1 所示。

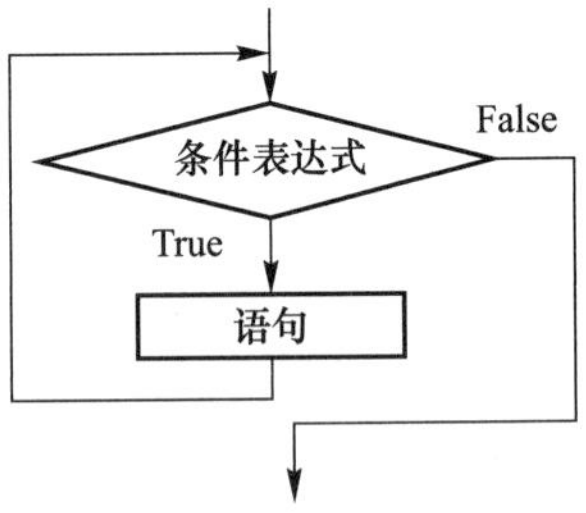

【注意】

（1）同 if 语句一样，while 语句中也需要注意冒号和缩进。

图 5-1　while 循环语句执行流程

（2）Python 中没有 do-while 循环。

（3）while 循环语句是"先判断，后执行"。如果刚进入循环时条件表达式的值就为假（False），则循环体一次也不执行。

【例 5-1】编写程序，打印输出 1~100 之间的所有偶数。

【问题分析】本题需要输出所有的偶数，可以直接使用 while 循环语句，因为是输出偶数，初始值也就是第一个输出的值设置为 2，当值小于等于 100 时循环输出，输出完成后继续判断下一个值，下一个偶数值就在原来值基础上加 2，一直输出到最后一个数 100。

【参考代码】

```python
# 循环初始条件，第一个偶数为 2
num = 2
print("1 ～ 100 之间的全部偶数为 ",end=':')
# 当 num 小于等于 100 时，会一直执行循环体
while num <= 100 :
    # 输出语句，数值之间用逗号隔开
    print(num,end=',')
    # 迭代语句，偶数每次加 2
```

```
    num += 2
print("\n 循环结束 !")
```

【运行结果】

```
1 ～ 100 之间的全部偶数为 :2,4,6,8,10,12,14,16,18,20,22,24,26,28,30,32
,34,36,38,40,42,44,46,48,50,52,54,56,58,60,62,64,66,68,70,72,74,76,78,
80,82,84,86,88,90,92,94,96,98,100,
循环结束 !
```

【注意】

（1）如果希望实现无休止循环，可以通过设置条件表达式永远为 True 来实现。例如 var = 1，while var == 1,var == 1 这个条件表达式始终为 True。无休止循环在实现服务器上客户端的实时请求时非常有用。

（2）对于有终止循环，在循环体中一定要有语句能修改条件表达式的值，使其有为假的时候，才能够终止循环，否则这个循环将成为一个死循环。所谓死循环，指的是无法结束循环的循环结构。

（3）例 5-1 中的 num += 2 语句就是能够使得本例中的条件表达式（num <= 100）为假，继而终止循环的语句。

（4）如果将上面 while 循环中的 num += 2 代码注释掉，再运行程序会发现，Python 解释器一直在输出 2，永远不会结束，除非我们强制关闭解释器。因为此时 num 的值为 2，while 后的条件表达式（2 <= 100）一直为 True，会一直输出当前 num 的值 2。注意这种情况 Python 解释器不会报错，需要自行调试修改错误。

（5）只要位于 while 循环体中的代码，必须使用相同的缩进格式（一般为 4 个空格），否则 Python 解释器会报 SyntaxError 错误（语法错误）。例如，将上面程序中 num += 2 语句前移一个空格，再次执行该程序，此时 Python 解释器就会报 SyntaxError 错误，如图 5-2 所示。

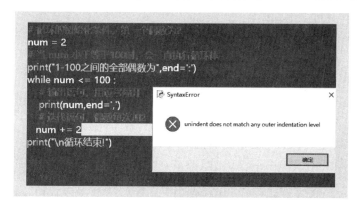

图 5-2 语法错误

【例 5-2】编写程序，计算 1+2+3+4+…+100 的值。

【问题分析】本例是求解 1 到 100 的累加和，每次都需要做加法，一直加到最后一个数 100。要重复进行 100 次加法运算，因此可以用循环结构来实现。重复执行循环体 100 次，每次加一个数。假设用变量 sumResult 表示累加和，sumResult 的初始值应为 0。用 i 表示每次循环的加数，i 的初始值也就是第一个加数为 1，第二个加数跟第一个相比多了 1，第三个加数比第二个加数多 1，可以看出每次累加的数都是在前一个数的基础上加 1，因此只需要在加完上一个数 i 之后，使 i 加 1 就可以得到下一个加数。

【参考代码】

```
i = 1                          # 加数 i 初始值为 1
sumResult = 0                  # 累加和初始值为 0
while i <= 100 :               # 当 i 小于等于 100 时，会一直执行循环体
    sumResult += i             # 求和，累加和放到 sumResult 中
    i += 1                     # i+1，继续判断下一个数
print("1+2+3+4+…+100 的值为： ",sumResult)
```

【运行结果】

```
1+2+3+4+…+100 的值为： 5050
```

【程序说明】注意加数变量 i 和累加和变量 sumResult 都应该赋初始值。

【例 5-3】编写程序，计算 1~100 之间的所有偶数之和。

【问题分析】可以采用【例 5-1】的方法求解出所有的偶数，然后使用【例 5-2】的方法做累加。也可以考虑偶数本身的特点，在整数中，能被 2 整除的数，叫做偶数，可以循环判断 1～100 之间的所有数，但只对满足能被 2 整除时的数做累加运算。Python 中可以使用 "%" 求余运算符做整除判断，求余结果为 0 表示能够整除。

【参考代码】

```
i = 1                          # 加数 i 初始值为 1
sumResult = 0                  # 累加和初始值为 0
while i < 101 :                # 当 i 小于 101 时，会一直执行循环体
    if i % 2 == 0:             # 判断 i 是否为偶数
        sumResult += i         # 将偶数 i 加到累加和中
    i += 1                     # i+1，继续判断下一个数
print("1～100 之间的偶数之和为： ",sumResult)
```

【运行结果】

```
1 ～ 100 之间的偶数之和为：2550
```

【程序说明】 循环的条件表达式也可写为 i <= 100，与 i < 101 实现的功能一致。

除此之外，while 循环还经常用来遍历列表、元组和字符串，因为它们都支持通过下标索引获取指定位置的元素。例如，下面的程序使用 while 循环遍历一个字符串变量中的每一个字符并输出，程序运行结果为：http://www.baidu.com。

```
my_char="http://www.baidu.com"
i = 0;
while i< len(my_char):
    print(my_char[i],end="")
    i = i + 1
```

【例 5-4】 爱因斯坦曾出过这样一道有趣的数学题：有一个长阶梯，若每步上 2 阶，最后剩 1 阶；若每步上 3 阶，最后剩 2 阶；若每步上 5 阶，最后剩 4 阶；若每步上 6 阶，最后剩 5 阶；只有每步上 7 阶，最后刚好一阶也不剩。

请编程求解：该阶梯至少有多少阶？

【问题分析】 假设阶梯数为整数 i，初始值设置为 1，从 1 开始判断是否满足题目要求。题目中的阶梯每步上 2 阶，最后剩 1 阶，则说明 i 如果跟 2 求余，结果为 1，每步上 3 阶，最后剩 2 阶，说明 i 跟 3 求余，结果为 2，后面也是一样，当这些条件只要有一个不成立，该值就不符合要求，继续判断下一个数。只有当前述条件都成立时，才是我们要求的数。

【参考代码】

```
i = 1
while i % 2 != 1 or i % 3 != 2 or i % 5 != 4 or i % 6 != 5 or i % 7 != 0:
    i += 1
print(" 该阶梯有 ",i," 阶。")
```

【运行结果】

```
该阶梯有 119 阶
```

【程序说明】 循环的条件表达式也可写为：while not（i % 2 == 1 and i % 3 == 2 and i % 5 == 4 and i % 6 == 5 and i % 7 == 0）。

5.1.2 while-else 语句

在 Python 中, while 循环语句也有可选的 else 部分, while-else 语句的基本语法格式如下:

```
while 条件表达式:
    语句块 1
else:
    语句块 2
```

while-else 语句的作用是当循环条件为假 (False) 跳出循环时, 程序会最先执行 else 代码块中的语句块。也就是当条件表达式不成立后, 会最先执行语句块 2。

在以下程序中添加一个 else 语句, 例如:

```
my_char="http://www.baidu.com"
i = 0;
while i < len(my_char):
    print(my_char[i],end="")
            i = i + 1
else:
    print("\n 执行 else 代码块 ")
```

程序运行结果为:

```
http://www.baidu.com
执行 else 代码块
```

上述程序中, 当 i == len (my_char) 结束循环时, Python 解释器会执行 while 循环后的 else 代码块。

仅仅从刚才的程序来看, else 代码块并没有什么具体作用, 因为 while 循环之后的代码, 即便不位于 else 代码块中, 当结束循环时也会被执行。那么 else 代码块真的没有用吗? 当然不是。后续小节介绍 break 语句时, 会具体介绍 else 代码块的用法。

5.2 for 循环语句

Python 中的循环语句有 while 循环和 for 循环两种, 上述已经对 while 循环做了详细的讲解，本节将介绍 for 循环。

与 while 循环语句相比，for 循环语句属于计次循环，通常用于循环次数已知的情况。相比 while 循环，for 循环不容易导致死循环，而且大部分 while 循环都可以用 for 循环实现，特别是在遍历字符串、列表、元组、字典、集合等序列类型时，多数都使用 for 循环。

for 循环有两种实现形式，分别是 for 语句和 for-else 语句。

5.2.1　for 循环语句

1. for 循环语句的语法结构

for 循环语句的基本语法格式如下：

```
for 变量 in 序列:
    语句块
```

上述格式中，变量用于存放从序列类型变量中读取出来的元素，所以一般不会在循环中对变量手动赋值；语句块可以是一条语句，也可以是具有相同缩进格式的多条语句（和 while 一样），语句块又称为循环体。

上述格式的执行过程如下：

（1）如果序列包含表达式，则先进行计算求值；

（2）将序列中的第一个元素值赋给变量，执行语句块；

（3）将序列中的第二个元素值赋给变量，执行语句块；

（4）以此类推，直到将序列的最后一个元素赋给变量，执行语句块后 for 循环结束；

（5）接着执行 for 语句后的其他语句。

for 循环语句的执行流程图如图 5-3 所示。

【例 5-5】编写程序，依次打印输出字符串中的字符。

【参考代码】

```
my_char=input("请输入字符串：")
for x in my_char:
    print(x,end="")
```

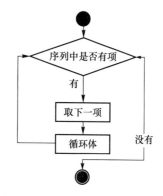

图 5-3　for 循环语句执行流程

【运行结果】

```
请输入字符串：I  LOVE  CHINA!
I  LOVE  CHINA!
```

2. for 循环语句与 range() 函数

在实际使用过程中，经常需要存储一组数字。例如在教学过程中，需要记录每个学生的学号、课程成绩等，还可能需要统计学生成绩的最高分、最低分等。在数据可视化中，处理的几乎都是由数字（如温度、距离、人口数量、经度和纬度等）组成的集合。

列表非常适合用于存储数字集合，并且 Python 提供了 range() 函数，可帮助我们高效地处理数字列表，即便列表需要包含数百万个元素，也可以快速实现。range() 函数可以生成一个数字序列，经常与 for 循环语句一起使用。range() 函数的语法格式如下：

```
range([start,]stop[,step])
```

参数说明：

- start：计数从 start 开始，可省略，省略则默认从 0 开始。
- stop：计数到 stop 结束，但不包括 stop，不能省略。
- step：步长值，可省略，省略则表示步长值为 1。

【注意】

（1）range（0,5,1），range（5），range（0,5）三种格式最终得到的列表都是 [0,1,2,3,4]。特别注意生成的列表中不包括终止值 stop。

（2）range（5,2）格式的列表是没有数据的。

（3）step 可以为负数，如 range（5,2,-1）得到的列表是 [5,4,3]。

【例 5-6】使用 for 循环计算 1 ～ 100 之间的所有偶数之和。

【参考代码】

```
sumResult=0                          # 累加和初始值为 0
for i in range(2,101,2):
    sumResult+=i                     # 将偶数 i 加到累加和中
print("1 ～ 100 之间的偶数之和为：",sumResult)
```

【运行结果】

```
1 ～ 100 之间的偶数之和为：2550
```

【程序说明】针对本例情况，从语句的精简程度来说，for 循环实现比 while 循环实现更简洁，将加数的初始值 2 直接作为 range 函数的 start 参数；设置步长值为 2，使得每次的加数都为偶数；终止值 stop 设置为 101，但不包括 101，保证能取到 1 ～ 100 之间的最后一个偶数 100。

【例 5-7】大约在 1 500 年前，《孙子算经》中就记载了一个有趣的问题：鸡兔同笼。

书中是这样叙述的：“今有雉兔同笼，上有三十五头，下有九十四足，问雉兔各几何？这四句话的意思是：有若干只鸡兔同在一个笼子里，从上面数，有 35 个头；从下面数，有 94 只脚。求笼中各有几只鸡和兔？编写程序进行求解。

【问题分析】题目中有隐藏的已知条件，鸡和兔各 1 个头，鸡 2 只脚，兔 4 只脚。假设鸡的数量为 x，兔的数量为 y，根据题目条件，可列出方程组：

x+y=35

2x+4y=94

可以使用穷举法，假设鸡的数量 x 为 1，根据方程 1，则 y 为 34，将这两个数代入方程 2，如果 2x+4y 等于 94，那这组数据（x=1，y=34）就符合要求，如果不满足方程 2，继续列举，取 x 为 2，则 y 为 33，继续判断，直到找到符合要求的数。

【参考代码】

```
for x in range(1,35):
    y = 35-x
    if 2*x + 4*y == 94:
        print("鸡有 "+str(x)+" 只 ","，兔有 "+str(y)+" 只 ")
```

【运行结果】

```
鸡有 23 只，兔有 12 只
```

【注意】在程序设计语言中，书写算术表达式时，乘号 “*” 不能像数学上一样省略，因为省略后，就代表一个变量，名字为 2x，而 2x 是一个不合法的变量名。

3. 遍历可迭代对象

for 循环常用于遍历字符串、列表、元组、字典、集合等可迭代对象。语法格式如下：

```
for 变量 in 可迭代对象:
    语句块
```

（1）for 循环遍历列表和元组。当用 for 循环遍历 list 列表或者 tuple 元组时，其迭代变量会先后被赋值为列表或元组中的每个元素并执行一次循环体。

以下程序使用 for 循环对列表进行了遍历：

```
>>> my_list = [1,2,3,4,5]
>>> for x in my_list:
                    print('x =',x)
```

程序运行结果为:

```
x = 1
x = 2
x = 3
x = 4
x = 5
```

以下程序使用 for 循环对元组进行了遍历:

```
>>> my_tuple= [6,7,8,9,10]
>>> for y in my_tuple:
                    print('y =', y)
```

程序运行结果为:

```
y = 6
y = 7
y = 8
y = 9
y = 10
```

（2）for 循环遍历字典。在使用 for 循环遍历字典时，经常会用到和字典相关的 items()，keys() 以及 values() 3 种方法。如果使用 for 循环直接遍历字典，则迭代变量会被先后赋值为每个键值对应的键。例如:

```
>>> my_dic = ({'张归':"四川省",
        '李维':"贵州省",
        '王费':"北京市"})
>>> my_dic
{'张归': '四川省', '李维': '贵州省', '王费': '北京市'}
>>> for ele in my_dic:
            print('ele =', ele)
```

程序运行结果为:

```
ele =张归
ele =李维
ele =王费
```

因此，直接遍历字典，和遍历字典 keys() 方法的返回值是相同的。除此之外，我们还可以遍历字典 values()、items() 方法的返回值。

例如使用 values() 方法：

```
>>> for ele in my_dic. values() :
          print('ele =', ele)
```

程序运行结果为：

```
ele =四川省
ele =贵州省
ele =北京市
```

例如使用 items() 方法：

```
>>> for ele in my_dic.items() :
          print('ele =', ele)
```

程序运行结果为：

```
ele = ('张归', '四川省')
ele = ('李维', '贵州省')
ele = ('王费', '北京市')
```

5.2.2 for-else 语句

与 while 循环类似，for 循环语句也有可选的 else 部分，for-else 语句的基本语法格式如下：

```
for 变量 in 序列：
    语句块 1
else:
    语句块 2
```

for-else 语句的作用是当循环条件为假（False）跳出循环时，程序会最先执行 else 代码块中的语句块，也就是当条件表达式不成立后，会最先执行语句块 2。

例如，在下面程序中添加一个 else 语句：

```
>>> my_char = "http://www.baidu.com"
```

```
>>> my_char
'http://www.baidu.com'
>>> for i in my_char:
            print(i,end="")
else:
        print("\n 执行 else 代码块 ")
```

程序运行结果为：

```
http://www.baidu.com
执行 else 代码块
```

for-else 语句通常与 break 语句一起搭配使用。

5.3　嵌套循环

Python 不仅支持 if 语句相互嵌套，while 循环和 for 循环结构也支持相互嵌套。例如 for 里面还有 for，while 里面还有 while，甚至 while 中有 for 或者 for 中有 while 也都是允许的。

例如 while 嵌套循环指的是 while 循环的循环体里面还包含一个或多个 while 循环，当然循环体中包含 for 循环也是允许的。while 嵌套循环的基本语法格式如下：

```
while 条件表达式 1:
    语句块 1
    while 条件表达式 2:
        语句块 2
......
```

当两个（甚至多个）循环结构相互嵌套时，位于外层的循环结构（条件表达式 1 所在的循环）常简称为外层循环或外循环，位于内层的循环结构（条件表达式 2 所在的循环）常简称为内层循环或内循环。

嵌套循环语句的执行过程为：

（1）当外层循环条件为真（True）时，则执行外层循环结构中的循环体；

（2）外层循环体中包含了普通程序和内层循环，当内层循环的循环条件为真（True）时会执行此循环中的循环体，直到内层循环条件为假（False），跳出内循环；

（3）如果此时外层循环的条件仍为真（True），则返回第（2）步，继续执行外层循环体，直到外层循坏的循环条件为假（False）；

（4）当内层循环的循环条件为假（False），且外层循环的循环条件也为假（False）时，整个嵌套循环才算执行完毕。

从执行过程中可以看出，外层循环每执行一次，内层循环可能会执行多次。嵌套循环语句的执行流程如图 5-4 所示。

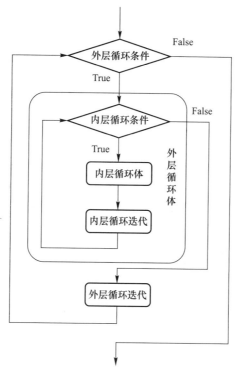

图 5-4　嵌套循环语句执行流程

【例 5-8】编写程序，打印如图 5-5 所示的九九乘法表。

```
1×1=1
1×2=2 2×2=4
1×3=3 2×3=6 3×3=9
1×4=4 2×4=8 3×4=12 4×4=16
1×5=5 2×5=10 3×5=15 4×5=20 5×5=25
1×6=6 2×6=12 3×6=18 4×6=24 5×6=30 6×6=36
1×7=7 2×7=14 3×7=21 4×7=28 5×7=35 6×7=42 7×7=49
1×8=8 2×8=16 3×8=24 4×8=32 5×8=40 6×8=48 7×8=56 8×8=64
1×9=9 2×9=18 3×9=27 4×9=36 5×9=45 6×9=54 7×9=63 8×9=72 9×9=81
```

图 5-5　九九乘法表

【问题分析】由图 5-5 中可以看出，九九乘法表的规律是输出结果一共有 9 行 9 列，第 1 行输出 1 个乘法公式，第 2 行输出 2 个乘法公式，以此类推，可以得出规律是第几行就输出几个乘法公式。如果使用嵌套循环实现，可以使用外层循环控制行，内层循环控制每行输出的公式数量。

【参考代码】

```
i = 1                                    # i 代表行
while i < 10 :                           # 输出 9 行
    j = 1                                # j 代表列，每一行都会从第 1 列开始输出
    while  j <= i:                       # 每行的列数应小于等于行数
        # 输出乘法表内容
        print("%dx%d=%-2d "%(j,i,j*i),end="  ")
        j += 1                           # j+1，继续输出该行的下一列
    print("")                            # 每行输出完成后换行
    i+=1                                 # i+1，继续输出下一行
```

【运行结果】

```
1×1=1
1×2=2 2×2=4
1×3=3 2×3=6 3×3=9
1×4=4 2×4=8 3×4=12 4×4=16
1×5=5 2×5=10 3×5=15 4×5=20 5×5=25
1×6=6 2×6=12 3×6=18 4×6=24 5×6=30 6×6=36
1×7=7 2×7=14 3×7=21 4×7=28 5×7=35 6×7=42 7×7=49
1×8=8 2×8=16 3×8=24 4×8=32 5×8=40 6×8=48 7×8=56 8×8=64
1×9=9 2×9=18 3×9=27 4×9=36 5×9=45 6×9=54 7×9=63 8×9=72 9×9=81
```

【程序说明】

（1）本例题关键在于找到规律，理清行和列的数量关系。

（2）理清各语句是属于内层循环还是外层循环，本例题中内层循环的作用是输出每一行的各列，外层循环是用于控制输出的是哪一行。例如 print（""）语句实现换行，而换行是每一行输出完成后换行，所以处于内层循环外，外层循环内。注意此处不要写为 print("\n")，否则会多出一个空行。

（3）为使得输出结果排列整理，在输出语句中使用了 %d，%-2d 这样的格式控制，并将输出语句的默认换行结束符通过 end=" " 语句换为了空格，以使每行的各公式之间以空格隔开。

（4）本例中外层循环将循环执行 9 次（从 i = 1 到 i = 9），而每次执行外层循环时，内层循环都从 j = 1 循环执行到 j = i。因此，该嵌套循环结构最内层的输出乘法公式语句将执行 1+2+3+…+9 = 45 次。

（5）如果 j 也从 1 循环到 9，则嵌套循环执行的总次数为 9+9+9+…+9=81，也就是等

于外循环执行次数 × 内循环执行次数。

【例 5-9】一辆卡车违反交通规则,撞人后逃跑。现场有三人目击事件,但都没有记住车牌号,只记下车牌号的一些特征。甲说:牌照的前两位数字是相同的;乙说:牌照的后两位数字是相同的,但与前两位不同;丙是数学家,他说:四位的车牌号刚好是一个整数的平方。请编写程序求出车牌号。

【问题分析】从题目可以得出,车牌号是一个四位数。根据甲和乙的信息,牌照前两位是相同的,用变量 i 表示第 1 位和第 2 位,取值范围是 0 ~ 9,用变量 j 代表第 3 位和第 4 位,取值范围也是 0 ~ 9,并且 i 不等于 j。车牌号就是 iijj。根据丙的信息,一个整数的平方要等于四位数,则该整数最小值为 31,最多不超过 100。使用穷举法,一个个检查,用嵌套循环实现。

【参考代码】

```
for i in range(10):
    for j in range(10):    # 穷举前两位和后两位车牌数字
            # 判断前两位和后两位数字是否相同
        if i != j:
                # 组成 4 位车牌号码
            k = 1000 * i + 100 * i + 10 * j + j
            # 判断 k 是否是某个数的平方,是就输出
            for temp in range(31, 101):
                if temp * temp == k:
                        print(" 车牌号为: ", k)
```

【运行结果】

```
车牌号为: 7744
```

5.4 break 和 continue 语句

在执行 while 循环或者 for 循环时,只要循环条件满足,程序将会一直执行循环体。但在某些情况下,我们可能希望在循环正常结束前就强制结束循环,比如在计算 1 ~ 100 之间所有偶数的累加和时,期望当和大于 1 000 则结束循环。Python 提供了两种强制离开当前循环的方法:

- continue 语句：跳过本次循环体中剩余的代码，转而执行下一次循环。
- break 语句：直接终止当前循环，执行循环后面的语句。

5.4.1 break 语句

无论是 while 循环还是 for 循环，只要执行 break 语句，就会直接结束当前正在执行的循环，去执行循环后面的语句。break 语句一般会搭配 if 语句一起使用，表示在某种条件下跳出循环。

以在操场跑步为例，原计划跑 10 圈，可是当跑到第 2 圈的时候，突然想起有急事要办，于是果断停止跑步并离开操场，这就相当于使用了 break 语句提前终止了循环。

【例 5-10】编写程序，计算满足条件的最大整数 n，使得 2+4+6+…+n <= 10 000。

【问题分析】本例与【例 5-6】类似，显然应该用循环结构来实现。但不一样的是本例中的循环次数是不确定的，不确定终止值是多少。因此我们可以在循环体中用 if 语句检查累加和是否达到 10 000，如果达到就停止循环，n-1 的值就是题目要求解的数。

【参考代码】

```
n = 2                           # 加数 n 初始值为 2
sumResult = 0                   # 累加和初始值为 0
while True :                     # 循环
    sumResult += n              # 将偶数 n 加到累加和中
    if  sumResult > 10000:       # 当累加和大于 10000 时
        break;                  # 跳出循环
    n += 2                      # n+2，继续判断下一个数
print("最大整数 n 为 ",n-1,"，使得 2+4+6+…+n <= 10000。")
```

【运行结果】

```
最大整数 n 为 199 ，使得 2+4+6+…+n <= 10000。
```

【程序说明】本题中循环次数不确定，循环条件直接书写 True，一直循环，通过循环体中的 break 语句结束循环。

【例 5-11】使用 break 语句改写【例 5-4】的爱因斯坦阶梯题。

【问题分析】break 语句可以直接结束整个循环，本题就可以使用 while 无限循环再用 if 进行判定，符合条件输出并使用 break 结束，不符合继续循环，继续判断下一个数。

【参考代码】

124

```
i=1
while True:              # 无限循环
        i+=1
        if(i%2==1 and i%3==2 and  i%5==4 and i%6==5 and i%7==0):
                print("该阶梯有 ",i,"阶 ")
                break    # 跳出该循环
```

【运行结果】

```
该阶梯有 119 阶
```

5.4.2 for-else 与 break 语句

前面介绍过，for 循环后也可以配备一个 else 语句，在循环条件为假（False）时，执行 else 后的语句块。在 for-else 语句中，如果使用 break 语句跳出循环体，则不会执行 else 中包含的代码。例如：

```
hobby = "我喜欢唱歌,我喜欢跳舞"
for i in hobby:
    if i == ',' :                    #遇到逗号终止循环
        break
    print(i,end="")
else:
    print("\n 执行 else 语句中的代码 ")
print("\n 执行循环体外的代码 ")
```

程序运行结果为：

```
我喜欢唱歌
执行循环体外的代码
```

从运行结果可以看出，使用 break 跳出当前循环体之后，该循环后的 else 代码块也不会被执行。但是，如果将 else 代码块中的代码直接放在循环体的后面，则该部分代码将会被执行。例如：

```
hobby = "我喜欢唱歌,我喜欢跳舞"
for i in hobby:
    if i == ',' :                    #遇到逗号终止循环
```

```
        break
    print(i,end="")
print("\n 执行 else 语句中的代码 ")
print("\n 执行循环体外的代码 ")
```

程序运行结果为:

```
我喜欢唱歌
执行 else 语句中的代码


执行循环体外的代码
```

从前面的例子可以看出,如果循环不是正常结束,比如通过 break 提前终止循环,则不会执行 for-else 语句中 else 部分的代码,但如果是正常结束,则会执行。例如:

```
hobby = " 我喜欢唱歌，我喜欢跳舞 "
for i in hobby:
    if i == '!' :                    # 遇到感叹号终止循环
        break
    print(i,end="")
else:
    print("\n 执行 else 语句中的代码 ")
print("\n 执行循环体外的代码 ")
```

程序运行结果为:

```
我喜欢唱歌，我喜欢跳舞
执行 else 语句中的代码


执行循环体外的代码
```

hobby 中没有感叹号,if 条件不成立,会一直将循环执行完,当循环条件不满足,就会执行 else 语句。

对于嵌套的循环结构来说,break 语句只会终止所在循环体的执行,而不会作用于所有的循环体。例如:

```
hobby = " 我喜欢唱歌，我喜欢跳舞 "
for i in range(3):
```

```
        for j in hobby :
            if j == ',':
                break
            print(j,end="")
        print("\n跳出内循环")
```

程序运行结果为:

```
我喜欢唱歌
跳出内循环
我喜欢唱歌
跳出内循环
我喜欢唱歌
跳出内循环
```

分析上面程序,每当执行内层循环时,只要循环至 hobby 字符串中的逗号",就会执行 break 语句,它会立即停止执行当前所在的内层循环体,转而继续执行外层循环。外层循环的 i 取值从 0 到 2,循环执行了 3 次,输出了 3 次重复结果。

那么在嵌套循环结构中,如何同时跳出内层循环和外层循环呢? 最简单的方法就是借用一个 bool 类型的变量。修改上面的程序为:

```
hobby = "我喜欢唱歌,我喜欢跳舞"
# 提前定义一个 bool 变量,并为其赋初值
flag = False
for i in range(3):
    for j in hobby :
        if j == ',':
            # 在 break 前,修改 flag 的值
            flag = True
            break
        print(j,end="")
    print("\n跳出内循环")
    # 在外层循环体中再次使用 break
    if flag == True:
        print("跳出外层循环")
        break
```

可以看到,通过借助一个 bool 类型的变量 flag,在跳出内循环时更改 flag 的值,同时

在外层循环体中，判断 flag 的值是否发生改动，如有改动，则再次执行 break 跳出外层循环；反之，则继续执行外层循环。因此，上面程序的运行结果为：

```
我喜欢唱歌
跳出内循环
跳出外层循环
```

当然，这里仅跳出了两层嵌套循环，此方法支持跳出多层嵌套循环。

5.4.3 continue 语句

与 break 语句不同，continue 语句只会终止执行本次循环中剩下的代码，直接从下一次循环继续执行。

仍然以在操作跑步为例，原计划跑 10 圈，但当跑到 2 圈半的时候突然接到一个电话，此时停止了跑步，当挂断电话后，并没有继续跑剩下的半圈，而是直接从第 3 圈开始跑。这就相当于使用了 continue 语句终止了本次循环，继续执行下一次循环。

continue 语句的用法和 break 语句一样，只要在 while 或 for 语句中的相应位置加入即可，同样通常与 if 搭配使用，表示在某种情况下跳过后面的语句执行下一次循环。

【例 5-12】编写程序，打印输出 1～100 之间所有能被 3 整除的数。

【问题分析】根据题目要求，设置循环初始值为 1，终止值 101，利用 if 判断是否能被 3 整除，如果可以则输出，不能就跳过输出，去判断下一个数。

【参考代码】

```python
print("1～100 之间能被 3 整除的数有: ")
for i in range(1,101):
    if i % 3 != 0:
        continue
    else:
        print(i,end=",")
```

【运行结果】

```
1～100 之间能被 3 整除的数有:
3,6,9,12,15,18,21,24,27,30,33,36,39,42,45,48,51,54,57,60,63,66,69,72,75,78,81,84,87,90,93,96,99,
```

5.5　典型案例——百马百担问题

【例 5-13】有 100 匹马，要驮 100 担货，其中大马驮 3 担，中马驮 2 担，两匹小马驮 1 担，求大、中、小马各有多少匹？

【问题分析】此题与【例 5-7】比较类似，根据题意设大马、中马和小马分别为 big_horse，mid_horse 和 small_horse。如果 100 担货全部由大马驮，最多需要 33 匹，所以 big_horse 的取值范围为 0 ~ 33；货全部由中马驮，最多需要 50 匹，所以 mid_horse 的取值范围为 0 ~ 50；货全部由小马驮，最多需要 200 匹，所以 small_horse 的取值范围为 0 ~ 200，而总共马只有 100 匹，因此修改 small_horse 的取值范围为 0 ~ 100。根据题意可以列出如下方程组：

big_horse + mid_horse + small_horse = 100

3*big_horse + 2*mid_horse +（1/2）*small_horse = 100

big_horse 的取值范围为 0 ~ 33，mid_horse 的取值范围为 0 ~ 50，当大马和中马的数量确定后，小马的数量根据方程 1 可知就等于 100 减去大马和中马的数量。可以使用穷举法，先假设 big_horse 大马的数量为 0，mid_horse 中马的数量为 0，则小马 small_horse 的数量就为 100，代入方程 2，判断是否满足，如果满足，该组数据符合题目要求进行输出，不满足继续测试下一组，big_horse = 0，mid_horse = 1，small_horse = 99。使用嵌套循环实现，big_horse 为外循环，mid_horse 为内循环。

【参考代码】

```
for big_horse in range(0,34):          # 大马范围为 0 ~ 33
    for mid_horse in range(0,51):      # 中马范围为 0 ~ 50
        # 小马就等于 100 减大马和小马
        small_horse = 100 - big_horse - mid_horse
        # 判断是否满足能拖 100 担货
        if 3*big_horse+2*mid_horse + small_horse / 2 == 100:
            # 满足则输出
            print("大马有 %d 匹，中马有 %d 匹，小马有 %d 匹 "%(big_horse,mid_horse,small_horse))
```

【运行结果】

```
大马有 2 匹，中马有 30 匹，小马有 68 匹
```

129

大马有 5 匹，中马有 25 匹，小马有 70 匹

大马有 8 匹，中马有 20 匹，小马有 72 匹

大马有 11 匹，中马有 15 匹，小马有 74 匹

大马有 14 匹，中马有 10 匹，小马有 76 匹

大马有 17 匹，中马有 5 匹，小马有 78 匹

大马有 20 匹，中马有 0 匹，小马有 80 匹

【程序说明】本例中内层循环体中的 if 语句执行次数为外层循环执行次数 34 次乘以内层循环次数 51 次，共 1 734 次。

本例也可以使用 3 层循环，第三层循环使用穷举法列举小马的数量，再通过两个 if 判断是否满足前面所列方程组，即

```python
for big_horse in range(0,34):            # 大马范围为 0-33
    for mid_horse in range(0,51):        # 中马范围为 0-50
        for small_horse in range(101):   # 小马范围为 0-100
            # 判断是否满足能驮 100 担货
            if 3*big_horse+2*mid_horse == 100 - small_horse / 2:
                # 判断是否满足一共有 100 匹马
                if big_horse + mid_horse + small_horse == 100:
                    print(" 大马有 %d 匹，中马有 %d 匹，小马有 %d 匹
"%(big_horse,mid_horse,small_horse))
```

该方法里内层循环体中的第一个 if 语句执行次数为外层循环执行次数 34 次乘以内层循环次数 51 次再乘以最内层循环次数 101 次，共 175 134 次。执行次数是前面代码的 101 倍，因此不建议使用此方法。

▲ **总　结**

> ➢ 掌握 while 循环和 for 循环语句的使用方法；
> ➢ 掌握 break 和 continue 语句的使用方法；
> ➢ 了解 for-else 与 break 语句结合的使用方法；
> ➢ 掌握循环结构程序设计的编程思路。

拓展阅读

在党的二十大报告中，提出了"全党同志务必不忘初心、牢记使命，务必谦虚谨慎、艰苦奋斗，务必敢于斗争、善于斗争，坚定历史自信，增强历史主动，谱写新时代中国特色社会主义更加绚丽的华章。"

本章所学习的循环语句可以帮助我们重复执行某段代码，这体现了奋斗精神和实干精神。通过循环，我们可以持之以恒地解决问题、完成任务，不断地进行实践和探索。这与党的奋斗精神和实干精神是一致的，强调不断地努力奋斗，不断地实干，才能取得实质性的成就。

习 题

1. 输出 1 ～ 100 之间所有的奇数之和。

2. 输出 100 以内能被 3 或 7 整除，但不能同时被 3 和 7 整除的自然数。

3. 输出 1 ～ 100 之间所有的素数。

4. 中国有句俗语叫"三天打鱼两天晒网"。假设某人从某天起，开始"三天打鱼两天晒网"，问这个人在以后的第 N 天中是"打鱼"还是"晒网"？

5. 水仙花数是指一个 3 位正整数，它的每个位上的数字的 3 次幂之和等于它本身。例如：$153 = 1^3 + 5^3 + 3^3$。编写程序，计算所有 3 位水仙花数。

6. 猜数字游戏，计算机随机生成 1 ～ 100 之间的一个整数，然后请用户猜测，用户一共有 3 次机会。猜测数若大了，请输出"你猜的数太大了！"若小了，请输出"你猜的数太小了！"若猜中，请输出"恭喜你，猜对了！"3 次机会用完，请输出"机会已用完，对不起，你猜错了！"

7. 输出 [10 000,99 999] 之间的回文数，例如 12 321,23 432 等。

8. 求任意两个数的最大公约数。

第6章 函　　数

内容要点:

■ 函数的定义和调用方法;

■ 函数的返回值和函数参数传递的过程;

■ 函数的嵌套调用与递归调用的定义和使用方法;

■ 匿名函数;

■ 局部变量和全局变量的区别及典型应用;

■ 模块的导入与创建方法以及包的使用方法。

思政目标:

■ 通过本章的学习,培养学生把复杂问题分解成相对简单的小问题,各个模块各司其职,即分而治之,感受分工合作的重要性及团队合作的力量,增强学生团队协作意识。

6.1　函数的定义与使用

在实际项目的开发中,经常会遇到很多功能完全相同或非常相似的操作,这时,可以把实现类似操作的代码封装起来,就称为函数,然后在需要使用的地方只需给出少许参数信息即可调用该函数。这样,一是可以实现代码的复用,二是可以使代码更有条理性,减少重复代码,最终增加代码的可靠性。

函数也是程序模块化实现的一种方式,首先把一个大型的、复杂的项目分解成多个功能单一、相对独立的模块,再分别由不同的成员负责设计算法和编写函数,最后再把模块有机的组织起来。因此,在平时学习和工作中,除了要有独立思考解决问题的能力之外,还要学会互帮互助、团队协作。团队成员在一个项目中各司其职,每个人发挥自己的特长完成分配的任务,最终才能实现合作共赢,才能高质量、高效率地完成项目。

6.1.1　函数的定义

函数是一段具有特定功能的、可重复使用的代码段,它能够提高程序的模块化和代码的复用率。Python 提供了很多内建函数(如 print(),input(),int() 函数等)和标准库函数(如

math 库中的 sqrt() 函数）。除此之外，用户还可以根据需要自己编写函数，这种函数则称为自定义函数。

在 Python 中，函数定义的一般形式为：

```
def 函数名（[ 形式参数列表 ]）：
    函数体
```

在 Python 中使用 def 关键字来定义函数，函数名可以是任何有效的 Python 标识符。函数名后的圆括号内是形式参数列表（简称形参），形式参数列表是调用该函数时传递给它的值，可以有零个、一个或多个，当传递多个参数时各参数之间用逗号分隔。函数体是函数被调用时执行的代码，由一行或多行语句组成。定义函数时应注意如下几点：

（1）即使该函数不需要接受任何参数，圆括号也必须保留。

（2）圆括号后面的冒号不能省略。

（3）函数体相对于 def 关键字必须保持一定的空格缩进。

例如，定义名为"happy()"的函数，该函数的功能是输出"Happy birthday to you！"这句话，代码如下：

```
def happy():
    Print（"Happy birthday to you！"）
```

6.1.2　函数的调用

定义了函数之后，就可以使用它。要执行该函数的代码，则需要调用该函数。函数调用的一般形式为：

```
函数名（[ 实际参数列表 ]）
```

调用时，实际参数列表（简称实参）中给出要传入函数内部的具体值。

【例 6-1】为亲朋好友送上节日、生日祝福，是中华民族的传统美德。请编程实现输出如下形式的"生日歌"，要求使用函数实现。参考效果如下：

```
************************
************************
Happy birthday to you！
************************
************************
```

【问题分析】这里输出的 1，2，4，5 行内容相同，可以用函数实现，然后进行多次调用即可。因此，此题需要定义两个函数，其中一个函数的作用为输出一行星号，另一个函数的作用用来输出"Happy birthday to you！"。

【参考代码】

```
def print_star():                              # 函数定义
    print("***************************")
def happy():                                   # 函数定义
    Print("Happy birthday to you！")
print_star()                                   # 函数调用
print_star()                                   # 函数调用
happy()                                        # 函数调用
print_star()                                   # 函数调用
print_star()                                   # 函数调用
```

【程序说明】 由于函数只有在被调用时才执行，因此前 4 行代码不直接执行。程序最先执行的语句是第 5 行"print_star()"，由于此时调用了 print_star() 函数，当前执行暂停，转去执行函数体语句。当函数执行完毕后，重新回到第 5 行，继续执行下面的语句。happy() 函数调用的执行与 print_star() 类似，这里不再赘述。

【源远流长】 早在魏晋南北朝时，江南地区就开始出现了过生日的风俗。最初只是给孩子在满周岁时让其抓取准备好的东西，称为"抓周"。现在，不仅小孩过生日，成年人及老人也会过生日。生日当天，邀请亲朋好友相聚，既可放松心情，也可联络朋友之间的感情。我们要深刻领会习总书记在党的二十大报告中指出的，"传承中华优秀的传统文化"。俗话说："儿的生日，母亲的难日"，我们应该在生日这天追思母亲当时受的痛苦，通过过生日教育孩子要懂得感恩，孝敬父母；感谢父母的生养之恩，感谢国家的培养之恩。

6.1.3 函数的返回值

前面例题中调用函数是直接输出数据，它还可以处理一些数据，并返回一个或一组值。函数返回的值则称为返回值。在 Python 中，函数使用 return 语句返回值。

return 语句用来退出函数并将程序返回到函数被调用的位置继续执行，return 语句还可以同时返回 0 个、1 个或多个结果给函数被调用处的变量。

【例 6-2】 编写函数实现求两个数中的较大者。

【问题分析】 编写 max 函数，用来比较两数的大小，返回较大的数。

【参考代码】

```
def max(x,y):                                  # 定义求最大值函数
    if x>y:
        return x
    else:
```

```
        return y
a=int(input("请输入第一个整数："))        # 显示提示语并接收 a 的值
b=int(input("请输入第二个整数："))        # 显示提示语并接收 b 的值
c=max(a,b)                              # 调用函数，将求得的较大值赋给 c
print("较大值为："，c)                    # 输出 c 的值，即最大值
```

【运行结果】

```
请输入第一个整数：4
请输入第二个整数：9
较大值为：9
```

【程序说明】如果函数没有 return 语句，Python 将认为该函数以 return None 结束，即返回空值。函数也可以用 return 语句返回多个值，多个值以元组类型保存。

【例 6-3】编写程序，求列表中的最大值和最小值。求最大值和最小值的过程要求用函数实现。

【问题分析】此问题要求用函数实现，而且要返回两个值，分别是最大值和最小值。因此要在函数中求出最大值和最小值，然后再把两个值返回。

【参考代码】

```
def max_min(l):                # 定义函数
    min=l[0]                   #min 用来存放最小值
    max=l[0]                   #max 用来存放最大值
    for i in l:                # 用 for 循环遍历列表中的元素
     if i>max:                 # 若后面的元素比 max 中的数据大，则替换 max 中的值
        max=i
     if i<min:                 # 若后面的元素比 min 中的数据小，则替换 min 中的值
        min=i
    return min,max             # 返回 min 和 max 的值
list_1=[1,2,3,4,5,8]           # 定义列表并赋值
c=max_min(list_1)              # 调用函数，返回值赋值给 c
print(c,type(c))              # 输出变量 c 及变量 c 的类型
print("最小值为："，c[0]，"最大值为："，c[1])            # 输出结果
```

【运行结果】

```
(1, 8) <class 'tuple'>
最小值为：1 最大值为：8
```

【程序说明】从以上程序我们可以看到，return 语句允许返回多个值，这多个值以元组类型保存，通过语句 print（c,type（c））的输出也可看出 c 的类型。因此，后面才可以通过访问元组中的元素的方式，得到最大值和最小值。

6.2 函数的参数

由上述可知，在定义函数时，圆括号内是使用逗号分隔的形式参数列表（简称形参），调用函数时向其传递的是实参，根据不同的参数类型，将实参的值或引用传递给形参。

在 Python 中，参数的类型可分为固定数据类型（如整数、浮点数、字符串、元组等）和可变数据类型（如列表、字典、集合等）。当参数类型为固定数据类型时，在函数内部直接修改形参的值不会影响实参。

【例 6-4】阅读下面的程序，分析输出结果。

【普法小知识】很多人都知道，在我国未满 18 周岁不能进入网吧，这是国家为了保护未成年人出台的措施，预防未成年人沉迷于网络。一旦沉迷于网络游戏，就会荒废学业，废寝忘食，甚至因为日夜打游戏不休息最终导致猝死，实在令人痛惜！除了网吧禁止未成年人进入之外，还有其他场所也是禁止未成年人进入的，比如营业性歌舞娱乐场所等。作为新时代的公民，不仅要严格遵守国家法律，也有义务弘扬社会主义法治精神，传承中华优秀传统的法律文化，做一个知法、守法、护法的好公民。

【参考代码】

```python
def age(a):
    a=20                    # 在函数内部修改形参的值
    if a<18:
        print("你还未满18岁，不能进来哟！")
    else:
        print("你好，欢迎光临！")
a=15
age(a)
print("a=",a)
```

【运行结果】

```
你好，欢迎光临！
a= 15
```

【程序说明】从运行结果可以看出，在函数内部修改了形参 a 的值，因此输出的结果是"你好，欢迎光临！"但是当函数运行结束后，实参 a 的值并没有改变，依然是 15。通过此例也说明了，当形参是固定数据类型时，在函数内部修改形参的值不会影响实参。

但是，当形参为可变数据类型时，在函数内部使用下标或其他方式修改元素的值时，修改后的结果会反应到函数之外的，即实参也会被修改。

【晋法小知识】很多人都知道，在我国未满 18 周岁不能进入网吧，这是国家为了保护未成年人出台的措施，预防未成年人沉迷于网络。一旦沉迷于网络游戏，就会荒废学业，废寝忘食，甚至因为日夜打游戏不休息最终导致猝死，实在令人痛惜！除了网吧禁止未成年人进入之外，还有其他场所也是禁止未成年人进入的，比如营业性歌舞娱乐场所等。作为新时代的公民，不仅要严格遵守国家法律，也有义务弘扬社会主义法治精神，传承中华优秀传统的法律文化，做一个知法、守法、护法的好公民。

【例 6-5】阅读以下程序，分析输出结果。

【参考代码】

```
def change(mylist):
        mylist.append([4,5,6])
        print(" 函数内列表的值: ",mylist)
        return
mylist=[1,2,3]
change(mylist)
print(" 函数外列表的值: ",mylist)
```

【运行结果】

```
函数内列表的值: [1, 2, 3, [4, 5, 6]]
函数外列表的值: [1, 2, 3, [4, 5, 6]]
```

【程序说明】从运行结果来看，两个输出结果相同，在函数内部修改了形参 mylist 的值，在末尾追加了元素。当函数运行结束返回后，实参 mylist 的值也被修改了。

6.2.2　参数类型

在 Python 中常用的几种参数类型，分别是位置参数、默认值参数、关键字参数和不定长参数。

1. 位置参数

位置参数是比较常用的一种参数，调用函数时，实参和形参的顺序必须要严格一致，而且实参和形参的数量也必须相同。否则，又会出现什么情况呢？下面举例说明。

【例 6-6】阅读下面程序，分析其运行结果。

【参考代码】

```
def loca_print(a,b,c):                    # 函数定义
    print(" 参数 1: ",a,", 参数 2:",b,", 参数 3:",c)
loca_print(4,5,6)                         # 函数调用
loca_print(7,8)                           # 函数调用
```

【运行结果】

```
参数1：4，参数2:5，参数3:6
Traceback(most recent call last):
  File "F:/shiy.py",line 4,in <module>
    loca_print(7,8)                    # 函数调用
TypeError: loca_print() missing 1 required positional argument:'c'
```

【程序说明】 分析运行结果可以看到，当执行语句 "loca_print（4,5,6）" 时，实参与形参的个数相同，将实参 4，5，6 分别传递给形参 a,b,c，然后输出结果。但是，当执行语句 "loca_print（7,8）" 时，实参和形参的个数不一致，因此会出现错误提示信息（missing 1 required positional argument: 'c', 即缺少要求的位置参数 c）。

2. 默认值参数

在定义函数时，可以为函数的参数设置默认值，这个参数被称为默认值参数。在调用带有默认值参数的函数时，可以不给有默认值参数的形参传递值，此时函数则是直接使用函数定义时设置的默认值。当然，也可以通过显示赋值来替换其默认值。带有默认值参数的函数定义语法如下：

```
def 函数名（…，形参名 = 默认值）
        函数体
```

提示：可以使用 "函数名 __defaults__" 随时查看函数所有默认值参数的当前值，其返回值为一个元组，其中的元素依次表示每个默认值参数的当前值。

【例 6-7】 默认值参数举例。

【参考代码】

```
def personinfo(name,sex,age=35):        # 定义函数，输出传入的字符串
    print(" 姓名： ",name)
    print(" 性别： ",sex)
    print(" 年龄： ",age)
    return
print(personinfo.__defaults__)
personinfo("Mr Wang",' 男 ',45)         # 显示赋值
personinfo("Mis Li",' 女 ')             # 使用默认值参数
```

【运行结果】

```
(35,)
姓名： Mr Wang
性别：男
年龄： 45
姓名： Mis Li
性别：女
```

```
年龄：  35
```

【注意】在定义带有默认值参数的函数时，默认值参数只能出现在函数形参列表的最右端，否则会提示语法错误。如以下函数的定义是错误的。

```
def fn (a=2,b,c=3):
        print (a,b,c)
```

【程序说明】多次调用函数却不给默认值参数传递值时，默认值参数只在定义时进行一次解释和初始化，尤其是对于列表、字典这样的可变类型的默认值参数，可能会导致逻辑错误。因此，要避免使用列表、字典、集合或其他可变数据类型作为函数参数的默认值。

【例 6-8】此例是用列表作为默认值参数。阅读以下程序，分析运行结果。

【参考代码】

```
def demo(additem,old_list=[]):        # 函数定义，列表为默认值参数
    old_list.append(additem)          # 在列表后面追加元素
    return old_list
print(demo(4,[1,2,3]))                # 函数调用，并显示赋值
print(demo('x'))                      # 函数调用，没有给默认值参数赋值
print(demo('y'))                      # 函数调用，没有给默认值参数赋值
```

【运行结果】

```
[1, 2, 3, 4]
['x']
['x', 'y']
```

【程序说明】本例中，使用了列表作为默认值参数，后面连续两次调用该函数而不给该默认值参数传递值时，再次调用将保留上一次的调用结果。因此执行语句"print(demo('y'))"时，输出为"['x', 'y']"，即是在上一次调用结果 ['x'] 的基础上增加了元素' y'。

此外，若在定义函数时某个参数的默认值为一个变量，那么该参数的默认值只取决于函数定义时该变量的值。此种情况请参照如下例题。

【例 6-9】阅读以下程序，分析运行结果。

【参考代码】

```
x=2
def f(t=x):          # 定义函数
```

```
        print(t)              # 输出 t 的值
    x=9                       # 再次给 x 赋值
    f()
```

【程序说明】函数的默认值参数是在函数定义时确定的，所以只在函数定义时初始化一次。本例中，在定义函数 f() 时，x 的值为 2，因此输出的结果为"2"而不是"9"。

3. 关键字参数

关键字参数是指调用函数时的参数方式，是一种按参数名字传递值的方式。使用时关键字参数允许函数调用时参数的顺序与定义时不一致，Python 解释器可以根据参数名来匹配参数值。

【例 6-10】关键字参数举例。

【参考代码】

```
def personinfo(name,sex):              # 函数定义
    print(" 名字 ",name)
    print(" 性别 ",sex)
    return
personinfo(sex=' 女 ',name='Lili')      # 通过关键字传递参数，可以不与
                                        函数定义时的顺序一致
```

【运行结果】

```
名字 Lili
性别女
```

【程序说明】从运行结果可以看出，虽然在调用函数时实参的顺序与函数定义时形参的顺数不一致，但二者的关健字名字相同，因此可以根据关键字正确传递参数。

4. 不定长参数

上述介绍的函数参数在传递时，实参与形参的个数都是固定不变的，但有时若希望函数能够处理比定义时更多的参数，即一个形参能接收多个实参，则可以使用不定长参数。其基本语法格式如下：

```
def 函数名（[ 形参列表 ,]*args,**kwargs）：
        函数体
```

其中，"*args"和"**kwargs"为不定长参数，前者用来接收任意多个实参并把它存放在一个元组中；后者用来接收类似于关键字参数一样显示赋值形式的多个实参并将其放在字典中。

【例 6-11】不定长参数举例。下面的例子列举了近 4 年的部分奥运健儿。

【参考代码】

```
def champion(*args,**kwargs):
    print(args)
    print(kwargs)
    return
champion(2008,2012,2016,2020,郭晶晶 ='女子 3 米跳板双人 ',吴敏霞 ='女
子 3 米跳板双人 ',孙杨 ='200 米自由泳 ',苏炳添 ='百米田径赛 ')
```

【运行结果】

```
(2008, 2012, 2016, 2020)
{'郭晶晶 ': '女子 3 米跳板双人 ', '吴敏霞 ': '女子 3 米跳板双人 ', '孙杨 ':
'200 米自由泳 ', '苏炳添 ': '百米田径赛 '}
```

【程序说明】此例在调用 champion 函数时，传入了多个数值，这些数值会自左向右依次匹配函数在定义时的参数，前面的 4 个年份传给参数 args 形成元组，后面的几个关键字实参转换成字典后传给参数 kwargs。

虽然我们每一个人不一定都能成为奥运冠军，但奥运健儿们的拼搏、坚持、永不服输的精神是非常值得我们学习的！

【奥运精神】起源于古希腊的奥林匹克运动，距今已有 2000 多年，从 1896 年举办的首届现代奥林匹克运动截止到 2021 年共举办了 32 届。奥运会的意义是为了交流各国文化，切磋体育技能，鼓励人们不断提升体育能力，实现全民运动的最终目标。奥运会是集体育精神、民族精神和国际主义精神于一身的世界级运动盛会，象征着世界的和平、友谊和团结。我们应该深刻理解奥运精神，向运动员们学习，坚持锻炼身体，增强体质，实现蒋南翔校长说的"为祖国健康工作 50 年"的宏伟目标。

6.3　函数的嵌套

Python 允许函数的嵌套定义，即在函数内部可以再定义另外一个函数。

【例 6-12】函数嵌套定义举例。

【参考代码】

```
def print_star():       # 定义 print_star() 函数
    print("*******************")
    def print_text():       # 嵌套定义 print_text() 函数
```

```
        print("Happy birthday to you !")
    print_text()                  # 调用 print_text() 函数
  print_star()                    # 调用 print_star() 函数
```

【运行结果】

```
*********************
Happy birthday to you !
```

【程序说明】上例中在函数 print_star() 中嵌套定义了 print_text() 函数，要注意的是，若要想在调用 print_star() 函数时，print_text() 函数也被调用，必须要在 print_star() 函数定义语句中有调用 print_text() 函数的语句。因为只有 print_text() 函数的定义，在调用 print_star() 函数时不能输出相应的文本内容。但是在函数外部不能单独调用 print_text() 函数，否则会出现未定义的错误提示。若把程序稍加改动，输出结果则有错。

【参考代码】

```
    def print_star():                        # 定义 print_star() 函数
        print("*********************")
        def print_text():                    # 嵌套定义 print_text() 函数
            print("Happy birthday to you !")
    print_star()
    print_text()                             # 调用 print_text() 函数
```

函数调用执行过程，就会出现下面的错误提示：

```
*********************
Traceback (most recent call last):
  File "F: /shiy.py", line 6, in <module>
    print_text()                             # 调用 print_text() 函数
NameError: name 'print_text' is not defined
```

Python 除了支持函数的嵌套定义，还支持嵌套调用，即在一个函数中调用另一个函数。

【例 6-13】用函数的嵌套调用计算 1！ +2！ +3！ +…+10!。

【参考代码】

```
    def jiech(k):                # 定义 jiech() 函数，用来计算一个数的阶乘
        i=2
        t=1
        while i<=k:
            t=t*i
```

```
                i=i+1
        return t                              # 返回阶乘结果
   def sum(n):                                # 定义 sum 函数，求累加
        s=0
        i=1
        while i<=n:
            s=s+jiech(i)                       # 调用 jiech( ) 函数
            i=i+1
        return s
   print('1！+2！+3！+…+10！=',sum(10))         # 调用 sum 函数
```

函数嵌套调用的执行顺序如图 6-1 所示。

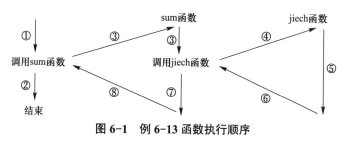

图 6-1　例 6-13 函数执行顺序

【运行结果】

```
   1！+2！+3！+…+10！= 4037913
```

6.4　递归函数

如果在一个函数中调用的不是其他函数，而是它自身，就叫递归函数。Python 也支持函数的递归调用，即函数直接或间接地调用其本身的情况。调用过程如图 6-2（a）（b）所示。图 6-2（a）是直接调用，在调用 fn 函数的过程中，又调用 fn 函数自身。图 6-2（b）则是间接调用，在调用函数 fn 的过程中要调用 f1 函数，而在 f1 函数内又要调用 fn 函数。

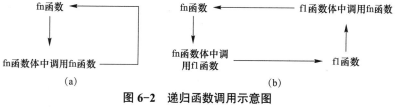

图 6-2　递归函数调用示意图
（a）直接递归调用；（b）间接递归调用

【注意】由图 6-2 可以看出，这两种递归调用都是无休止地调用它自身。因此，要避免函数无限递归，所有递归函数都要设定终止条件。

【例 6-14】函数递归调用举例。从键盘接收一个正整数 n，求此数的阶乘。

【问题分析】根据数学上的概念，n 的阶乘可以表示成 f（n）=1*2*3*4*…*（n-1）*n，即可表示为（n-1）! *n，用函数表示则是 f（n）=f（n-1）*n。如此，则可以用递归函数来实现。

【参考代码】

```
def f(n):                               # 定义递归函数
    if n==1:                            # 当 n=1 时返回 1
        return 1
    else:
        return f(n-1)*n                 # 当 n 不等于 1 时返回 f(n-1)*n
n=int(input("请输入一个正整数："))         # 输入一个整数
print(n," 的阶乘为：",f(n))              # 调用函数 f(n) 并输出结果
```

【运行结果】

```
请输入一个正整数：4
4 的阶乘为： 24
```

此函数递归调用过程如图 6-3 所示。当输入 4 时，该程序共调用了 4 次 f() 函数，分别是 f（4），f（3），f（2），f（1）。

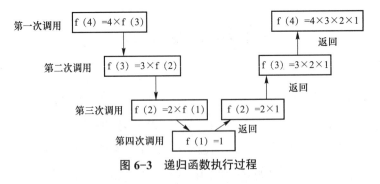

图 6-3 递归函数执行过程

6.5 变量的作用域

上述我们遇到在函数内定义的变量和函数外的变量名字一样的情况，但它们的作用有什么区别呢？在一个函数内定义的变量在其他函数中能够被引用吗？在不同位置定义的变

量它们的有效范围义如何呢？很多初学者都会有这样的疑惑，这就是变量的作用域问题，变量根据作用域的不同，可以分为局部变量和全局变量两种类型。

6.5.1　局部变量和全局变量

局部变量就是定义在函数内的变量，此变量只能在函数内使用，它与函数外的同名变量没有任何关系。而且，不同函数中，可以定义相同名字的变量，它们代表不同的对象，互不干扰。函数的形式参数也属于局部变量，作用范围只限于函数内部。

在函数外定义的变量称为全局变量，全局变量在整个程序范围内有效。

【例 6-15】变量的作用域举例。阅读以下程序，分析其运行结果。

【参考代码】

```
s=1                                 # 全局变量 s
def add(a,b):                       # 返回 2 个参数的和
    s=a+b                           # 局部变量 s
    print("s 在函数内是局部变量：",s)   # 输出局部变量 s 的值
    return s
add(5,5)                            # 调用 add 函数
print("s 在函数外是全局变量：",s)       # 输出全局变量 s 的值
```

【运行结果】

```
s 在函数内是局部变量：　10
s 在函数外是全局变量：　1
```

【程序说明】在此例子中，定义了两个同名变量 s。在函数内部的 s 变量为局部变量，调用函数 add 后的值为 10，故函数内 s 的值输出为 10；函数调用结束后，在函数内定义的 s 变量作用失效，但全局变量是有效的，所以在函数外输出 s 的值仍然为 1。而且，我们可以得出这样一个结论，若全局变量和局部变量同名，在局部变量的作用范围内，全局变量失效，也可以说局部变量屏蔽了全局变量。那么，在函数内部能否使用全局变量呢？答案是肯定的。

6.5.2　global 和 nonlocal 关键字

当内部作用域想要使用外部作用域的变量时，可使用 global 和 nonlocal 关键字进行声明。

1. global 关键字

若要在函数内部修改一个定义在函数外的变量，可使用 global 关键字来明确声明变量。在函数内部通过 global 关键字声明或定义全局变量，可分为两种情况。

（1）若一个变量已在函数外定义，那么要在函数内使用该变量的值或修改该变量的

值，并可把修改结果反映到函数外，则要在函数内用关键字 global 明确声明该全局变量，即说明该变量是全局变量，不是同名局部变量。

（2）如果在函数外没有定义全局变量，在函数内部直接使用 global 关键字将一个变量声明为全局变量，在调用该函数后，会创建一个新的全局变量。

【例 6-16】global 关键字的应用举例。

情况一：函数外声明了全局变量。

【参考代码】

```
a=1                                  # 函数外声明了全局变量 a
def f():
        global a                     # 用 global 关键字声明 a 为全局变量
        a=a+1                        # 把 a 的值加 1
        print("函数内 a 的值: ",a)
f()
print("函数外 a 的值: ",a)
```

【运行结果】

```
函数内 a 的值: 2
函数外 a 的值: 2
```

情况二：函数外没有声明全局变量。

【参考代码】

```
def f():
        global a                     # 函数内用 global 关键字声明 a 为全局变量
        a=1
        a=a+1                        # 把 a 的值加 1
        print("函数内 a 的值: ",a)
f()
print("函数外 a 的值: ",a)
```

其运行结果与情况一相同。

【程序说明】此例中 a 的值在函数内与函数外是相同的，因为用 global 关键字进行了声明，所以 a 的值在函数内的修改，反应到了函数外。若是没有"global a"这条声明语句，函数内 a 就为局部变量，在第一段程序中执行"a=a+1"语句之前必须要给 a 赋值，否则，执行程序时将有错误提示"在赋值前引用了局部变量 a"的，如下面的错误提示信息。

```
a=a+1                                # 把 a 的值加 1
UnboundLocalError:local variable'a'referenced before assignment
```

2. nonlocal 关键字

在嵌套的函数定义中，如果内层函数要修改外层函数定义的变量，则必须使用 nonlocal 关键字进行声明。

【例 6-17】nonlocal 关键字的应用举例。

【参考代码】

```
def outer():                         # 定义外层函数
    n=1                              # 声明变量 n，并赋值为 1
    def inner():                     # 定义内层函数
        nonlocal n                   # nonlocal 关键字声明变量 n
        n=2
        print("inner 函数中 n 的值为：",n)
    inner()
    print("outer 函数中 n 的值为：",n)
outer()                              # 调用函数 outer()
```

【运行结果】

```
inner 函数中 n 的值为：2
outer 函数中 n 的值为：2
```

【程序说明】本例中，在 inner() 函数中使用了 nonlocal 关键字，就是告诉 Python 在 inner() 函数中使用了 outer() 函数中的变量 n，所以，在 inner() 函数中对变量 n 的修改，会直接影响 outer() 函数中的变量 n 的值。因此，两次输出 n 的值都是 2。

如果在 inner() 函数中没有 "nonlocal n" 这条语句，请读者思考输出结果会怎样呢？

6.6　匿名函数

匿名函数是一种特殊的函数，用关键字 lambda 进行定义。匿名函数并不是没有名字，而是把函数名作为函数结果返回，其语法格式如下：

```
函数名 =lambda[ 参数列表 ]：表达式
```

其实，lambda 函数用于定义简单的、能够在一行内表示的函数，并返回一个函数类型。例如：

```
sum =lambda a,b:a+b                  # 定义匿名函数
```

```
print(" 相加后的值为 :",sum(1,2))          # 调用 sum 函数
```

【运行结果】

```
相加后的值为 :3
```

所以，lambda 函数常用在临时需要一个类似于函数的功能，但又不想定义函数的场合。

6.7　模　块

读者有 C 语言编程经验的话，C 语言中有一些内部函数可以直接使用，比如 scanf 函数和 printf 函数。但是若想用 sqrt() 函数，必须要有 "#include <math.h>" 语句把 math.h 头文件包含进来，否则，程序运行时要出错。与 C 语言类似，在 Python 中可以使用 import 关键字来导入某个模块，如果要使用 sqrt() 函数，则要导入 math 模块。

6.7.1　模块的导入

在 Python 中，导入模块的方法有多种，下面对每种方法简单介绍。

1. 导入整个模块

使用 import 导入整个模块的基本格式如下：

import 模块名 [as 别名]

使用这种方式导入模块后，调用模块中的函数时需要在函数名前加上模块名作为前缀，使用格式如下：

模块名 .函数名

说明：在调用模块中的函数时，之所以要加上模块名，是因为在多个模块中，可能有功能不同的同名函数，因此如果只通过函数名来进行调用，解释器会不知道要调用哪个模块中的函数。例如：

```
>>> import math          # 导入标准库 math
>>> math.sqrt(9)         # 使用库 math 中的 sqrt 函数求开方
3.0
```

当模块名字较长时，可以使用语句 "import 模块名 as 别名" 为导入的模块起别名，使用时则是 "别名 .函数名" 的形式调用函数。例如：

```
>>> import random as rd          # 导入标准库 random，并设置别名为 rd
>>> rd.randint(1,10)             # 求 [1,10] 区间的随机整数
4
```

2. 导入特定的函数

有时我们只需要用到模块中的某个函数，则可只导入特定的函数即可。其格式如下：

from 模块名 import 函数名 [as 别名]

使用此方法只导入指定的函数，并且可以为导入的函数指定一个别名。这种导入方式可以减少查询次数，提高访问速度，同时也可减少程序员需要输入的代码量。最重要的是，在调用函数时，不需要使用模块名作为前缀。例如：

```
>>> from math import sqrt        # 导入 math 中指定的 sqrt 函数
>>> sqrt(9)                      # 调用函数，求 9 的开方
3.0
```

3. 导入模块中所有函数

有时可能要用到模块中的多个函数，但又不确定要用到哪几个函数，为了方便，可以一次性导入模块中的所有内容。其格式如下：

```
>>> from math import *
>>> log2(4)
2.0
>>> sqrt(9)
3.0
```

这种导入方式比较省事，而且在使用时可以不加模块名作为前缀。但是一般不推荐这种用法，因为这样做会降低代码的可读性，也会导致命名空间的混乱。

6.7.2　模块的创建

在 Python 中，模块的创建其实很简单，因为每一个 Python 文件都可以作为一个模块，模块的名字就是文件名。

【例 6-18】模块的创建与应用举例。

第一步：先创建一个模块 test（即命名为 test.py 的 python 文件），其中定义了一个求两数之和的函数 add()，代码如下：

```
def add(x,y):                    # 自定义求和的函数
    sum=x+y                      # 求得的和放在 sum 中
    return sum                   # 返回 sum 的值
```

第二步：编写程序，通过调用 test 模块中的 add() 求和，代码如下：

```
import test                         # 导入模块 test
a=int(input("输入第一个数据："))
b=int(input("输入第二个数据："))
c=test.add(a,b)                     # 调用模块 test 中的 add() 函数
print("两数的和为：",c)             # 输出两数之和
```

以上程序的运行结果如下：

```
输入第一个数据：3
输入第一个数据：4
两数的和为：7
```

6.7.3 __name__ 属性的使用

在实际应用中，程序员为了让模块能够在项目中达到想要的效果，往往会在模块中添加一些测试信息。例如，在"test_1.py"文件添加测试代码如下：

```
def add(x,y):             # 自定义求和的函数
    sum=x+y               # 求得的和放在 sum 中
    return sum            # 返回 sum 的值
```

#下面是测试函数的代码

```
s=add(3,4)
print("测试 3 与 4 的和为：",s)
```

因此，如果在其他程序中导入此模块，测试代码会自动运行。

【例 6-19】阅读以下程序，分析其运行结果。

```
import test_1                       # 导入模块 test_1
a=int(input("输入第一个数据："))
b=int(input("输入第二个数据："))
c=test.add(a,b)                     # 调用模块 test 中的 add() 函数
print("两数的和为：",c)             # 输出两数之和
```

本例的程序运行结果如下：

```
测试 3 与 4 的和为：7
输入第一个数据：5
输入第二个数据：8
两数的和为：13
```

从运行结果可以看出，"test_1"中的测试代码也运行了。但这并不是我们想要的结果，我们希望测试代码只在单独运行"test_1.py"文件时执行，在被其他文件引用时不该执行。要解决这个问题，就要用到"__name__"属性。

Python 提供的"__name__"属性可以识别程序的使用方式。每个 Python 模块在运行时都会有一个 __name__ 属性，当作为模块导入时，其 __name__ 属性的值被自动设置为模块名；如果作为程序单独运行时，其 __name__ 属性被自动设置为字符串"__main__"。所以，如果想要在模块被引用时，模块中的某些代码或程序块不执行，则可以通过判断 __name__ 属性的值来实现。

如上例中，若要实现将"test_1.py"作为程序直接运行时，执行测试代码；作为模块导入时，不执行测试代码，可将其作如下修改：

```
def add(x,y):              # 自定义求和的函数
    sum=x+y                # 求得的和放在 sum 中
    return sum             # 返回 sum 的值
```

下述是测试函数的代码：

```
if __name__=="__main__":   # 用来识别当前的运行方式
    s=add(3,4)
    print("测试 3 与 4 的和为：",s)
```

修改"test_1.py"之后，再运行例 6-19，"test_1.py"中的测试代码就没有被执行。程序的运行结果如下：

```
输入第一个数据：4
输入第二个数据：5
两数的和为：9
```

6.7.4　包

在实际的开发中，往往会创建多个模块，若不好好组织这些模块，不利于项目的后期维护。所以，通常会将多个模块放在一个目录中，那么 Python 模块所在的目录就称为包，且该目录下必须要有一个 __init__.py 文件（此文件内容可以为空）。假如有如下的包结构：

```
mypckage
|————__init__.py
|————module_1.py
|————module_2.py
```

151

```
|——module_3.py
|——module_4.py
mytest.py
```

此时，如果 mytest.py 想要调用 mypckage 包中的模块 module_2.py 中的 fun() 函数，则可使用下面的语句实现：

```
import mypckage.module_2
mypckage.module_2.fun()
```

或用下面的方式实现：

```
from  mypckage import module_2
module_2.fun()
```

6.8 应用案例

【例 6-20】趣味数字。根据用户输入的数据，判断此数是否为水仙花数。

说明：水仙花数（Narcissistic number）也被称为超完全数、不变数（Pluperfect Digital Invariant, PPDI）、自恋数、自幂数、阿姆斯壮数或阿姆斯特朗数（Armstrong number）。水仙花数是指一个 3 位数，它的每个位上的数字的 3 次幂之和等于它本身（例如：$1^3+5^3+3^3 = 153$）。在 21 世纪，中国国防科技大学的刘江宁先生提出了一种新的思路，编制了相应的计算机程序，彻底解决了水仙花数的寻求问题。但数学无止境，永远不要停下探索的脚步。

【参考代码】

```
def sxh(n):
    gw=n%10                    # 分解出个位数
    sw=n%100//10               # 分解出十位数
    bw=n//100                  # 分解出百位数
    total=gw**3+sw**3+bw**3    # 求每一位数的立方，并相加
    if n==total:
        return 1               #用来标记是否为水仙花数
n=int(input("请输入一个三位的正整数："))
c=sxh(n)
if c==1 :
    print(n, "是水仙花数")
```

```
    else:
        print(n ," 不是水仙花数 ")
```

【运行结果】

```
请输入一个三位的正整数：153
153 是水仙花数
```

【程序说明】此题通过函数判断用户输入的数据是否为水仙花数。因此，在函数体里面，要先把接收的数据进行分解，得到个位、十位和百位数，然后再根据水仙花数的概念进行判断，即要看每位数的立方和是否等于它本身。

【数学渊源】古希腊学者毕达哥拉斯 (约公元前 580 ~ 约前 500 年) 有这样一句名言："凡物皆数"。可想而知，一个没有数的世界不堪设想。中国数学起源于上古至西汉末期，全盛时期是隋中叶至元后期。勤劳智慧的祖先们通过不懈的努力为我们留下了无数宝贵的数学成果，我国古代数学的许多发现都曾位居世界前列，如令人称奇的"杨辉三角"，其早在 1261 年杨辉所著的《详解九章算法》一书里就出现了，比帕斯卡发现这一规律（在 1654 年）要早 393 年。

数学是比较广泛应用的基础科学，普遍适用于现实生活和科学研究。空谈误国，实干兴邦，作为现代青年要志存高远、脚踏实地、循序自然，学好基础知识、打好基础、增长才干，将来为中华民族伟大复兴贡献自己的智慧和力量。

【例 6-21】此题是设计一个课程管理系统，完成课程基本信息的添加、删除和查看功能，可供学生选课时做参考。

【问题分析】仔细分析此系统，可把它分为几个模块，为了让用户操作方便，设置一个用户功能选择模块，此外还应该包括添加课程信息模块、删除课程信息模块及显示课程信息模块。功能模块图如图 6-4 所示。

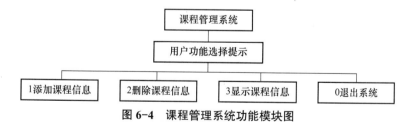

图 6-4　课程管理系统功能模块图

【参考代码】

```
courInfos=[]              # 定义一个列表全局变量。用来保存课程的所有信息
def printMenu():          # 打印功能提示
    print("="*20)
```

```
            print(" 课程管理系统 ")
            print("1.添加课程信息 ")
            print("2.删除课程信息 ")
            print("3.显示所有课程信息 ")
            print("0.退出系统 ")
            print("="*20)
```

添加一个课程信息

```
    def addCourInfo():
        newNum=input(" 请输入新课程的课程号：")        # 提示并获取课程的课程号
        newName=input(" 请输入新课程的课程名：")       # 提示并获取课程的名称
        newCredit=int(input(" 请输入新课程的学分：")) # 提示并获取课程的学分
        newInfo={}                                      # 定义字典
        # 赋值
        newInfo['num']=newNum
        newInfo['name']=newName
        newInfo['credit']=newCredit
        courInfos.append(newInfo)                       # 添加课程
                                                        # 删除一个课程信息

    def delCourInfo(course):
        del_num=input(" 请输入要删除课程的课程号：")  # 提示并获取课程的课程号
        for cour in course:                            # 遍历列表
            if cour['num'] == del_num:    # 判断是否与输入的课程的课程号相同
                course.remove(cour)                     # 删除该课程的信息
```

显示所有课程信息

```
    def showCourInfo():
        print("=" * 20)
        print(" 课程信息如下 :")
        print("=" * 20)
        print(" 序号 课程号课程名 学分 ")
        i = 1
        # 遍历存储课程信息的列表，输出每个课程的详细信息
        for tempInfo in courInfos:
            print("%d %s %s %d"%(i,tempInfo['num'],tempInfo['name'],
tempInfo['credit']))
            i += 1
    #main 函数控制整个程序的流程
    def main():
        while True:
            printMenu()                                 # 打印功能菜单
```

```
        key = input("请输入功能对应的数字")          # 获取用户输入
        if key == '1':                              # 添加课程信息
            addCourInfo()
        if key == '2':                              # 删除课程信息
            delCourInfo(courInfos)
        elif key == '3':                            # 显示课程信息
            showCourInfo()
        elif key == '0':                            # 退出循环
            quit_con = input("确定退出吗？（Yes or No）：")
            if quit_con == 'Yes':
                break
    main()                                          # 调用 main 函数
```

【运行结果】

（1）先添加 3 门课程。

```
===================
课程管理系统
1.添加课程信息
2.删除课程信息
3.显示所有课程信息
0.退出系统
===================
请输入功能对应的数字：1
请输入新课程的课程号：1001
请输入新课程的课程名：数据结构
请输入新课程的学分：3
===================
课程管理系统
1.添加课程信息
2.删除课程信息
3.显示所有课程信息
0.退出系统
===================
请输入功能对应的数字：1
请输入新课程的课程号：1002
请输入新课程的课程名：C 语言程序设计
请输入新课程的学分：3
===================
课程管理系统
1.添加课程信息
2.删除课程信息
```

```
3.显示所有课程信息
0.退出系统
=====================
请输入功能对应的数字：1
请输入新课程的课程号：1003
请输入新课程的课程名：数据库原理与应用
请输入新课程的学分：4
=====================
```

（2）显示所有课程信息。

```
=====================
课程管理系统
1.添加课程信息
2.删除课程信息
3.显示所有课程信息
0.退出系统
=====================
请输入功能对应的数字：3
=====================
课程信息如下：
=====================
序号  课程号课程名  学分
1     1001      数据结构      3
2     1002      C 语言程序设计   3
3     1003      数据库原理与应用   4
```

（3）删除某一课程信息后再显示。

```
=====================
课程管理系统
1.添加课程信息
2.删除课程信息
3.显示所有课程信息
0.退出系统
=====================
请输入功能对应的数字：2
请输入要删除课程的课程号：1001
=====================
课程管理系统
1.添加课程信息
2.删除课程信息
3.显示所有课程信息
```

```
    0. 退出系统
    ===================
    请输入功能对应的数字：3
    ===================
    课程信息如下：
    ===================
    序号  课程号 课程名  学分
    1     1002        C 语言程序设计      3
    2     1003        数据库原理与应用     4
```

（4）退出系统。

```
    ===================
    课程管理系统
    1. 添加课程信息
    2. 删除课程信息
    3. 显示所有课程信息
    0. 退出系统
    ===================
    请输入功能对应的数字：0
    确定退出吗？（Yes or No）：Yes
    >>>
```

【程序说明】此例中每个功能模块都用函数实现，下面对每个函数进行简要分析：

（1）定义了一个全局变量 courInfos，用来存储所有的课程信息，因为要存储多门课程，故定义成了列表。

（2）定义了一个打印选择功能菜单的函数 printMenu()，让用户选择要进行的操作。

（3）addCourInfo() 函数用来添加课程信息，在此函数中，要输入课程的课程号、课程名及学分。在此函数中先用字典存储每门课程的详细信息，再添加到 courInfos 列表中。

（4）delCourInfo() 函数用来删除课程信息，在该函数中，需要用户输入要删除课程的课程号，再使用 remove() 方法删除相应的课程信息。

（5）showCourInfo() 函数用来显示所有的课程信息，在该函数中，通过遍历列表的方式来输出每一门课程的详细信息。

（6）定义的 main() 函数用来控制整个程序的流程。在此函数中，通过使用循环实现先打印功能菜单、获取用户输入的功能选择。再根据用户输入的序号选择进入相应的模块，若输入"0"，则退出程序的执行。

总 结

> 掌握函数的定义和调用方法。在 Python 中，定义函数不需要指定参数以及返回值的类型。

> 掌握 Python 中函数参数的类型及用法。函数参数有位置参数、默认值参数、关键字参数和不定长参数等几种参数类型。

> 掌握函数 return 语句的用法。有几种特殊情况，即如果函数没有 return 语句、或者有 return 语句但没有返回任何值、或者有 return 语句但没有被执行到，这几种情况都返回空值 None。

> 在 Python 中，不仅允许函数的嵌套调用，还允许函数的嵌套定义。

> 掌握局部变量和全局变量的区别。

> 了解匿名函数（又称 lambda 函数）的使用。

> 掌握模块的几种导入方式及模块的创建方式。

> 理解包的概念。

拓展阅读

党的二十大报告提到"……中国特色社会主义为什么好，归根到底是马克思主义行，是中国化时代化的马克思主义行"。党的二十大也深刻阐释了"两个结合"，即"推进马克思主义中国化时代化，必须把马克思主义基本原理同中国具体实际相结合，同中华优秀传统文化相结合"。因此，在学习知识时要注意活学活用，切记生搬硬套，学习函数时更是如此。我们在使用系统定义好的函数时，要清楚函数返回值的数据类型，参数的个数、参数的含义及参数的数据类型，否则可能会得出错误的结果。

习 题

一、选择题

1. 在 Python 中，使用（　　　）关键字创建自定义函数。

A. func

B. function

C. def

D. procedure

2. 下面关于函数的说法，错误的是（　　　）。

A. 在不同函数中可以使用相同名字的变量

B. 函数可以减少代码的重复，使程序更加模块化

C. 调用函数时，传入参数的顺序和函数定义时的顺序必须不一致

D. 函数体中如果没有 return 语句，函数返回空值 None

3. 定义匿名函数时使用（　　　）关键字。

A. func
B. main
C. def
D. lambda

4. 在 Python 中，函数（　　　）。

A. 不可以嵌套调用
B. 不可以嵌套定义
C. 不可以递归调用
D. 以上说法都不对

5. 下列说法正确的是（　　　）。

A. 函数的名字可以随意命名

B. 带默认值的参数必须位于参数列表的末尾

C. 全局变量的作用域是整个程序

D. 函数定义后，系统会自动执行其内部的功能

6. 执行以下程序，输出结果为（　　　）。

```
def fun():
    print(x)
    x=10+1
fun()
```

A. 0
B. 10
C. 11
D. 程序出现异常

7. 用来导入模块的关键字是（　　　）。

A. include
B. input
C. from
D. import

8. 关于 __name__ 的说法，下列描述错误的是（　　　）。

A. 它是 python 提供的一个方法

B. 每个模块内都有一个 __name__ 属性

C. 当它的值为'__main__'时，表示模块自身在运行

D. 当它的值不是'__main__'时，表示模块被引用

9. 函数可以有多个参数，参数之间使用（　　　）分隔。

A. 分号
B. 空格
C. 逗号
D. 冒号

10. 在函数中直接或间接调用它自身，称为（　　　）。

A. 直接调用   B. 间接调用

C. 嵌套定义   D. 递归调用

二、解答题

1. 在定义函数时有哪些注意事项？

2. 什么是函数的形参与实参？它们有什么关系？

3. Python 中有几种类型的参数？

4. Python 中局部变量和全局变量有什么区别？

三、操作题

1. 编写函数，求两个数的最大值。

2. 编写一个函数，找出所有的水仙花数。

3. 编写函数，实现从键盘输入任意个整数，求其中的最大值和最小值。

第 7 章　面向对象

内容要点:

■ 类的基础语法;

■ 类的继承;

■ 类的其它特性;

■ 面向对象编程实训案列;

■ 面向对象编程综合应用。

思政目标:

■ 通过本章的学习, 培养学生正确地分析和解决问题的
　能力, 启迪学生要继承中华优秀传统文化, 激发学生在
　"继承"的基础上要有所创新。

7.1　类的基础语法

面向对象(Object Oriented, OO)是一种设计思想。当前, 面向对象已经发展为一种编程思想, 即面向对象编程(Object Oriented Programming, OOP)。面向对象编程使用贴近真实生活的思维方式对计算机程序进行设计与编写。其将程序看作由一组对象组成, 对象之间可以通过消息传递的方式通信, 程序的执行就是一系列消息在各对象间传递, 这种情况正如真实世界中不同实体间的相互作用。面向对象编程具有代码复用性、灵活性以及扩展性强的优点。

7.1.1　类的定义和创建对象

类和对象是面向对象编程的两个重要概念。类是对现实世界的抽象, 是具有相同特征的对象的集合, 对象是类的实例化。类和对象的关系即数据类型与变量的关系, 根据一个类可以创建多个对象, 而每个对象只能是某一个类的对象。类规定可以用于存储什么数据, 而对象用于实际存储数据, 每个对象可存储不同的数据。如学生类、学生对象 1、学生对象 2、…、学生对象 n 等。注意, 在 Python 中, 一切皆看作对象, 如变量、字符串、函数与方法等。

在 Python 中, 需要先定义类, 然后再通过对类实例化创建类的对象, 通过类的对象就可以使用类。

1. 定义类

首先，使用关键字 class 定义类，其语法格式如下：

```
class ClassName():
    statement
```

参数说明如下：

ClassName：表示类名，类名的命名方式一般采用"驼峰式命名法"，即类名不管是由一个单词组成还是多个单词组成，每个单词的首字母都需要大写。

()：表示基类列表。

statement：表示类体。如果不知道如何定义类体，可以先用 pass 语句代替以确保程序的完整性。

【例 7-1】定义一个学生类，代码如下：

```
class Student():
    pass
```

2. 实例化对象

在定义类之后，就可以通过类的实例化创建对象。其语法格式如下：

```
object_name=ClassName()
```

参数说明如下：

ClassName：表示类名。

()：表示参数列表。

object_name：表示对象变量名。

【例 7-2】定义一个学生类，实例化一个学生对象 stu1，代码如下：

```
class Student():
    pass
stu1=Student() # 实例化一个学生对象"stu1"
print (type (stu1)) # 用 Python 内置函数 type() 和 print() 查看"stu1"所属类
```

运行结果：

```
<class '__main__.Student>
```

从结果中可以看出"stu1"所属类型是 Student。

7.1.2 类的成员

类的成员包括：属性和方法。属性表示静态的数据，方法表示对数据的操作。在定义类的语法格式中，statement 中主要是属性和方法的定义。属性是在 statement 中定义的变量，方法是在 statement 中定义的函数。创建对象后，对象就拥有了类的属性和方法。

1. 访问属性和方法

通过类的对象使用类，其实就是通过对象访问类中的属性和方法。其访问属性和方法的语法格式分别如下：

```
object_name.attribute_name
```

参数说明如下：

object_name：表示对象名。

attribute_name：表示属性名。

```
object_name.function_name()
```

参数说明如下：

object_name：表示对象名。

function_name：表示方法名。

()：表示参数列表。

2. 系统内置属性和内置方法

根据 Python 命名约定，名字首尾加双下划线的方法，表示系统内置属性和方法。

【例 7-3】定义一个 Student 类，查看 Student 类的属性与方法，代码如下：

```
class Student():
    pass
print(dir(Student))    # 用 Python 内置函数 dir() 查看 Student 类的属性和
方法。
```

运行结果：

```
['__class__', '__delattr__', '__dict__', '__dir__', '__doc__', '__
eq__', '__format__', '__ge__', '__getattribute__', '__gt__', '__hash__',
'__init__', '__init_subclass__', '__le__', '__lt__', '__module__',
'__ne__', '__new__', '__reduce__', '__reduce_ex__', '__repr__', '__
setattr__', '__sizeof__', '__str__', '__subclasshook__', '__weakref__']
```

3. 初始化对象

在自动创建对象过程中，Python 解释器会首先调用内置方法 __new__ 创建一个未被初始化的对象，然后调用 __init__ 方法对创建好的对象的属性进行初始化。其初始化过程是：用户实例化对象时输入的参数会直接传给 __init__ 方法，然后 __init__ 方法根据用户传入的参数初始化对象的属性。如果对象的属性为空，Python 解释器直接调用内置方法 __init__ 来初始化对象，如果对象的属性非空，程序员需要重写 __init__ 方法来代替内置方法 __init__，一般将重写的 __init__ 方法放在类中第一个方法的位置。

【例 7-4】定义一个 Student 类，实例化一个名字为 Tony 的学生对象 stu1，并输出该学生对象的名字，代码如下：

```
class Student():
    def __init__(self,name):  #重写__init__方法；第一个参数为self
        self.name=name
stu1=Student('Tony')  #调用者不需要为self参数赋值
print(stu1.name)  #访问属性语法格式 object_name.attribute_name
```

运行结果：

```
Tony
```

7.1.3 访问权限

根据访问权限的不同，类的成员可以分为公有类型、受保护类型以及私有类型 3 种。公有类型的成员首尾不加下划线，例如，name。其可以被类、类的实例、子类、以及子类的实例访问。受保护类型的成员开头加单下划线，例如，_name。其可以被类、类的实例以及子类访问，但不能被子类的实例访问。私有类型的成员开头加双下划线，例如，__name。其只能被类访问，不能被类的实例、子类以及子类的实例访问。私有类型的成员为了防止被用户访问，Python 解释器会在双下划线名称前面自动加上"_类名"做前缀，例如，_Circle__private。

【例 7-5】定义一个学生类，创建公有类型属性 public、受保护类型属性 _protected 以及私有类型属性 __private，利用实例化对象访问创建好的属性，观察结果，代码如下：

```
class Student():
    def __init__(self,public,protected,private):
        self.public=public
        self._protected=protected
```

```
                self.__private=private
                print('private is:{0:s}'.format(self.__private))    # 在类中
访问私有属性
    ppp_student=Student('public','protected','private')
    print(ppp_student.public)    # 通过类的实例访问公有属性
    print(ppp_student._protected)    # 通过类的实例访问受保护属性
    print(ppp_student.__private)    # 通过类的实例访问私有属性，会引发错误
```

运行结果：

```
private is:private
public
protected
AttributeError: 'Student' object has no attribute '__private'
```

可以用 Python 内置函数 dir() 查看 ppp_student 对象的属性与方法，代码如下：

```
class Student():
    def __init__(self,public,protected,private):
        self.public=public
        self._protected=protected
        self.__private=private
    ppp_student=Student('public','protected','private')
    print(dir(ppp_student))    # 用 Python 内置函数 dir() 查看 ppp_student 对
象的属性与方法
```

运行结果：

```
['_Student__private', '__class__', '__delattr__', '__dict__',
'__dir__', '__doc__', '__eq__', '__format__', '__ge__', '__
getattribute__', '__gt__', '__hash__', '__init__', '__init_
subclass__', '__le__', '__lt__', '__module__', '__ne__', '__
new__', '__reduce__', '__reduce_ex__', '__repr__', '__setattr__',
'__sizeof__', '__str__', '__subclasshook__', '__weakref__', '_
protected', 'public']
```

可见，为了防止用户访问，Python 解释器将私有属性 __private 改为 _Student__private。

【例7-6】定义一个学生类，创建公有类型方法 public、受保护类型方法 _protected 以及私有类型方法 __private，利用实例化对象访问创建好的方法，观察结果，代码如下：

```
class Student():
    def __init__(self):
        self.__print()    # 在类中访问私有方法
    def print(self):
        print("my name is public method!")
    def _print(self):
        print("my name is protected method!")
    def __print(self):
        print("my name is private method!")
ppp_print=Student()
ppp_print.print()    # 通过类的实例访问公有方法
ppp_print._print()    # 通过类的实例访问受保护方法
ppp_print.__print()    # 通过类的实例访问私有方法，会引发错误
```

运行结果：

```
my name is private method!
my name is public method!
my name is protected method!
AttributeError: 'Student' object has no attribute '__print'
```

同样，可以用 Python 内置函数 dir() 查看 ppp_print 对象的属性与方法，代码如下：

```
class Student():
    def print(self):
        print("my name is public method!")
    def _print(self):
        print("my name is protected method!")
    def __print(self):
        print("my name is private method!")
ppp_print=Student()
print(dir(ppp_print))    # 用 Python 内置函数 dir() 查看 ppp_print 对象的
属性与方法
```

运行结果：

```
['_Student__print', '__class__', '__delattr__', '__dict__',
'__dir__', '__doc__', '__eq__', '__format__', '__ge__', '__
```

```
getattribute__', '__gt__', '__hash__', '__init__', '__init_subclass__',
'__le__', '__lt__', '__module__', '__ne__', '__new__', '__reduce__',
'__reduce_ex__', '__repr__', '__setattr__', '__sizeof__', '__str__',
'__subclasshook__', '__weakref__', '_print', 'print']
```

可见，为了防止用户访问，Python 解释器将私有方法 __print 改为 _Student__print。

7.1.4 实例属性与类属性

1. 实例属性

实例属性在方法里面定义，可以通过"对象名.实例属性名"来修改和读取，但不能通过"类名.实例属性名"来修改和读取；也可以在内置属性 __dict__ 中查看以字典形式存放的实例属性的"属性名：属性值"。

【例 7-7】定义一个实例属性为 sno 的学生类，读取、修改与查看该实例属性，代码如下：

```python
class Student():
    def __init__(self,sno):
        self.sno=sno   # 定义实例属性
stu1=Student(123)
stu2=Student(456)
print(stu1.sno) # 通过"对象名.实例属性名"访问实例属性
print(stu2.sno)
stu1.sno="changed by stu1"   # 通过"对象名.实例属性名"修改实例属性
print(stu1.sno)
stu2.sno="changed by stu2"
print(stu2.sno)
print(stu1.__dict__)   # 通过"对象名.__dict__"查看实例的"属性名：属性值"
```

运行结果：

```
123
456
changed by stu1
changed by stu2
{'sno': 'changed by stu1'}
```

2. 类属性

类属性在方法外面定义，可以通过"类名.类属性名"和"对象名.类属性名"来读取，但只能通过"类名.类属性名"来修改。可以在内置属性 __dict__ 中查看以字典形式存放的类属性的"属性名：属性值"。

【例 7-8】定义一个类属性为 name 的学生类，读取、修改与查看该类属性，代码如下：

```
class Student():
    name="My name is Tony"   #定义类属性
stu1=Student()
print(Student.name) #通过"类名.类属性名"访问类属性
print(stu1.name)    #通过"对象名.类属性名"访问类属性
stu1.name="changed by stu1"   #通过"对象名.类属性名"修改类属性,会不
能修改
print(Student.name)
Student.name="changed by Student"   #通过"类名.类属性名"修改类属性
print(Student.name)
print(Student.__dict__)   #通过"类名.__dict__"查看类的"属性名：属性值"
```

运行结果：

```
My name is Tony
My name is Tony
My name is Tony
changed by Student
{'__module__': '__main__', 'name': 'changed by Student', '__
dict__': <attribute '__dict__' of 'Student' objects>, '__weakref__':
<attribute '__weakref__' of 'Student' objects>, '__doc__': None}
```

7.1.5 实例方法、类方法与静态方法

自定义的方法可以分为实例方法、类方法与静态方法。

1. 实例方法

定义实例方法时，方法中必须至少有一个或多个参数，多个参数时用逗号","分隔，并且要求第一个参数必须为调用方法时所使用的实例对象，一般命名为 self。实例方法通过类的实例对象调用。在调用时，并不需要传入 self 参数的值，Python 解释器会自动为 self 参数赋值。

【例 7-9】定义一个学生类，创建两个学生对象 stu1 和 stu2，分别为其命名为"Tony"和"Amy"，打印输出，代码如下：

```
class Student():
    name='UnKnown'
    def SetName(self,newname):  # 定义类的实例方法 SetName
        self.name=newname
    def PrintName(self):  # 定义类的实例方法 PrintName
        print(' 姓名 :%s'%self.name)
stu1=Student()
stu2=Student()
stu1.SetName('Tony')  # 通过 stu1 对象调用 SetName 方法
stu2.SetName('Amy')
stu1.PrintName()    # 通过 stu1 对象调用 PrintName 方法
stu2.PrintName()
Student.SetName(' 未知 ')    # 通过 Student 类名调用 SetName 方法，会引发
错误
```

运行结果：

```
姓名 :Tony
姓名 :Amy
TypeError: SetName() missing 1 required positional argument:
'newname'
```

2. 类方法

类方法是指使用 @classmethod 修饰的方法，其第一个参数是类本身，而不是类的实例对象。类方法即可以通过类名调用，也可以通过类的实例对象调用。

【例 7-10】 定义一个复数类，使用类方法实现两个复数相加，代码如下：

```
class Complex():  # 定义 Complex 类
    def __init__(self,real=0,image=0):
        self.real=real  # 初始化一个复数的实部值
        self.image=image  # 初始化一个复数的虚部值
    @classmethod  # 使用 @classmethod 修饰类方法
    def add(cls,c1,c2):  # 定义复数相加类方法 add
        print(cls)  # 输出 cls
        c=Complex()
        c.real=c1.real+c2.real  # 实部相加
        c.image=c1.image+c2.image  # 虚部相加
        return c
```

```
c1=Complex(1,2.5)
c2=Complex(2.2,3.1)
c=Complex.add(c1,c2)    #直接使用类名调用类方法 add
print('c1+c2 的结果为 %.2f+%.2fi'%(c.real,c.image))
z=Complex()
c=z.add(c1,c2)    #使用类的实例名调用类方法 add
print('c1+c2 的结果为 %.2f+%.2fi'%(c.real,c.image))
```

运行结果:

```
<class '__main__.Complex'>   #表明 cls 是类本身
c1+c2 的结果为 3.20+5.60i
<class '__main__.Complex'>
c1+c2 的结果为 3.20+5.60i
```

3. 静态方法

静态方法是指使用 @staticmethod 修饰的方法。与类方法相同的是,其可以直接通过类名调用,也可以通过类的实例对象调用。与类方法不同的是,静态方法中没有类方法中第一个类参数。

【例 7-11】定义一个复数类,使用静态方法实现两个复数相加,代码如下:

```
class Complex():   #定义 Complex 类
    def __init__(self,real=0,image=0):
        self.real=real   #初始化一个复数的实部值
        self.image=image   #初始化一个复数的虚部值
    @staticmethod
    def add(c1,c2):   #定义静态方法 add,实现两个复数的加法运算
        c=Complex()
        c.real=c1.real+c2.real   #实部相加
        c.image=c1.image+c2.image   #虚部相加
        return c
c1=Complex(1,2.5)
c2=Complex(2.2,3.1)
c=Complex.add(c1,c2)    #直接使用类名调用静态方法 add
print('c1+c2 的结果为 %.2f+%.2fi'%(c.real,c.image))
z=Complex()
c=z.add(c1,c2)   #使用类的实例名调用静态方法 add
print('c1+c2 的结果为 %.2f+%.2fi'%(c.real,c.image))
```

运行结果：

```
c1+c2 的结果为 3.20+5.60i
c1+c2 的结果为 3.20+5.60i
```

7.1.6　构造方法与析构方法

无论是内置的 __init__() 方法还是重写的 __init__() 方法，其都称为构造方法。构造方法的作用是初始化对象。其都无需程序员手动调用，而是在实例化对象的过程中自动调用。

与之对应的是析构方法 __del__，其也是一个内置方法。其作用是在销毁对象时负责完成待销毁对象的资源清理工作，如关闭文件等。类对象销毁有如下三种情况：

（1）局部变量的作用域结束。

（2）使用 del 删除对象。

（3）程序结束时，程序中所有对象都将被销毁。

7.2　类的继承

继承允许开发者基于已有的类创建新的类。如果一个类 C1 通过继承已有类 C 而创建，则将 C1 作子类，将 C 称做基类、父类或超类。子类会继承父类中定义的所有属性和方法，另外也能够在子类中增加新的属性和方法。因此，程序员在编写代码时就可以不用编写大量已有的代码，而只用编写小部分功能未实现的代码。这就使得整体代码拥有更简洁，可读性强，以及开发效率高等特点。另外，如果一个子类只有一个父亲，则将这种继承关系称为单继承；如果一个子类有两个或更多父类，则将这种继承关系称为多重继承。

7.2.1　继承的定义

在 Python 中，继承的语法格式和定义类一样，代码如下：

```
class ClassName():
    statement
```

参数说明：

ClassName：表示子类名。

(): 表示基类列表，即该类是继承于哪个类。如果没有合适的继承类，就将该类看作继承于 object 类，写作 () 或者（object）。其原因是所有类最终都会继承 object 类。如果有多个继承类，使用逗号","分隔。

【例 7-12】定义一个 Person 类，该类有属性 name，方法 say_hi()。再定义一个 Student 类，该类继承 Person，实例化一个名为"Tony "的 tony 对象，执行 say_hi() 方法，代码如下：

```python
class Person():
    def __init__(self,name):
        self.name=name
    def say_hi(self):
        print("Hi,I'm {0:s}.".format(self.name))
class Student(Person):    # 继承 Person 类
    pass
tony=Student('Tony')
tony.say_hi()
```

运行结果：

```
Hi,I'm Tony.
```

7.2.2 方法的重写

1. 重写父类的普通方法

方法的重写是指子类可以对从父类继承过来的方法进行重新定义，从而使得子类对象可以表现出与父类对象不同的行为。方法重写时保持方法头不变，改变方法体。

【例 7-13】在【例 7-12】的基础上，方法 say_hi() 增加一个输出"Nice to meet you."的功能，代码如下：

```python
class Person():
    def __init__(self,name):
        self.name=name
    def say_hi(self):
        print("Hi,I'm {0:s}.".format(self.name))
class Student(Person):    # 继承 Person 类
    def say_hi(self):    # 重写 say_hi() 方法
        print("Hi,I'm {0:s}.".format(self.name))
```

```
            print("Nice to meet you.")
tony=Student('Tony')
tony.say_hi()
```

运行结果：

```
Hi,I'm Tony.
Nice to meet you.
```

子类重写父类的方法时，如果在方法中用到父类方法中的整体代码，可直接用 super() 函数调用父类的方法。如重写 say_hi() 时，就用到父类方法中的整体代码：print（"Hi,I'm {0:s}."format（self.name））。因此，可改为如下代码：

```
class Person():
    def __init__(self,name):
        self.name=name
    def say_hi(self):
        print("Hi,I'm {0:s}.".format(self.name))
class Student(Person):  # 继承 Person 类
    def say_hi(self):
        super().say_hi()  # 直接用 super() 函数调用父类的 say_hi() 方法
        print("Nice to meet you.")
tony=Student('Tony')
tony.say_hi()
```

运行结果：

```
Hi,I'm Tony.
Nice to meet you.
```

2. 重写父类的 __init__() 方法

子类重写父类的 __init__() 方法时，必须调用父类的 __init__() 方法，使得父类的属性可以得到初始化，避免发生错误。通常子类重写父类的 __init__() 方法时，首先调用父类的 __init__() 方法，然后再实现子类的其他初始化。其调用方式有两种，一种是通过类名直接调用，一种是通过 super() 函数调用。

【例 7-14】在【例 7-12】的基础上，子类重写 __init__() 方法。

（1）直接调用父类 __init__() 方法，代码如下：

```
class Person():
    def __init__(self,name):
        self.name=name
    def say_hi(self):
        print("Hi,I'm {0:s}.".format(self.name))
class Student(Person):    #继承 Person 类
    def __init__(self,name):    #重写 __init__()方法
        Person.__init__(self,name)    #直接通过类名调用父类 __init__()
方法
    tony=Student('Tony')
    tony.say_hi()
```

（2）通过 super() 函数调用父类 __init__() 方法，代码如下：

```
class Person():
    def __init__(self,name):
        self.name=name
    def say_hi(self):
        print("Hi,I'm {0:s}.".format(self.name))
class Student(Person):    #继承 Person 类
    def __init__(self,name):    #重写 __init__()方法
        super().__init__(name)    #通过 super()函数调用父类 __init__()
方法
    tony=Student('Tony')
    tony.say_hi()
```

运行结果：

```
Hi,I'm Tony.
```

7.3 类的其他特性

7.3.1 内置函数 isinstance()、__call__()

1. isinstance()

Python 提供内置函数 isinstance()，其作用是验证一个对象是否是某个类或者子类的实

例。其语法格式如下：

```
isinstance(object,class)
```

参数说明：

object：表示需要测试的对象名。

class：表示类名。注意，该类名可以是一个，也可以是多个组成的元组。当是多个类组成的元组时，相当于"or"关系。例如，isinstance（x，（A,B））等于 isinstance（x,A）or isinstance（x,B）。

返回值：表示该对象是否属于某个类或者子类的实例。如果是，返回 True；如果不是，返回 False。

【例 7-15】定义一个 Person 类，实例化一个 tony 对象，判断该对象是否属于 Person 类，代码如下：

```
class Person():
    pass
tony=Person()
print(isinstance(tony,Person))   # 用 isinstance() 函数判断 tony 对象是
否属于 Person 类
```

运行结果：

```
True
```

2.　__call__()

在 Python 中重写内置函数 __call__()，其作用是把类的实例对象变成可调用对象。判断某个对象是否是可调用对象，使用函数 callable() 函数。

如果某个类的实例对象是可调用对象，其意思是：可以用"对象名 ()"而不是用"对象名 . 方法名 ()"的形式调用方法。

【例 7-16】定义一个 Person 类，该类有属性 name，方法 say_hi()，创建一个名为"Tony"的 tony 对象，实现 __call__() 函数把类的实例对象变成可调用对象，代码如下：

```
class Person():
    def __init__(self,name):
        self.name=name
    def __call__(self):  # 实现 __call__() 方法
        return self.say_hi()
```

```
    def say_hi(self):
        print("Hi,I'm {0:s}.".format(self.name))
tony=Person('Tony')
print(callable(tony))    # 判断某个对象是否是可调用对象
tony()    # 用 "对象名 ()" 的形式调用 say_hi() 方法
```

运行结果：

```
True
Hi,I'm Tony.
```

注意：其实可以将 "对象名 ()" 理解为 "对象名 .__call__()"。

7.3.2　@property 装饰器

类中的属性可以直接访问和赋值，这为类的使用者提供了方便，但也带来了问题：类的使用者可能会给一个属性附上超出有效范围的值。

【例 7-17】 定义一个 Person 类，实例化一个对象 tony 时，给 age 属性附上超出有效范围的值，这个错误无法被检查出来并处理，代码如下：

```
class Person():
    def __init__(self,name,age):
        self.name=name
        self.age=age
    def say_hi(self):
            print("Hi,I'm {0:s},{1:d} years old.".format(self.
name,self.age))
    tony=Person('Tony',-20)    # 设置错误年龄 -20，会无法检查出错误
    tony.say_hi()
```

运行结果：

```
Hi,I'm Tony,-20 years old.
```

为了解决输入数据错误的问题，可以把输入数据的检查和修正操作封装到方法中。用户通过方法访问属性。但这样又出现新的缺陷，即代码复杂度增加，可读性变差。

【例 7-18】 定义一个 Person 类，实例化 3 个对象 tony、tom 和 amy，返回 3 人的年龄之和，代码如下：

```
class Person():
    def __init__(self,name,age):
        self.name=name
        self.set_age(age)    #通过方法为属性赋初值，代码复杂度增加，可读
性变差。
    def get_age(self):
        return self._age    #get 和 set 方法中使用 self 访问属性时，属性名
前需要加上下划线，避免系统会因不断递归调用而报错。
    def set_age(self,age):
        if age<0:
            self._age=0    #若年龄为负，则设置为 0
        elif age>200:
            self._age=200    #若年龄大于 200，则设置为 200
        else:
            self._age=age    #正常值，直接赋值给 _age
    def say_hi(self):
        print("Hi,I'm {0:s},{1:d} years old.".format(self.
name,self._age))
tony=Person('Tony',5)
tony.say_hi()
tom=Person('Tom',-5)
tom.say_hi()
amy=Person('Amy',230)
amy.say_hi()
print(tony.get_age()+tom.get_age()+amy.get_age())    #输出年龄和，代
码复杂度增加，可读性变差。
```

运行结果：

```
Hi,I'm Tony,5 years old.
Hi,I'm Tom,0 years old.
Hi,I'm Amy,200 years old.
205
```

针对上述的问题，Python 提供了 @property 装饰器。其既可以把输入数据的检查和修正操作封装到方法中，也可以通过"对象名 . 属性名"的形式访问属性。直接使用"@property"就可以定义一个用于获取属性值的方法（即 getter）。如果要定义一个设置属性值的方法（即 setter），则需要使用名字"@ 属性名 .setter"的装饰器。不管是 getter 方法

还是 setter 方法，其方法名都为属性名。

【**例 7-19**】定义一个 Person 类，用 @property 装饰器实现 Person 类中 age 属性的访问，代码如下：

```
class Person():
    def __init__(self,name,age):
        self.name=name
        self.age=age    #通过"对象名.属性名"的形式为属性赋初值
    @property    #使用"@property"定义一个用于获取属性值的方法
    def age(self):    #方法名为age
        return self._age
    @age.setter    #使用名字"@属性名.setter"的装饰器定义一个设置属性值
的方法
    def age(self,age):    #方法名为age
        if age<0:
            self._age=0
        elif age>200:
            self._age=200
        else:
            self._age=age
    def say_hi(self):
            print("Hi,I'm {0:s},{1:d} years old.".format(self.
name,self._age))
tony=Person('Tony',5)
tony.say_hi()
tom=Person('Tom',-5)
tom.say_hi()
amy=Person('Amy',230)
amy.say_hi()
print(tony.age+tom.age+amy.age)    #通过"对象名.属性名"的形式访问属性
```

运行结果：

```
Hi,I'm Tony,5 years old.
Hi,I'm Tom,0 years old.
Hi,I'm Amy,200 years old.
205
```

7.4 面向对象编程实训

7.4.1 类的基础语法实训案列

需求：做一个计算器，实现一些基本操作，如加减乘除运算以及打印结果操作，代码如下：

```python
class Caculate:
    __result = 0  # 操作类属性，通过类名 Caculate 或者用类方法传递。
    @classmethod
    def first_value(cls, v):
        cls.__result = v
    @classmethod
    def jia(cls, n):
        cls.__result += n
    @classmethod
    def jian(cls, n):
        cls.__result -= n
    @classmethod
    def cheng(cls, n):
        cls.__result *= n
    @classmethod
    def chu(cls, n):
        cls.__result /= n
    @classmethod
    def show(cls):
        print("计算的结果是：%d" % cls.__result)
Caculate.first_value(3)
Caculate.jia(34)
Caculate.jian(34)
Caculate.show()
```

以上程序存在问题，因为 __result 是一个类属性，类属性依附于在内存中只有一份的类对象，就会导致无法同时或者依次进行多个表达式的运算。由于每个实例对象独占一块存储空间，因此可以把结果绑在实例对象身上，变成实例属性即可，代码如下：

```python
class Caculate:
    def __init__(self, num):
        self.__result = num
    def jia(self, n):
        self.__result += n
    def jian(self, n):
        self.__result -= n
    def cheng(self, n):
        self.__result *= n
    def chu(self, n):
        self.__result /= n
    def show(self):
        print("计算的结果是: %d" % self.__result)
c1 = Caculate(3)
c1.jia(34)
c1.jian(34)
c1.show()
```

以上的代码已经可以满足提出的需求，但是还可以针对这份代码进行容错处理。在代码中，如果 num 为对象类型或者字符串类型，是不能进行加减乘除的。因此，需要确保 num 为整型数据，才可以进行计算。为了保证代码简洁以及拥有单一职责特性，引入装饰器。并且，装饰器对外界无益，需将装饰器变为私有方法，避免外界调用，代码如下：

```python
class Caculate:
    def __checkNum_zsq(func):    # 私有对象，不让外界调用，在外界没有用。
        def inner(self, n):    # 外界的方法会替换成这个，要保证和外界方法
形式一样。
            if not isinstance(n, int):
                raise TypeError("当前的数据类型有问题，应该是一个整型
数据")
            return func(self, n)
        return inner
    @__checkNum_zsq
    def __init__(self, num):
        self.__result = num
```

```
        @__checkNum_zsq
        def jia(self, n):
            self.__result += n
        @__checkNum_zsq
        def jian(self, n):
            self.__result -= n
        @__checkNum_zsq
        def cheng(self, n):
            self.__result *= n
        @__checkNum_zsq
        def chu(self, n):
            self.checkNum(n)
            self.__result /= n
        def show(self):
            print("计算的结果是：%d" % self.__result)
c1 = Caculate(3)
c1.jia(34)
c1.jian(34)
c1.show()
```

以上三份代码结果都是：

```
计算的结果是：3
```

7.4.2　类的继承实训案列

需求：定义小狗、小猫和人 3 个类。

小狗静态属性：姓名，年龄（默认 1 岁）；小狗动态行为：吃饭，玩，睡觉，看家，针对这些动态行为，实现方式是输出一句话，这句话的格式为：名字是谁，年龄多少岁的小狗在干嘛。

小猫静态属性：姓名，年龄（默认 1 岁）；小猫动态行为：吃饭，玩，睡觉，捉老鼠，针对这些动态行为，实现方式是输出一句话，这句话的格式为：名字是谁，年龄多少岁的小猫在干嘛。

人静态属性：姓名，年龄（默认 1 岁），宠物；人动态行为：吃饭，玩，睡觉，针对这些动态行为，实现方式是输出一句话，这句话的格式为：名字是谁，年龄多少岁的人在干嘛。除此之外，还有两个动态行为，①养宠物，具体行为是让所有的宠物吃饭，玩，睡觉，②让宠物工作，具体行为是让所有的宠物根据自己的职责开始工作。

代码如下：

```
class Dog:
    # 在创建一个小狗实例的时候，给它设置几个属性。
    def __init__(self, name, age = 1):
        self.name = name
        self.age = age
    def eat(self):
        # print("名字是%s，年龄%d岁的小狗在吃饭"%(self.name,self.
age))
        print("%s吃饭" % self)
        return self
    def play(self):
        print("%s玩" % self)
        return self
    def sleep(self):
        print("%s睡觉" % self)
        return self
    def watch(self):
        print("%s看家"%self)
    def __str__(self):
        # self 对象本身对字符串的一个描述。
        return "名字是{}，年龄{}岁的小狗在".format(self.name,
self.age)
class Cat:
    def __init__(self, name, age = 1):
        self.name = name
        self.age = age
    def eat(self):
        print("%s吃饭" % self)
        return self
    def play(self):
        print("%s玩" % self)
        return self
    def sleep(self):
        print("%s睡觉" % self)
```

```
            return self
        def catch(self):
            print("%s 捉老鼠 "%self)
        def __str__(self):
            return " 名字是 {}，年龄 {} 岁的小猫在 ".format(self.name,
self.age)
    class Person:
        def __init__(self, name, pets, age = 1):
            self.name = name
            self.age = age
            self.pets = pets
        def eat(self):
            print("%s 吃饭 " % self)
            return self
        def play(self):
            print("%s 玩 " % self)
            return self
        def sleep(self):
            print("%s 睡觉 " % self)
            return self
        def feed_pets(self):
            # 养宠物和让宠物工作所用的知识都是多态。
            for pet in self.pets:
                pet.eat()
                pet.sleep()
                pet.play()
        def make_pets_work(self):
            for pet in self.pets:
                if isinstance(pet, Dog):
                    pet.watch()
                elif isinstance(pet, Cat):
                    pet.catch()
        def __str__(self):
            return " 名字是 {}，年龄 {} 岁的人在 ".format(self.name, self.
age)
    d = Dog(" 小黑 ",18)
    c = Cat(" 小红 ",2)
```

```
    p = Person("BruceLong", [d, c], 24 )
    p.feed_pets()
    p.make_pets_work()
```

若之后需要增加宠物类，那么该宠物有自己独特的职责，程序员就需要去修改"让宠物工作"内部代码结构，这使得程序扩展起来较为繁琐。再者，随着类的增加，方法具体实现内容也跟着增加。因此，可以将每个宠物中的工作方法统一起来，起名为 work，在"让宠物工作"中直接根据 pet 调用所对应的 work 方法。代码可以改为：

```
class Dog:
    def __init__(self, name, age = 1):
        self.name = name
        self.age = age
    def eat(self):
        # print("名字是%s, 年龄%d 岁的小狗在吃饭"%(self.name,self.age))
        print("%s 吃饭" % self)
        return self
    def play(self):
        print("%s 玩" % self)
        return self
    def sleep(self):
        print("%s 睡觉" % self)
        return self
    def work(self):    #将 watch 修改为 work
        print("%s 看家"%self)
    def __str__(self):
        return "名字是{}, 年龄{}岁的小狗在".format(self.name, self.age)
    class Cat:
        def __init__(self, name, age = 1):
            self.name = name
            self.age = age
        def eat(self):
            print("%s 吃饭" % self)
            return self
        def play(self):
```

```
            print("%s 玩 " % self)
            return self
        def sleep(self):
            print("%s 睡觉 " % self)
            return self
        def work(self):    #将 catch 修改为 work
            print("%s 捉老鼠 "%self)
        def __str__(self):
            return " 名字是 {}，年龄 {} 岁的小猫在 ".format(self.name,
self.age)
    class Person:
        def __init__(self, name, pets, age = 1):
            self.name = name
            self.age = age
            self.pets = pets
        def eat(self):
            print("%s 吃饭 " % self)
            return self
        def play(self):
            print("%s 玩 " % self)
            return self
        def sleep(self):
            print("%s 睡觉 " % self)
            return self
        def feed_pets(self):
            for pet in self.pets:
                pet.eat()
                pet.sleep()
                pet.play()
        def make_pets_work(self):
            for pet in self.pets:
                    pet.work()    #直接调用 pet 所对应的 work 方法。
        def __str__(self):
            return " 名字是 {}，年龄 {} 岁的人在 ".format(self.name, self.
age)
    d = Dog(" 小黑 ",18)
    c = Cat(" 小红 ",2)
```

```
    p = Person("BruceLong", [d, c], 24 )
    p.feed_pets()
    p.make_pets_work()
```

至此，对需求已经进行简单的实现。但是，在实现的过程中，存在一些问题。目前的代码是针对每个类单独实现。然而，每个类是有大量相同的部分，比如，相同的属性和方法。这就使得代码的冗余度增加。针对这种情况，可以通过类的继承解决，代码如下：

```
class Animal:
    def __init__(self, name,age=1):
        self.name = name
        self.age = age
    def eat(self):
        print("%s 吃饭 " %self)
    def play(self):
        print("%s 玩 " %self)
    def sleep(self):
        print("%s 睡觉 " %self)
    def __str__(self):
        return "名字是{}，年龄{}岁的人在".format(self.name, self.
age)
class Person(Animal):
    def __init__(self, name, pets,age=1):
        super().__init__(name,age)
        self.pets=pets
    def eat(self):
        print("%s 吃饭 " %self)
    def play(self):
        print("%s 玩 " %self)
    def sleep(self):
        print("%s 睡觉 " %self)
    def yang_pets(self):
        for pet in self.pets:
            pet.eat()
            pet.play()
            pet.sleep()
```

```
        def make_pets_work(self):
            for pet in self.pets:
                pet.work()
        def __str__(self):
            return  "名字是{},年龄{}岁的人在".format(self.name, self.
age)
    class Cat(Animal):
        def work(self):
            print("%s 捉老鼠" %self)
        def __str__(self):
            return  "名字是{},年龄{}岁的小猫在".format(self.name,
self.age)
    class Dog(Animal):
        def work(self):
            print("%s 看家" %self)
        def __str__(self):
            return  "名字是{},年龄{}岁的小狗在".format(self.name,
self.age)
    d = Dog('小黑',18)
    c=Cat('小红',2)
    p=Person('sz',[d,c],18)
    p.yang_pets()
    p.make_pets_work()
```

以上三份代码结果都是：

```
名字是小黑,年龄18岁的小狗在吃饭
名字是小黑,年龄18岁的小狗在玩
名字是小黑,年龄18岁的小狗在睡觉
名字是小红,年龄2岁的小猫在吃饭
名字是小红,年龄2岁的小猫在玩
名字是小红,年龄2岁的小猫在睡觉
名字是小黑,年龄18岁的小狗在看家
名字是小红,年龄2岁的小猫在捉老鼠
```

7.5 面向对象编程综合应用

标题：面向对象版学员管理系统。

目标：了解面向对象开发过程中类内部功能的分析方法；了解常用系统功能：添加、删除、修改以及查询。

7.5.1 系统需求

使用面向对象编程思想完成学员管理系统的开发：

- 系统要求：学员数据存储在文件中。
- 系统功能：添加学员、删除学员、修改学员信息、查询学员信息、显示所有学员信息、保存学员信息以及退出系统等功能。

7.5.2 准备程序文件

1. 分析

角色：学员、管理系统。

注意：为了方便维护代码，一般一个角色一个程序文件；项目要有主程序入口，习惯为 main.py。

2. 在 Pycharm 中创建程序文件

创建项目目录，例如：StudentManagerSystem。

程序文件：

- 程序入口文件：main.py。
- 学员文件：student.py。
- 管理系统文件：managerSystem.py。

7.5.3 书写程序

1. student.py

需求：

- 学员信息包含：姓名、性别、手机号。
- 添加 __str__ 方法魔法方法，方便学生查看学员对象信息。

代码如下：

```
class Student(object):
    def __init__(self, name, gender, tel):
        self.name = name
        self.gender = gender
        self.tel = tel
    def __str__(self):
        return f'{self.name}, {self.gender}, {self.tel}'
```

2. managerSystem.py

需求：

· 存储数据的位置：文件（student.data）；加载文件数据，修改数据后保存到文件。

· 存储数据的形式：列表存储学员对象。

· 系统功能：添加学员、删除学员、修改学员、查询学员信息、显示所有学员信息以及保存学员信息。

（1）定义类。代码如下：

```
class StudentManager(object):
    def __init__(self):
        # 存储数据所用的列表
        self.student_list = []
```

（2）管理系统框架。

需求：系统功能循环使用，用户输入不同的功能序号执行不同的功能。

步骤：

定义程序入口函数：加载数据，显示功能菜单，用户输入功能序号，根据用户输入的功能序号执行不同的功能，代码如下：

```
# 程序入口函数
    def run(self):
        # 加载学员信息
        while True:
            # 显示功能菜单
            # 用户输入目标功能序号
            menu_num = int(input('请输入您需要的功能序号:'))
            # 根据用户输入的序号执行不同的功能 -- 如果用户输入1，执行添加。
            if menu_num == 1:
```

```
            # 添加学员信息
            pass
        elif menu_num == 2:
            # 删除学员信息
            pass
        elif menu_num == 3:
            # 修改学员信息
            pass
        elif menu_num == 4:
            # 查询学员信息
            pass
        elif menu_num == 5:
            # 显示所有学员信息
            pass
        elif menu_num == 6:
            # 保存学员信息
            pass
        elif menu_num == 7:
            # 退出系统
            break
```

定义系统功能函数：添加、删除学员等，代码如下：

```
    # 程序入口函数
    def run(self):
        # 加载学员信息
        self.load_student()
        while True:
            # 显示功能菜单
            self.show_menu()
            # 用户输入目标功能序号
            menu_num = int(input('请输入您需要的功能序号:'))
            # 根据用户输入的序号执行不同的功能 -- 如果用户输入 1，执行添加。
            if menu_num == 1:
                # 添加学员信息
                self.add_student()
            elif menu_num == 2:
                # 删除学员信息
```

```
                    self.del_student()
            elif menu_num == 3:
                # 修改学员信息
                self.modify_student()
            elif menu_num == 4:
                # 查询学员信息
                self.search_student()
            elif menu_num == 5:
                # 显示所有学员信息
                self.show_student()
            elif menu_num == 6:
                # 保存学员信息
                self.save_student()
                print("信息已成功保存! ")
            elif menu_num == 7:
                # 退出系统
                break
    # 系统功能函数
    # 显示功能函数
    @staticmethod
    def show_menu():
        print("请选择如下功能 ------------------")
        print("1.添加学员 ")
        print("2.删除学员信息 ")
        print("3.修改学员信息 ")
        print("4.查询学员信息 ")
        print("5.显示所有学员信息 ")
        print("6.保存学员信息 ")
        print("7.退出系统 ")
    # 添加学员
    def add_student(self):
        print("添加学员")
    # 删除学员
    def del_student(self):
        print("删除学员")
    # 修改学员信息
    def modify_student(self):
```

```
            print("修改学员信息")
        # 查询学员信息
        def search_student(self):
            print("查询学员信息")
        # 显示所有学员信息
        def show_student(self):
            print("显示所有学员信息")
        # 保存学员信息
        def save_student(self):
            print("保存学员信息")
        # 加载学员信息
        def load_student(self):
            print("加载学员信息")
```

3. main.py

代码如下：

```
from managerSystem import *
if __name__ == '__main__':
    student_manager = StudentManager()
    student_manager.run()
```

4. 定义系统功能函数

（1）添加功能。

需求：用户输入学员姓名、性别、手机号，将学员添加到系统。

步骤：

• 用户输入姓名、性别、手机号；

• 创建该学员对象；

• 将该学员对象添加到列表。

代码如下：

```
# 2.2 添加学员
    def add_student(self):
        # 1.用户输入姓名、性别、手机号
        name = input('请输入学员姓名:')
        gender = input('请输入学员性别:')
        tel = input('请输入学员手机号:')
```

```
# 2.创建学员对象
student = Student(name, gender, tel)
# 3.将该对象添加到学员列表
self.student_list.append(student)
# 打印信息
print(student)
# print(self.student_list)
```

（2）删除学员。

需求：用户输入目标学员姓名，如果学员存在则删除该学员。

步骤：

• 用户输入目标学员姓名；

• 遍历学员数据列表，如果用户输入的学员姓名存在则删除，否则就提示该学员不存在。

代码如下：

```
# 2.3删除学员
    def del_student(self):
        # 1.用户输入删除目标学员姓名
        del_name = input('请输入要删除的学员姓名:')
        # 2.如果用户输入的目标姓名存在则删除,不存在则报错
        for i in self.student_list:
            if i.name == del_name:
                self.student_list.remove(i)
                break
        else:
            print("查无此人! ")
        # 打印学员列表,验证删除功能
        print(self.student_list)
```

（3）修改学员信息。

需求：用户输入目标学员姓名，如果学员存在则修改该学员信息。

步骤：

• 用户输入目标学员姓名；

• 遍历学员数据列表，如果用户输入的学员姓名存在则修改学员的姓名、性别、手机号数据，否则就提示该学员不存在。

代码如下：

```
# 2.4 修改学员信息
    def modify_student(self):
        # 1.用户输入目标学员姓名
        modify_name = input("请输入要修改的学员姓名:")
        # 2.如果用户输入的目标学员姓名存在，则修改学员的姓名、性别和手机
号，否则输出查无此人
        for i in self.student_list:
            if i.name == modify_name:
                i.name = input("请输入学员姓名:")
                i.gender = input("请输入学员性别:")
                i.tel = input("请输入学员手机号:")
                print(f"修改该学员信息成功，姓名 {i.name}，性别
{i.gender}，手机号 {i.tel}")
                break
            else:
                print("查无此人!")
```

（4）查询学员信息。

需求：用户输入目标学员姓名，如果学员存在则打印该学员信息。

步骤：

• 用户输入目标学员姓名；

• 遍历学员数据列表，如果用户输入的学员姓名存在则打印学员信息，否则就提示该学员不存在。

代码如下：

```
# 2.5 查询学员信息
    def search_student(self):
        # 1.用户输入目标学员
        search_name = input("请输入要查询的学员姓名:")
        # 2.学员信息存在则打印，否则提示学员信息不存在
        for i in self.student_list:
            if search_name == i.name:
                print(f'姓名:{i.name}，性别:{i.gender}，手机号:{i.
tel}')
                break
```

```
        else:
            print(" 查无此人 ")
```

（5）显示所有学员信息。代码如下：

```
# 2.6 显示所有学员信息
    def show_student(self):
        # 1. 打印表头
        print(" 姓名 \t 性别 \t 手机号 ")
        # 2. 打印学员数据
        for i in self.student_list:
            print(f'{i.name}\t{i.gender}\t{i.tel}'
```

（6）保存学员信息。代码如下：

```
# 2.7 保存学员信息
    def save_student(self):
        # 1. 打开文件
        f = open("student.data",'w')
        # 2. 文件写入数据
        # 2.1[ 学员对象 ] 转化为 [ 字典 ]
        new_list = [i.__dict__ for i in self.student_list]
        # 2.2 文件写入字符串数据
        f.write(str(new_list))
        # 3. 关闭文件
        f.close()
```

（7）加载学员信息。代码如下：

```
# 2.8 加载学员信息
    def load_student(self):
        # 1. 打开文件尝试 r 打开，如有异常 w
        try:
            f = open("student.data", 'r')
        except:
            f = open("student.data", 'w')
        # 2. 读取数据文件读取出的数据是字符串还原列表类型 [{}] 转换 [ 学员
对象 ]
        else:
```

```
            data = f.read()
            new_list = eval(data)
            self.student_list = [Student(i['name'], i['gender'],
i['tel']) for i in new_list]
        # 3.关闭文件
        finally:
            f.close()
```

总 结

> 掌握类的基础语法；
> 掌握继承的定义、方法的重写；
> 熟悉 isinstance()、__call__() 以及 @property 装饰器；
> 理解类的基础语法实训案列、类的继承实训案列；
> 了解面向对象编程综合应用。

拓展阅读

在党的二十大报告中，强调要"坚持党的团结统一，加强党同人民群众的血肉联系"，并提出"我们要坚持对外开放的基本国策，坚持互利共赢的开放战略"。

在本章所学习的面向对象编程中，类和对象之间存在密切的关联，类的属性和方法可以被对象共享和调用，同时面向对象的编程思想也强调了封装和继承的概念，通过封装和继承可以实现代码的复用和扩展，体现了团结统一、协作互助的精神。

习 题

一、选择题

1.面向对象方法的基本观点是一切系统都是由（　　）构成。

A. 类

B. 对象

C. 函数

D. 方法

196

2. 关于类和对象说法正确的是（   ）。

A. 根据一个类可以创建多个对象，而每个对象只能是某一个类的对象

B. 根据一个类只能创建多个对象，而每个对象只能是某一个类的对象

C. 根据一个类可以创建多个对象，而每个对象可以属于多个类

D. 根据一个类只能创建一个对象，而每个对象可以属于多个类

3. 已知 stu1 和 stu2 是 Student 类的两个对象，则执行"stu1>stu2"时会自动执行 Student 类的（   ）方法。

A.__It__   B.__gt__

C.__ge__   D.__le__

4. 已知 Student 类是一个空类，则通过"Student.name='unknown'语句增加的属性可以通过（   ）访问。

A. 仅对象名   B. 无法访问   C. 类名或对象名   D. 仅类名

5. 已知通过"stu=Student（'1810101'，'李晓明'）"可以创建一个 Student 类对象并赋给 stu，则创建该对象时所执行的构造方法的形参个数（不考虑不定长参数的情况）为（   ）。

A. 2   B. 1   C. 3   D. 4

6. 关于类方法的说法错误的是（   ）。

A. 类方法是指使用 @classmethod 修饰的方法

B. 类方法的第一个参数是类本身（而不是类的实例对象）

C. 类方法既可以通过类名直接调用，也可以通过类的实例对象调用

D. 类方法只能通过类名直接调用

7. 关于静态方法的说法错误的是（   ）。

A. 静态方法是指使用 @staticmethod 修饰的方法

B. 静态方法的第一个参数是类本身（而不是类的实例对象）

C. 静态方法既可以通过类名直接调用，也可以通过类的实例对象调用

D. 静态方法中没有类方法中的第一个类参数

8. 关于 super 方法的说法错误的是（   ）。

A.super 方法用于获取父类的代理对象，以执行已在子类中被重写的父类方法

B.super 方法有两个参数：第一个参数是要获取父类代理对象的类名

C. 在一个类 A 的定义中调用 super 方法时，可以将两个参数都省略，此时，super() 等价于 supcr（A,self）

D. 第二个参数必须传入对象名，该对象所属的类必须是第一个参数指定的类或该类的子类，找到的父类对象的 self 会绑定到这个对象上

9. 判断一个对象所属的类是否是指定类或者指定类的子类，应使用内置函数（　　）。

A. isinstance　　　　　　B. issubclass　　　　C. type　　　　　　D. isclass

10. 为 A 类中的 t 属性定义一个获取属性值的方法（即 getter），则应使用（　　）装饰器。

A. @property　　　　　　　　　　　　　　　B. @t.getter

C. @property.getter　　　　　　　　　　　　D. t.property.getter

二、解答题

1. 与面向过程方法相比，面向对象方法有什么优点？

2. 哪些内置方法比较常用？

3. 类方法和静态方法有什么区别？

三、操作题

定义 Circle 类，要求：包括私有属性 _radius，构造函数为半径赋值，构造函数的默认参数值为 0，析构函数输出适当信息，普通方法 SetRadius 用于设置半径，普通方法 Area 返回圆面积，内置方法 __str__ 用于输出圆面积，内置方法 __gt__ 用于比较两个圆面积大小，并创建两个实例分别验证上述功能。

第 8 章　Python 文件操作

内容要点:

▧ Python 文件读写的内容;

▧ Python 目录操作的内容;

▧ Python 高级文件操作。

思政目标:

▧ 通过本章的学习, 培养学生理论要用实践来证明的意识。

8.1　文件对象

在 Python 中万物皆对象, 文件也不例外。文件可存储海量数据, 如文学作品、交通数据、数字信息数据等。当需要对存储在文件中的信息做分析、修改或存储时, 则必须先进行文件的读取, 例如: 当需要在浏览器中显示特定的内容时, 要先读取当前的文件, 然后将这些数据格式重新设置并将其写入文件, 最后通过浏览器进行显示。那么此时要操作的对象是什么呢? 又如何获取要操作的对象呢? 读写文件是一种常见的 I/O 操作, 执行 I/O 的能力是由操作系统提供的。目前操作系统不允许普通程序直接操作硬盘。因此, 在读写文件时, 必须要求操作系统打开一个对象(通常是 File Descriptor 简称 fd), 这就是程序中要处理的文件对象。

通常, 高级编程语言具有通过接收诸如"文件路径"和"文件打开方式"等参数来打开文件对象的内置功能函数。使用 Python 的内置函数 open() 打开文件、创建文件对象并返回该文件对象的文件描述符, 因此可以通过该函数获取要操作的文件对象。同时, 文件读写完成后应及时关闭: ①文件对象占用了操作系统的资源; ②操作系统对可以同时打开的文件描述符的数量有限制, 而且如果不及时关闭文件, 也可能导致数据丢失。因为向文件写入数据时, 操作系统并不会立即将数据写入磁盘, 而是先将数据放入内存缓冲区, 然后异步写入磁盘。当 close() 函数被调用时, 操作系统会保证将任何没有写入硬盘的数据写入硬盘, 否则数据可能会丢失。

在操作文件时, 首先要用 Python 内置的 open() 函数打开文件并创建文件对象, 然后通过文件对象提供的方法进行读 read()、写 write()、关闭 close() 等基(basic)文件操作,下面将依次介绍文件对象的创建以及文件的读、写、关闭操作。

8.1.1 创建和打开文件

本章中的所有示例都使用 Windows 路径名。如果用户使用其他平台，请将其替换为系统中的实际路径。在 Windows 系统上，反斜杠 "\\" 是 Python 字符串中的特殊字符，使用时必须将反斜杠转义（即需要两个反斜杠 "\\\\" 来表示），例如路径：D:\\Program Files 在 Python 字符串中应为："D:\\\\Program Files"；同时可以将字母 r 放在字符串开头的引号前面，以实现对反斜杠的特殊处理，例如：r "D:\\\\Program Files"。下面的所有示例文件都使用字符串对象来存储、创建和访问相关路径。

1. 创建和打开文件

使用本章讨论的文件处理函数打开文件时，可以使用相对路径（路径是相对于当前目录，当前目录是指程序或 Python 运行的位置）或绝对路径（在磁盘或文件系统中从根目录开始的路径），例如：/tmp/sample.txt 是绝对路径，而 sample.txt 是相对路径，因为它没有指定具体的上层目录。

在系统上创建一个新文件，即创建一个文件对象来告诉 Python 你要向文件中写入数据。文件对象表示对文件的引用而不是操作文件本身，通过使用内置的 open() 函数为初始化输入/输出（I/O）操作提供通用接口。open() 函数成功打开文件后，返回一个文件对象；如果该文件不存在，Python 可以自动创建该文件。如果操作失败，Python 会生成 IOError 异常。内置函数 open() 的基本语法如下：

```
文件对象 = open (文件名, 访问模式, buffering)
```

整型参数 buffering 是可选变量，用于指定访问文件所采用的缓冲方式。如果 buffering=0，则不缓冲；如果 buffering=1，则只缓冲一行数据；如果 buffering 大于 1，则使用指定值作为缓冲区大小。

```
open() 函数的原型如下所示:
open(file, mode='r', buffering=-1, encoding = None, errors = None,
newline = None, closefd = True,  opener= None)
```

参数说明：

• file：文件路径，必选变量，通常需要包含路径，可以是相对路径，也可以是绝对路径。

• mode：指定打开文件的模式，默认值为 'r'，可选变量。

mode 是一个字符串，代表文件打开的模式。通常文件使用模式 "r" "w" 或是 "a"

模式来打开，分别代表读取、写入和追加。还有一个' U'模式，代表支持通用换行符。以"r"或"U"模式打开的文件必须已经存在。如果以"w"模式打开的文件存在，它将首先被删除，然后（重新）创建。以"a"模式打开的文件准备附加数据，所有写入的数据都附加到文件末尾。如果文件不存在将会被自动创建，类似于"w"模式打开文件（如果用户是 C 程序员，会发现这些也是 C 库函数 fopen() 中使用的模式，fopen() 支持的其他模式也可以在 Python 的 open() 下工作）。其中"+"代表可读可写，"b"代表二进制模式访问，关于"b"有一点需注意：对于所有兼容 POSIX 的 Unix 系统（包括 Linux），字符"b"是非必要的，因为它们将所有文件都视为二进制文件，包括文本文件。"b"也可以出现在表示文件打开方式的字符串中，但不能作为第一个字符出现。有关文件访问模式的详细列表，详细说明见表 8-1。如果未指定模式，则自动使用默认值' r'。

表 8-1　文件访问模式参数说明

参　数	含　义
'r'	以只读方式打开文件，若文件不存在报错
'w'	以覆盖写方式打开文件，此时文件内容会被清空；如果文件不存在则会新建一个文件
'a'	以追加写模式打开文件，从文件末尾开始编辑，如果文件不存在则会新建一个文件
'x'	以创建模式打开文件，若文件存在则报错
'r+'	以读写模式打开文件
'w+'	以读写模式打开文件
'a+'	以追加的读写模式打开文件
'rb'	以二进制读模式打开文件
'wb'	以二进制写模式打开文件
'ab'	以二进制追加模式打开文件
'rb+'	以二进制读写模式打开文件
'wb+'	以二进制读写模式打开文件
'ab+'	以二进制读写模式打开文件

- buffering：指定缓冲策略，一般保持默认设置，可选变量。

- encoding：指定编码方式，默认为 None，可选变量，表示将使用当前操作系统的默认编码方式。本书使用的中文版 Windows 操作系统采用 GBK 标准编码。由于很多文本编辑器的默认编码与操作系统不同，如图 8-1 所示，所以在打开文件时应使用 encoding 参数通知 open() 函数编码方式是什么。假设编码方式为 utf-8，设置 encoding = 'utf-8'。注意：Python 使用的默认编码由当前操作系统决定。

- error：指定错误级别，默认值为 None，可选变量，表示当前使用的是严格（strict）

模式，通常保持默认设置。

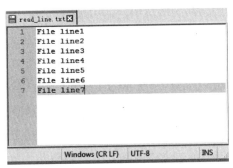

图 8-1　查看文本编辑器的编码方式

• Newline：指定换行符，默认值为 None，可选变量，表示使用通用换行模式（universal newline mode），即读取 '\n'、'\r' 或 '\r\n' 时被视为 '\n' 返回；写入时，每个 '\n' 字符都被视为系统的标准换行符，通常保留默认设置。

• closefd：指定是否应该关闭文件描述符（file descriptor），默认值为 True，可选变量，表示传递给 open() 函数的是一个文件名，而不是一个文件描述符。文件对象关闭后，相应的文件描述符也关闭，通常保留默认设置。

• opener：传递自定义打开文件的方法，默认为 None，可选变量，表示 Python 中默认打开文件的方法，通常保持默认参数。

注意：Python 严格区分打开文件模式是二进制文件模式（binary）还是文本文件模式（text）。二进制文件模式，mode 参数中加 b，例如 'rb', 'wb'。如果文件打开成功，open() 函数返回一个没有编码的字节（bytes）文件对象。图片和声音等文件通常以二进制文件模式打开。

【例 8-1】以二进制模式打开文件，代码如下：

```
f = open('D:\open_f.txt', 'rb')
print(type(f))
f.close()
```

运行结果如下：

```
<class '_io.BufferedReader'>
```

文本文件模式，mode 参数中加 t，或不附加 b/t，例如 'rt'、'r'（'r' 和 'rt' 是代表相同场景），'w', 'wt'；如果文件打开成功，open() 函数返回按照操作系统的默认编码方式或 encoding 参数指定的编码方式解码后的字符串文件对象，文本文件通常以文本文件模式打开。

【例 8-2】以文本模式打开文件，代码如下：

```
f = open('D:\open_f.txt', 'r')
print(type(f))
f.close()
```

运行结果如下：

```
<class '_io.TextIOWrapper'>
```

mode 参数可以通过按照"[打开模式]+[文件模式]+[更新]"组合，例如：

- rb：以只读模式打开二进制文件，参阅例 8-1。
- wb：以只写模式打开二进制文件。
- at：以追加模式打开文本文件。
- a+：以追加读写模式打开文本文件。

提示：也可以使用 file() 函数打开文件，file() 函数和 open() 函数的用法一致。

打开文件只是访问文件的准备工作，open() 函数的具体使用将在后面结合读写文件的实例一起介绍。

8.1.2 关闭文件

与打开文件对应的操作是关闭文件。关闭文件是指把缓冲区内部还没有写入文件的数据写入文件，然后关闭文件。文件关闭后，不能再进行读写操作。

关闭文件用文件对象的 close() 方法实现，其格式为：

```
f = open( 文件名 , 访问模式 ,buffering)
使用对象 f 进行文件读写操作
f.close()
```

打开文件后，可以对文件进行读写操作。操作完成后，应该调用 close() 函数关闭文件，释放文件资源，其方法如下。

【例 8-3】打开文件后进行关闭。代码如下：

```
f = open('D:\open_f.txt', 'r')
f.close()
```

注意：文件的打开与关闭操作一定要成对使用，以免对文件造成不必要的损坏。

8.1.3 读取文件

Python 提供了一组读取文件内容相关的方法，见表 8-2。

表 8-2　Python 文件读取的方法

方　法	功　能
read（size= -1）	读取 size 个字符，到达结束符 EOF 文件末尾后停止读取；默认值为 -1，表示读取直到 EOF 的所有字符
readline（size= -1）	读取 size 个字符，遇到换行符 '\n' 或 EOF 后停止读取；默认值为 -1，表示读取换行符之前的所有字符；出现 EOF 后，返回空字符串
readlines（hint=-1）	读取不超过 hint 个字符的行，并将它们作为列表返回；默认值为 -1，表示读取 EOF 之前的所有行，并作为列表返回
seek（offset,whence=0）	设置文件的当前位置；wherece=0，表示从头开始；whence=1，从当前位置开始；wherece=2，从尾开始；如果 offset 为正，则文件指针向前移动；如果是负数，则文件指针向后移动
tell()	返回文件当的前位置

1. read() 方法

当前有一个多行文件 read_line，进行文件读取：打开 "read_line.txt" 文件后，依次进行每一行文件的读取。为了读取刚才建立的文件，将表示打开方式的参数改为 r，字符 r 是单词 read 的第一个字母，表示以读取方式打开文件，接着为读取的内容赋值，存放到变量中，然后在程序的最后增加输出语句，校验读取的内容。

【例 8-4】 读文件操作示例。代码如下：

```
rfile = open("D:/read_line.txt", 'r')
text=rfile.read()
rfile.close()
print (text)
```

第一行代码使用 "r" 模式打开 D 盘中的数据文件 read_line.txt，第二行代码调用 read() 函数从文件中读取所有文本并存入 text 变量中，第三行代码关闭文件，第四行代码输出已读取的文本。保存并运行程序，即可看到数据文件的内容已成功打印在屏幕上。

```
File line1
File line2
File line3
File line4
```

```
File line5
File line6
File line7
```

2. readline() 方法

除了 read() 函数之外，还可以用 readline() 按顺序读取文件的一行。

【例 8-5】使用 readline 函数读取文件的一行，代码如下：

```
rfile=open("D:/read_line.txt", 'r')
line_1=rfile.readline()
line_2=rfile.readline ()
rfile.close()
print(line_1)
print(line_2)
```

以上代码调用 readline() 分别保存到 line_1 和 line_2 变量中。注意：读取行时会把换行符也一并读取，以上代码的运行结果如下：

```
File line1

File line2

>>>
```

每次输出相当于两次换行，第一次换行是从文件中读取的' \n'，第二次换行是 print 函数的自动换行。

3. readlines() 方法

还可以调用 readlines() 读取文件中的所有行。

【例 8-6】使用 readlines 函数读取文件中的所有行，代码如下：

```
rfile=open("D:/read_line.txt", 'r')
r_lines=rfile.readlines()
rfile.close()
for line in r_lines:
    line=line.replace('\n','')
    print(line)
```

以上的代码调用 readlines() 函数读取文件中所有行，返回一个列表变量，并将其存储在变量 r_lines 中。同样，在此函数读取的每一行之后，都会保留换行符 '\n'。第四行代码首先使用 for 循环输出 r_lines 中的每个变量，在调用 print() 函数输出结果之前，先用 replace() 函数去掉换行符 '\n'，代码的运行结果如下：

```
File line1
File line2
File line3
File line4
File line5
File line6
File line7
```

8.1.4　写入文件

Python 提供了一组向文件中写入数据的方法，见表 8-3。

表 8-3　Python 文件写入的方法

方　法	功　能
write（line）	将字符串 line 写入文件，并返回写入的字符数
writelines（lines）	将包含行字符串的列表行 lines 入文件，如果需要换行，则需要手动向每个行字符串添加换行符
flush()	立即更新文件缓冲区，并将缓冲区中的数据写入文件

1.　write() 方法

使用 write() 方法向文件中写入内容，其方法如下：

```
f. write（写入的内容）
```

参数 f 是写入内容的文件对象。

【例 8-7】使用 write() 方法写入文件内容，代码如下：

```
fname = input ("请输入文件名：")
# 打开文件，返回一个文件对象
f = open(fname,'w')
content = input ("请输入写入的内容：")
f.write(content)
# 关闭文件
f.close()
```

程序首先使用 input() 方法提示用户输入文件名，然后调用 open() 方法打开文件，以写入的方式。接着从键盘输入要写入的内容，最后调用 write() 方法将内容写入文件，并通过 close() 方法关闭文件。例如，输入文件名为 write_f.txt，写入的内容为 Write a file，运行结果如下：

```
请输入文件名：write_f.txt
请输入写入的内容：Write a file
```

图 8-2　write 方法写文件运行结果

运行后，会在脚本同目录下创建一个 write_f.txt 文件，其内容为 write a file，如图 8-2 所示。

2. writelines() 方法

可以使用 writelines() 方法将字符串序列写入文件，其方法如下：

```
f.writelines（seq）
```

参数 f 是写入内容的文件对象，参数 seq 是返回的字符串序列（列表、元组、字典、集合等）。请注意，写入时不会将换行符追加到每个序列元素。

【例 8-8】使用 witelines() 方法写入文件内容，代码如下：

```
name_list = ['Amy','Jack','Bobo','Jim']
fname = input("请输入文件名：")
# 打开文件，返回一个文件对象
f = open(fname,'w')
# 向文件中写入列表 name_list 的内容
f.writelines(name_list)
# 关闭文件
f.close()
```

例如，输入文件名为 write_name_f.txt，写入的内容为 name_list，运行结果如下：

```
请输入文件名：write_name_f.txt
```

运行后，在脚本同目录下创建了一个 write_name_f.txt 文件，其内容为所输入的姓名内容，如图 8-3 所示。

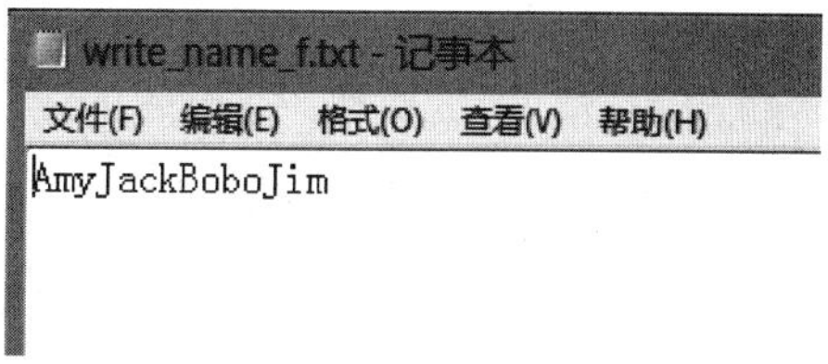

3. 追加写入

当以 w 为参数调用 open() 方法时，写入文件时会覆盖文件的原始内容。如果要向文件中添加内容，可以调用带有 a 或 a+ 作为参数的 open() 方

图 8-3　writlinese 方法写文件运行结果

207

法来打开文件。

【例 8-9】追加写入文件内容，代码如下：

```
fname = input("请输入文件名：")
# 打开文件，返回一个文件对象
f = open(fname, 'w')
content = input("请输入内容：")
f.write(content)
# 关闭文件
f.close()
# 以追加模式打开文件，返回一个文件对象
f = open(fname, 'a')
f.write("追加写入 NEW 内容，原文件内容不受影响")
# 关闭文件
f.close ()
```

首次写入文件内容并关闭文件后，再次以追加模式打开文件，写入字符串"追加写入 NEW 内容，原文件内容不受影响"。执行后，打开创建的文件，确保之前输入的内容还在文件中，并且后面还有新追加内容。

例如，输入文件名为 write_f_a.txt，写入的内容为 old content，运行结果如下：

```
请输入文件名：write_file_append.txt
请输入内容：old content
```

运行程序后，在脚本同目录下创建了一个 write_f_a.txt 文件，其内容包括从键盘输入和追加的内容，如图 8-4 所示。

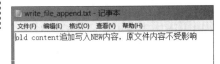

图 8-4　追加方法写文件运行结果

8.1.5　with 语句

文件打开和关闭操作必须成对进行，以免对文件造成不必要的损坏。但是，在实际编写代码时，程序员偶尔会在打开文件后忘记关闭。如果再次打开同一个文件，这将导致错误。为了避免程序中出现类似的错误，Python 提供了 with 语句来自动关闭文件。使用 with 语句含占用资源和产生异常的语句，让 Python 实现自动化的资源管理解决方案。

with 语句的基本语法格式如下：

```
with expression [as var]:
    with target
```

expression 是一个需要执行的任意表达式，as var 是可选参数；target 是一个变量或者元组，存储的是 expression 表达式执行返回的结果，可选参数。

【例 8-10】使用 with 语句管理文件文件资源，代码如下：

```
with open("D:/read_line.txt", 'r') as rfile:
    lines=rfile. readlines ()
    for line in lines:
        line=line. replace('\n', '')
        print (line)
```

上述代码中，原来打开文件的代码放在 with 语句之后，用 as 关键字代替原来的赋值语句，后面读取文件内容的语句放在 with 语句块中。with 语句的作用是无论语句块中的代码是否执行完毕，语句块占用的资源最终都会被释放。结合例 8-3，即不论程序是否可以正常打开文件或读取文件内容，最终肯定会关闭打开的文件，因此可以删除后续关闭文件的代码，使程序更加简洁明了。保存并运行程序，文件成功打开后，with 语句将释放此代码占用的系统资源。

```
File line1
File line2
File line3
File line4
File line5
File line6
File line7
```

与"open():close()"成对调用相比，用 with 语句实现文件读写操作，更加简洁优雅，更加符合 Python 的程序设计风格，让程序员可以聚焦于文件操作本身，而不用时刻担心 close() 有没有跟 open() 成对使用。

8.2 目录和路径

目录，是保存文件的文件夹，文件可以通过目录有逻辑有层次地存放。应用程序中常见的目录操作包括目录创建、查询、遍历、删除、访问当前目录和访问目录内容等，由 os 和 os.path 模块中的函数实现。

8.2.1　os 模块和 os. path 模块

1. os 模块

os 模块中与目录操作相关的函数有：查询当前工作路径、创建目录、删除目录等，常见函数见表 8-4。

表 8-4　os 模块中的目录操作

函数 / 属性	功　能
os.name	返回当前操作系统类型
os.sep	返回当前操作系统所使用的路径分隔符
os.access（path, mode）	返回指定文件 / 目录的访问权限。path 可以为文件 / 目录；mode 参数为 os.F_OK 时，测试 path 是否存在；mode 为 os.R_OK 时，测试 path 是否可读；mode 为 os.W_OK 时，测试 path 是否可写；mode 为 os.X_OK 时，测试 path 是否可执行
os.chdir（path）	把指定目录 path 设置为当前工作目录
os.chmod（path, mode）	修改文件 / 目录的访问权限，path 可以为文件 / 目录，无返回值
os.getcwd()	返回当前工作路径（current working directory）
os.listdir（path）	返回指定目录 path 下的文件夹包含的文件或文件夹的名字的列表，默认值为 None，即为当前目录
os.mkdir（path）	创建目录（直接括号中输入路径及新建的目录名称）；如果目录有多级，则创建最后一级；如果最后一级目录的上级目录有不存在的，则会抛出一个 OSError；如果指定目录已存在，引发 FileExistsError 错误
os.makedirs（path, mode）	递归创建目录；与 mkdir() 的区别：mkdir() 只创建最后一级目录，若中间级目录不存在，则会报错；makedirs() 不仅创建最后一级目录，若中间目录不存在也会一并创建；如果 path 只有一级，则与 mkdir() 函数相同
os.rmdir（path）	删除目录，如果目录不存在，引发 FileNotFoundEror 错误。
os.removedirs（path）	递归删除目录，把 path 指定的多级目录中的所有空目录全部删掉，目录不为空，则抛出 error；与 rmdir() 的区别 rmdir 只删除最后一级目录；removedis() 删除 path 指定的多级目录中所有空目录

2. os. path 模块

os. path 模块中与目录操作相关的函数：判断目录或文件是否存在、获取扩展名或文件名、获取绝对路径等，常见函数见表 8-5。

表 8-5 os. path 模块中的目录操作

函　数	功　能
os.path.exists（path）	判断目录或文件是否存在，如果存在则返回 True，否则返回 False
os.path.splitext()	分离文件名和扩展名
os.path.basename（path）	从目录中提取文件名
os.path.dirname（path）	获取一个文件的上级绝对路径
os.path.isdir（path）	用于判断一个目录是否有效，有效返回 True，无效返回 False
os.abspath（path）	获取文件或目录的绝对路径

8.2.2 路径

路径是用于查找文件或文件夹的字符串。目录由路径分隔符进行分隔。使用 os.sep 可以查询到不同的操作系统使用的不同路径分隔符。

路径分为绝对路径和相对路径。绝对路径是指文件的真正存在的路径，即从硬盘的根目录（盘符）开始，进行一级级目录指向文件。例如："D\Python\ch5\test.txt"。相对路径是以当前文件为基准进行一级级目录指向被引用的资源文件。当前工作目录可以通过 os.getcwd() 找到。Python 解释器通过连接当前工作目录和相对路径来获取完整路径。比如当前工作目录为"D:\Python\ch5"，输入相对路径"test.txt"，会得到 test.txt 文件的完整路径为"D:\Python\ch5\test.txt"。

在 Windows 中，路径分隔符是一个反斜杠"\"，它与字符串中的转义字符"\"完全相同。为了进行区别，在 Windows 中可以通过以下 3 种方形式正确表达路径字符串：

- 双反斜杠 '\\'，例如 'D:\\Python\\ch5\\test'。
- 在字符串前加一个小写的 r，例如 r'D:\Pythonb\ch5\test'。
- 使用单个正斜杠 '/'，例如 'D:/Python/ch5/test'。

路径操作函数位于 os. path 模块中，主要包括获取文件或文件夹的绝对路径、关联目录和文件名等，见表 8-6。

表 8-6 路径操作

函　数	功　能
abspath（path）	返回 path 指定的文件 / 文件夹的绝对路径
basename（path）	返回 path 路径中的最后一级文件名 / 文件夹名
dirname（path）	从 path 路径中提取目录名称
exists（path）	检测目录 pah 是否存在，若存在，返回 True；若不存在，返回 False
getsize（file）	返回指定文件 file 的大小

函　数	功　能
isabs（path）	检测 path 是否为存在的绝对路径，若是，返回 True；若不是，返回 False
isdir（path）	检测 path 是否为存在的目录，若是，返回 True；若不是，返回 False
isfile（path）	检测 path 是否为存在的文件，若是，返回 True，若不是，返回 False
join（path,filename）	使用 path 指定路径和 filename 指定的文件或文件夹，合成一个新的路径
split（path）	分离 path 指定路径，返回（head,tail）元组
splitdrive（path）	从 path 指定路径分离出驱动器名称和剩余路径
splitext（path）	从 path 指定文件中分离出文件名和扩展名

8.2.3　判断目录是否存在

通常情况下，Python 在操作文件时，首先需要判断指定的文件或目录是否存在，否则容易出现异常。

例如，可以使用 os 模块的 os.path.exists() 方法来检查文件是否存在，代码如下：

```
import os.path
os.path.isfile（fname）
```

如果要判断是文件还是目录，从 Python 3.4 开始可以使用 pathlib 模块的面向对象方法（Python 2.7 是 pathlib2 模块），代码如下：

```
from pathlib import Path
my_file = Path("/path/to/file")
if my_file.is_file():
    # 指定的文件存在
    pass
```

检测是否为目录可以使用 is_dir() 方法，代码如下：

```
if my_file.is_dir():
    # 指定的目录存在
    pass
```

检测路径是文件或目录可以使用 exists() 方法，代码如下：

```
if my_file.exists():
    # 指定的文件或目录存在
    pass
```

在 try 语句块中可以使用 resolve() 方法来判断：

```
try:
    my_abs_path = my_file.resolve()
except FileNotFoundError:
    # 不存在
    pass
else:
    # 存在
    pass
```

8.2.4　创建目录

目录，也称为文件夹，是用于组织和管理文件系统中文件的逻辑对象。应用程序中的目录操作包括创建目录、获取当前目录、获取目录内容、删除目录等。

使用 os 模块的 mkdir() 函数可以创建目录。函数原型如下：

```
os.mkdir(path)
```
参数 path 为指定要创建的目录。

【例 8-11】编写程序，创建目录 D:test_mydir，代码如下：

```
import os
os.mkdir("D:\\test_mydir")
```

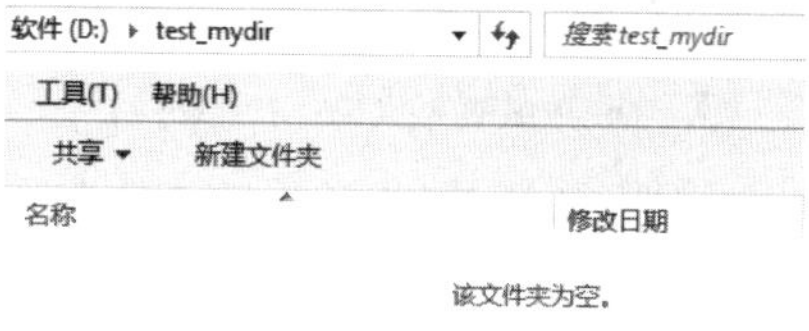

运行程序后，在脚本同路径下创建一个目录 test_mydir，结果如 8-5 所示。

图 8-5　创建目录

8.2.5　遍历目录

1. 获取当前目录

使用 os 模块的 getcwd0 函数可以获取当前目录，函数原型如下：

```
os.getcwd()
```

编写程序，打印当前目录，代码如下：

```
import os
print (os.getcwd() )
```

运行程序后，获得当前程序所在的目录，结果如下：

```
D:\test_mydir
```

2. os.listdir() 获取目录内容

使用 os 模块的 listdir() 函数可以获得指定目录中的内容，函数原型如下：

```
os.listdir (path)
参数 path 指定要获得内容目录的路径。
```

编写程序，打印目录 D:Python38 的内容，代码如下：

```
import os
print(os.listdir("D:\\Python38"))
```

运行程序后，获得当前路径下的所有目录与文件名，结果如下：

```
['DLLs', 'Doc', 'include', 'Lib', 'libs', 'LICENSE.txt',
'mkdir.py', 'NEWS.txt', 'python.exe', 'python3.dll', 'python38.
dll', 'pythonw.exe', 'Scripts', 'tcl', 'Tools', 'vcruntime140.dll',
'vcruntime140_1.dll']
```

3. os.walk() 获取目录内容

使用 os 模块的 walk() 函数遍历所有目录和文件，函数原型如下：

```
os.walk(top[, topdown=True[, onerror=None[, followlinks=False]]])
top 是所要遍历的目录地址，返回的是一个三元组 (root,dirs,files)。
```

参数说明：

- root：所指的是当前正在遍历的这个文件夹的本身的地址。

- dirs：是一个 list，内容是该文件夹中所有的目录的名字（不包括子目录）。

- files：同样是 list，内容是该文件夹中所有的文件（不包括子目录）。

- topdown：可选参数，如果为 True，则优先遍历 top 文件夹与 top 文件夹中每一个子目录；否则会优先遍历 top 的子目录（默认为开启）。

- onerror：可选参数，需要一个 callable 对象，当 walk 需要异常时会进行调用。

- followlinks：可选参数，如果为 True，则会遍历目录下的快捷方式实际所指的目录（默认关闭）；如果为 False，则优先遍历 top 的子目录。

编写程序，打印目录 D:test_mydir 的内容，代码如下：

```
import os
for root,dirs,files in os.walk(r"D:\test_mydir"):
    for file in files:
        # 获取文件所属目录
        print(root)
        # 获取文件路径
        print(os.path.join(root,file))
```

运行程序后，获得当前目录下的所有文件，结果如下：

```
D:\test_mydir
D:\test_mydir\getcwd.py
```

4. 深度优先遍历当前目录

深度优先，即先遍历当前目录下的第一个目录里面的第一个目录，以此类推，然后再逐层向上遍历，使用 listdir() 函数进行遍历。

【例 8-12】深度优先遍历当前目录，代码如下：

```
import os
def gci(filepath):
# 遍历 filepath 下所有文件，包括子目录
    files = os.listdir(filepath)
    for fi in files:
        fi_d = os.path.join(filepath,fi)
        if os.path.isdir(fi_d):
            print(os.path.join(filepath, fi_d))
            gci(fi_d)
        else:
            # 递归遍历 /root 目录下所有文件
            print(os.path.join(filepath,fi_d))
gci('D:\\test_mydir')
```

实际目录路径如下：

```
D:\test_mydir\test1\test2\test3\test4
```

D 盘下有文件：high_file.py、mkdir_new.py、wide_file.py

D 盘 test1 下有文件：getcwd.py

运行程序后，结果如下：

```
D:\test_mydir\high_file.py
D:\test_mydir\mkdir_new.py
D:\test_mydir\test1
D:\test_mydir\test1\getcwd.py
D:\test_mydir\test1\test2
D:\test_mydir\test1\test2\test3
D:\test_mydir\test1\test2\test3\test4
D:\test_mydir\wide_file.py
```

5. 广度优先遍历当前目录

广度优先，即先把当前目录下的所有文件与文件夹打印出来，再分别进入每一个文件夹打印相应的文件与文件夹，再以此类推，逐层往下。

【例 8-13】广度优先遍历当前目录，代码如下：

```python
import os.path
# 指明被遍历的文件夹
rootdir = 'D:\\test_mydir'
def gci(rootdir):
#3 个参数：分别返回 1. 父目录 2. 所有文件夹名字（不含路径） 3. 所有文件名字
    for parent,dirnames,filenames in os.walk(rootdir):
# 输出文件夹信息
        for dirname in  dirnames:
# 输出文件夹路径信息
            print(os.path.join(parent, dirname))
# 输出文件信息
        for filename in filenames:
# 输出文件路径信息
            print(os.path.join(parent, filename))
gci(rootdir)
```

实际目录路径如下：

```
D:\test_mydir\test1\test2\test3\test4
```

D 盘下有文件：high_file.py、mkdir_new.py、wide_file.py
D 盘 test1 下有文件：getcwd.py

运行程序后，结果如下：

```
D:\test_mydir\test1
D:\test_mydir\high_file.py
D:\test_mydir\mkdir_new.py
D:\test_mydir\wide_file.py
D:\test_mydir\test1\test2
D:\test_mydir\test1\getcwd.py
D:\test_mydir\test1\test2\test3
D:\test_mydir\test1\test2\test3\test4
```

8.2.6 删除目录

使用 os 模块的 rmdir() 函数可以删除目录。函数原型如下：

```
os.rmdir(path)
参数 path 指定要删除的目录。
```

编写程序，删除目录 D:test_mydir，代码如下：

```
import os
os.rmdir("D:\\test_mydir")
```

运行程序前，查看目录，如图 8-6 所示。

程序正常运行未报错，目录被删除。

图 8-6 待删除的目录

8.3 高级文件操作

8.3.1 获取文件基本信息

对于文件内容的读写操作，面向的对象由字节或字符串组成。本节介绍的文件操作，如复制文件、删除文件、更改文件访问权限等，都是针对文件本身的。由于文件抽象的层次高于字节或字符串，因此本书对文件本身的操作称为高级文件操作，对文件内容的操作称为基本文件操作。

1. 文件指针

文件指针是指向文件的指针变量，用于标识当前正在读写的文件位置，可以通过文件指针对其所指向的文件进行各种操作。

（1）获取文件指针的位置。使用 tell() 方法获取文件指针的位置。函数原型如下：

```
pos = 文件对象 .tell()
```

tell() 方法返回一个整数来表征文件指针的位置。打开文件时，文件指针的位置为 0；读写文件时，文件指针的位置会移至文件的最后一个位置进行读写。

【例 8-14】使用 tell() 方法获取文件指针位置，代码如下：

```python
# 以写入方式打开文件
f = open('test.txt','w')
# 输出 0
print(f.tell())
# 写入一个长为 5 的字符串 [0-4]
f.write('hello')
# 输出 5
print(f.tell())
# 写入一个长为 6 的字符串 [5-10]
f.write(' Python')
# 输出 11
print (f.tell ())
# 关闭文件，为重新测试读取文件时文件指针的位置做准备
f.close()
# 以只读方式打开文件
f = open('test.txt','r')
# 读取 5 个字节的字符串 [0-4]
str= f.read(5)
# 输出 5
print(f.tell())
# 关闭文件，为重新测试读取文件时文件指针的位置做准备
f.close()
```

请参照注释理解，输出结果如下：

```
0
```

```
5
12
5
```

（2）移动文件指针。除了通过读写文件自动移动文件指针外，还可以使用 seek() 方法手动移动文件指针的位置。函数原型如下：

```
文件对象 .seek（offset, where）
```

参数说明如下：

where：指定要从哪里开始移动。如果等于 0，则从起始位置开始移动；如果等于 1，则从当前位置开始移动；如果等于 2，则从结束位置开始移动。

【例 8-15】使用 seek() 方法移动文件指针，代码如下：

```python
# 以读写模式打开文件
f = open('test.txt','w+')
# 打印文件指针，0
print(f.tell())
# 写入一个长 6 的字符串 [0-5]
f.write('Python')
# 打印文件指针，6
print(f.tell())
# 移动文件指针至开始
f.seek(0,0)
# 打印文件指针，0
print(f.tell())
str = f.readline()
# 打印读取的文件数据
print(str)
# 关闭文件
f.close()
```

请参照注释理解，输出结果如下：

```
0
5
0
Python
```

使用 write() 方法向文件写入数据时，文件指针自动移动到 6，然后调用 f.seek（0,0）方法将文件指针移动到文件头，然后调用 f.readline() 方法，进行从头读取。

（3）文件属性。使用 os 模块的 stat() 函数获取文件的创建时间、修改时间、访问时间、文件大小等文件属性，语法如下：

```
文件属性元组名 =os.stat（文件路径）
```

打印指定文件的属性信息，代码如下：

```
import os
# 获取文件 / 目录的状态
fileStats = os.stat('test.txt')
print (fileStats)
```

运行结果如下：

```
os.stat_result(st_mode=33206, st_ino=281474977317279, st_
dev=163607, st_nlink=1, st_uid=0, st_gid=0, st_size=5, st_
atime=1629796495, st_mtime=1629796840, st_ctime=1629796495)
```

返回的文件属性元组元素的含义见表 8-7。

表 8-7　os.stat() 返回的文件属性元组元素的含义方法

索　引	含　义
0	权限模式
1	Inode number，记录文件存储位置。inode 指的是许多"类 UNIX 文件系统"中的一种数据结构。每个 inode 在文件系统中存储了一个文件系统对象（包括文件、目录、设备文件、管道、socket 等）的元数据，但不包含任何数据内容或文件名
2	存储文件的设备号
3	文件中的链连接数量。硬链接是 Linux 中的一个概念，指的是为文件创建的附加条目。使用时对文件没有区别，删除时只删除链接，不删除文件。
4	文件所有者的用户 ID（user id）
5	文件所有者的用户组 ID（group id）
6	文件大小，单位为字节（byte）
7	最近的访问时间
8	最近的修改时间
9	创建的时间

可以使用索引来访问返回的文件属性元组元素。文件属性元组索引对应的常量在

stat 模块中定义。stat() 函数返回的文件时间是一个长整数。同时也可以使用 time 模块的
ctime() 函数将它们转换为可读的时间字符串。

【例 8-16】打印指定文件的创建时间，代码如下：

```
import os,stat,time
fileStats = os.stat('test.txt')
# 获取文件 / 目录的状态
print(time.ctime(fileStats[stat.ST_CTIME]))
```

运行结果如下：

```
Tue Aug 24 17:14:55 2021
```

8.3.2 文件操作

1. 复制文件

使用 shutil 模块的 copy() 函数可以复制文件，函数原型如下：

```
copy(src, dst)
copy() 函数的功能是将从源文件 src 复制为 dst。
```

【例 8-17】将 D:\Python38\LICENSE.txt 复制到 D:\test_mydir 目录下，代码如下：

```
import shutil
shutil.copy("D:\\Python38\\LICENSE.txt", "D:\\test_mydir\\
LICENSE.txt")
```

程序正常运行未报错，D:\test_mydir 目录下生成 LICENSE.txt 文件。

2. 截断文件

可以使用 truncate() 方法在文件开头截取文件。函数原型如下：

```
文件对象.truncate(size)
```

size 参数以字节为单位指定要截取的文件大小，丢弃 size 字节后的文件内容。

【例 8-18】使用 truncate() 方法截取文件指针，代码如下：

```
# 以读写模式打开文件
f = open('test1.txt', 'w')
# 写入一个字符串
```

```
        f.write('Hello Python')
        # 截断文件
        f.truncate(8)
        # 以读打开文件
        f1 = open('test1.txt', 'r')
        print(f1.read())
        f1.close()
        f.close()
```

输出结果如下：

```
    Hello Py
```

程序首先以写入模式打开 test.txt 文件，然后将"Hello Python"字符串写入文件。最后调用 f.truncate(8) 方法截断文件，保留 8 个字节的值。程序运行后，test.txt 文件中的内容应该是 Hello Py，因为已经截取了相关内容。

3. 移动文件

使用 shutil 模块的 move() 函数可以移动文件，函数原型如下：

```
    move (src, dst)
```

move() 函数的功能是将源文件 src 移动到 dst 中去。

【例 8-19】将 D:\Python38\mkdir.py 移动到 D:\test_mydir 目录下，代码如下：

```
    import shutil
    shutil.move("D:\\Python38\\mkdir.py", "D:\\test_mydir")
```

程序正常运行未报错，mkdir.py 文件从 D:\Python38 目录移动到 D:\test_mydir 目录下。

4. 重命名文件

使用 os 模块的 rename() 函数可以重命名文件，函数原型如下：

```
    os.rename（原文件名，新文件名）
```

编写程序，将 D:\test_mydir\mkdir.py 重命名为 mkdir_new.py，代码如下：

```
    import os
    os.rename("D:\\test_mydir\\mkdir.py","D:\\test_mydir\\mkdir_new.py")
```

程序正常运行未报错，mkdir.py 文件名字改为 mkdir_new.py。

8.3.3 删除文件

使用 os 模块的 remove0 函数可以删除文件，函数原型如下：

```
os.remove (src)
```

src 为指定要删除的文件。

【例 8-20】删除 D:\ LCENSE.txt，代码如下：

```
import os
os.remove ("D: \\LICENSE. txt")
```

总　结

本章介绍文件处理的相关知识。熟练掌握文件和目录操作是开发 Python 程序所需的技能之一。

➤ 掌握文件操作包括打开、关闭、读取文件、写入文件等操作。

➤ 掌握文件的具体操作，打开文件的函数是 open()，该函数的第一个参数是文件路径，第二个参数是文件打开方式，有 3 种：w（write）写、a（append 追加）、r（read 读）。读取文件的 3 个函数：读取文件中所有文本的 read() 函数、读取一行的 readline() 函数和读取所有行的 readlines() 函数。写文件的函数是 write()。关闭文件的函数是 close()，用于释放打开的文件所占用的资源，with 语句可以自动释放资源。

➤ 了解目录和路径的概念，掌握目录的常见、遍历、删除等操作。

➤ 了解文件的高级操作，掌握复制、移动、删除等文件操作。

拓展阅读

通过本章节讲述的 Python 文件相关内容，鼓励学生主动发现问题、分析问题并解决问题，加深了学生对文件操作的认识，进一步融入"二十大"报告中提出的"科技是第一生产力、人才是第一资源、创新是第一动力"的思想。科技创新要靠人才，人才是第一资源，鼓励大学生要志存高远，勇于创新，在现代化进程中成就青春梦想、贡献青春力量，激发学生们科技报国的情怀。

习 题

一、选择题

1. 可以使用（ ）函数接受用户输入的数据。

A. accept()　　　　　　B. input()　　　　　　C. readline()　　　　　　D. login()

2. 使用 open() 打开指定的文件，在 open() 中访问模式参数使用（ ）表示读写。

A. 'a'　　　　　　　　B. 'w+'　　　　　　　　C. 'r'　　　　　　　　D. 'w'

二、操作题

1. 假设有一个英文文本文件，编写程序读取其内容，并将其中的大写字母变为小写字母，小写字母变为大写字母。

2. 编写程序，将包含学生成绩的字典保存为二进制文件，然后在读取内容并显示。

3. 创建文件夹 hello Python，输出当前目录中的所有文件及文件夹名字；删除所创建的文件夹，输出当前目录中的所有文件及文件夹名字。

4. 输出当前操作系统的路径分隔符和类型。

第 9 章　Python 异常处理机制

> **内容要点：**
> ■ 程序异常；
> ■ 异常处理的方法；
> ■ 断言的使用；
> ■ 异常用作控制流的方法。
>
> **思政目标：**
> ■ 通过本章的学习，教导学生敢于面对异常场景，并且要有应对方法。

9.1　异常处理

在编程中，难免会出现各种错误和缺陷。虽然开发者已经尽可能地编写了正确的程序代码，但还不足以消除所有导致程序错误的因素。因此，我们需要学习使用异常处理机制来减轻可能发生的错误对程序执行的负面影响。

用 Python 编写的程序代码包含 3 种类型的错误，即语法错误、语义错误和运行时错误。由于有语法错误的程序是无法被计算机成功识别的，因此 Python 解释器可帮助我们在程序执行前纠正各种语法错误。语义错误是由于使用了不正确算法而引起的，可以通过反复运行程序、处理输入的各种异常类型的测试数据，来观察程序的运行结果以发现和纠正此类错误。运行时错误通常是由程序执行过程中遇到了软件开发者没有考虑到的特殊情况引起的，开发者通常无法在发布软件之前消除所有运行时错误。因此，为了提高软件在发生错误时容错性、改善用户体验，Python 提供了一种称为异常处理的机制。这种机制有助于程序处理执行过程中出现的特殊情况，从而更好地应对和避免软件系统遇到错误而导致的直接崩溃。

【例 9-1】编写程序提示用户从键盘上输入两个整数，计算并打印这两个整数的实数商。打开一个 Python shell，输入代码如下：

```
a=48
lst=[4,8,0,12]
for num in lst:
    print (a/num)
```

这个程序正常运行，运行结果如下：

```
12.0
6.0
Traceback (most recent call last):
  File "D:/division.py", line 5, in <module>
    print (a/num)
ZeroDivisionError: division by zero
```

其中，12 是 48/4 的结果，6 是 48/8 的结果，而因为 48/0 的除数为 0，所以就报错 ZeroDivisionError。这种类型的错误是运行时错误，即异常。它的特点是只有在程序运行过程中，执行到会出现异常的语句时才会发生。在当前程序中，发生异常后无论遗留下多少未执行的语句，整个程序都不再执行，因此以上程序未输出 48/12 的结果 6。

显然，这样的程序是不能交付给用户使用的，用户希望程序在发生错误时能够给出友好的提示，并对错误提出修改建议和异常处理建议，异常处理机制就是这样一种检测并处理异常的机制。

在 Python 语言中，Python 解释器上报的错误信息（Error message）可以分为两种：

（1）语法错误（Syntax Error）：语法不正确，程序无法执行。

（2）异常错误（Exception Error）：语法正确，违反 Python 解释器在运行时识别到的规则错误。

Python 的异常可以分为 Python 内置的异常和用户自定义的异常。常见的 Python 内置异常，见表 9-1。

表 9-1　文件访问模式参数说明

异常种类	关键字	描述
下标越界	IndexError	索引序列时，下标超出范围时触发
内存不足	MemoryError	内存不足时触发
找不到键	KeyError	在字典的键名集合中找不到键名时触发
找不到变量	NamEerror	找不到全局或本地变量时触发
值错误	ValueError	函数接收到类型正确但值不适合的参数时触发
加载模块错误	ImportError	Import 语句在尝试加载模块时，找不到对应模块
除数为 0	ZeroDivisionError	除数为零时触发
输入输出错误	IOError	输入输出设备触发，如文件不存在

9.1.1　try…except 语句

在 Python 中，异常处理是通过异常处理语句 try 来实现的。通常将可能发生异常风险的代码块，如除法运算、读取文件等，都放在 try 语句中。当异常发生时，由 try 语句负责捕捉异常，并根据程序员编写的代码块处理异常。

如果不使用 try 语句，则 Python 解释器会在发生异常时进行自动处理。典型的做法是：Python 解释器将中断用户程序，然后输出异常类型的信息。

以下是一个简单的 try…except 语法。

```
try:
    <语句块 1>          # 运行的代码
except <异常 1>:         # "异常 1"是发生的异常的名称，可以省略
    <语句块 2>          # 如果在 try 部分引发了"异常 1"，则执行语句 2
```

【例 9-2】用 try…except 语法修改【例 9-1】，实现带异常处理机制的打印两个整数的实数商，具体代码如下：

```
a=48
nums=[4, 8,0,12]
for num in nums:
    try:
        print(a/num)
    except ZeroDivisionError:
        print ("%d is divided by 0" % a)
```

try 的中文意思是"尝试"，意味着 try 语句将告诉程序以下代码可能会遇到异常。接下来，在该代码块下方写上 except 关键字，except 的意思是除……之外，表示以下代码将告诉程序如何处理异常。except 后跟上可能发生的异常的名称，这里是 ZeroDivisionError 语句。print ("%d is divided by 0" % a) 输出发生 ZeroDivisionError 异常后的提示信息。这段代码的运行结果如下：

```
12.0
6.0
48 is divided by 0
4.0
```

可以看到，48/12 的结果也输出了，也就是除数为 0 后面的语句也正常执行了。当不知道发生的异常的名称时，异常名可以省略。比如以上代码的 ZeroDivisionError 可以去掉。在 Pyhon 中每一种异常都有一个名称，如果会发生多个异常，则需要用异常名区分。

【例 9-3】在程序中处理不同类型的异常，代码如下：

```
a=48
nums=[4, 8,0,12]
for i in range(5):
    try:
        print(a/nums[i])
    except ZeroDivisionError:
        print ("%d is divided by 0" % a)
    except IndexError:
        print("Index out of list bounds")
```

在上述代码中，总共发生了两种异常：①当 i 值是 2 时，发生除 0 异常；②当 i 值是 4 时，由于列表 nums 只有 4 个元素，最大下标是 3，发生列表访问越界异常。所以以上代码的执行结果如下：

```
12.0
6.0
48 is divided by 0
4.0
Index out of list bounds
```

9.1.2 finally 语句

另外，为了防止 try 中的语句块无法正常执行完毕，从而导致的其他错误，还需要在异常处理机制中加入善后功能。finally 关键字，包含一段无论异常是否发生都会执行的代码块，finally 包含的代码块一般用来释放 try 语句块中执行的代码所占用的各种计算机资源，以防止计算机资源耗尽而导致的整个计算机系统崩溃。例如，在该程序中添加 finally 语句和相应的 print 语句。

【例 9-4】加入 finally 语句的异常处理示例，代码如下：

```
a=48
nums=[4, 8,0,12]
for i in range(5):
    try:
        print(a/nums[i])
    except:
        print("Exception happened")
    finally:
```

```
print("%d times" % i)
```

如果只知道发生了异常但不知道具体发生的是什么异常时，可将异常名称省略。不管 try 语句中包含的代码块是否被执行完毕，在 finally 中的 print 语句都被成功执行了，并将执行结果打印在屏幕上。

try 语句块中，需要注意以下几点：

• finally 语句块通常用于释放外部资源来实现清理工作（cleanup code），例如：关闭文件、关掉数据库连接、释放掉数据采集占用等，无论异是否发生异常，它都会执行。如果不需要释放或清理资源，则将上述完整的 try 语句块精简为 try…except…else 语句块，即不需要 finally 语句。

• 如果在没有发生异常的情况下，不执行任何代码，则 try…except…else 语句块精简为 try…except 语句块，即不需要 else 语句块。

• 其他情况，推荐使用完整的 try 语句块，如例 9-4 所示。

• except 语句中的 "as" 标识符，用于获取引发异常错误的原因，可省略。

• pass 语句不执行任何操作，放在这里是为了确保 try 语句的范例结构看起来更完整，可读性更强，这相当于一个 "占位符" 提醒开发者，别忘记用程序语句替换 pass 语句。

9.2　异常作为控制流

不要只将异常视为错误，它们也是一种方便的控制流机制，可以使程序更加简洁。在许多编程语言中，处理错误的标准方法是让函数返回一个特定值（类似于 Python 中的 None）来指示错误。每次函数的调用都必须检查返回值是否是这个特定值。在 Python 中更常见的是，当函数无法返回符合规范的结果时，抛出一个异常。

如果正在编写一个方法或函数，并且此时不想在当前方法或函数中处理该异常，则可以使用 raise 语句将异常抛出，强制引发一个特定异常。raise 语句的语法格式如下：

```
raise exceptionName（arguments）
```

异常名称通常是内置异常，用于指定抛出异常的名称和原因，例如：B.ValueError。当然，我们也可以通过继承内置异常类来定义一个新的异常。不同类型的异常可以有不同类型的参数，但大多数时候参数是描述异常原因的字符串。如果省略，则按原样返回当前错误。

【例 9-5】实现一个满足以下规范的函数，代码如下：

```
def findAnEven(L):
    """假设 L 是一个整数列表
    返回 L 中的第一个偶数
    如果 L 中没有偶数，则抛出 ValueError 异常 """
```

返回查看例 9-3 中的代码。

对应 try 代码块的有两个 except 代码块。如果在 try 代码块中抛出异常，那么 Python 先检查这个异常是不是 ZeroDivisionError。如果是，就打印输出除数为 0 时的商计算。如果异常不是 ZeroDivisionError，那么代码就执行第二个 except 代码块，抛出一个带有相应字符串的 Index out of list bounds 异常。

通过两个不同的 except 代码块对不同的异常场景做了不同处理，这对代码的整体流程控制有着很显著的提升作用，所以使用异常不仅可以对代码中的不规范之处进行提示，还可以进行预防性检查和编程。

9.3 断 言

使用 assert 断言是 Python 的一个非常好的习惯。在最终完善程序之前，我们不知道程序会在哪里出错，与其让它在运行时崩溃，不如在发生错误情况时就崩溃，这时就需要使用 assert 断言来完成。断言语句等价于一个这样的 Python 表达式：如果断言成功，则不采取任何措施，否则触发 AssertionError（断言错误）的异常。断言的语法如下：

```
assert expression[, arguments]
```

如果 expression 表达式的值为 False（假），就会抛出 AssertionError（断言错误）异常，该异常可以被捕获并处理；如果 expression 表达式的值为 True（真），则不采取任何措施。

例如，以下 assert 中的表达式的值为真。

【例 9-6】不会产生异常的断言语句示例，代码如下：

```
assert 2 == 2
assert 2+2 == 2*2
assert len(['my boy',121]) < 10
assert list(range(4)) == [0,1,2,3]
```

程序不产生任何输出，继续运行。

以下几个 assert 中的表达式的值为假，会抛出异常。

【例 9-7】将会触发 AssertionError 异常的语句示例，代码如下：

```
assert 3 == 1
assert len([1,2,3,4])>8
```

运行结果如下：

```
Traceback (most recent call last):
    File "D:/assert1.py", line 2, in <module>
        assert 3 == 1
AssertionError
```

【例 9-8】对【例 9-1】进行改造，包含断言机制的程序代码示例，代码如下：

```
a=48
nums=[4,8,0,12]
assert len (nums)>=5                    # 判断列表 nums 的长度是否大于 5，
不成立则不执行下面的代码
    for i in range(5):
        assert nums[i]!=0               # 判断列表中是否存在 0，若存在，则数
据不合法，不进行下一步运算
    for i in range(5):
        print (a/nums[i])
```

以上代码在做除法运算前判断了列表长度的合法性，如果合法就继续执行；再判断列表中数据的合法性，如果数据中不存在 0，则继续执行。以上代码执行后会出现以下结果：

```
Traceback (most recent call last):
    File "D:/assert1.py", line 4, in <module>
        assert len (nums)>=5                    # 判断列表 nums 的长度是否大
于 5，不成立则不执行下面的代码
    AssertionError
```

由于列表 nums 的实际长度小于 5，所以第三行触发了 assert 语句，抛出 AssertError 异常，该异常可以用 try…except 语句捕获并处理。

断言是一种非常有用的预防性编程工具，可用于确保函数的参数类型是否正确；它也是一个非常有用的调试工具，可以确保中间值符合预期，或者确保函数返回一个可接受的值。

总 结

本章介绍了异常处理、断言的相关知识。

➤ 掌握异常处理。异常处理用于处理程序运行时发生的错误，主要的关键字包括 try、except 和 finally。其中，try 语句用于尝试执行代码，如果发生异常，则用 except 抓取异常并进行处理，不管是否发生异常，fnally 语句都会被执行。

➤ 掌握断言的用法。断言的关键字 assert。如果 assert 后的语句结果为 False（假），则抛出 AssertionError 异常，用于限制程序顺利执行的前提条件如果不满足这个前提条件，代码将提前终止。

拓展阅读

通过本章节讲述的 Python 异常相关内容，将党的二十大精神与计算机安全技术相结合，带领学生们一起学习二十大报告中关于构建国家安全体系的内容。想要构建全面的国家安全体系离不开计算机网络安全，鼓励学生积极思考，发挥探索精神，同时保持团队协作的优良作风，不要畏惧困难，以培养学生爱党、爱国、爱校、爱民的精神。

习 题

一、选择题

1. 下列哪个保留字不能处理异常（　　）。

A.if   B.try   C.except   D.finally

2. 下列程序代码在运行时输入"yes"，输出的结果为（　　）。

```
try:
    a = eval(input())
    print(a**2)
except NameError:
    print("OK!")
```

A. "yes"   B. "OK!"   C. 没有输出   D. 程序报错

二、操作题

1. 捕获并处理除数为 0 的异常。

2. 捕获并处理下标越界的异常。

3. 列出 Python 内置的有异常种类，并解释异常和错误的区别。

第 10 章　Python GUI 编程

内容要点：

■ 使用 Tkinter 进行 GUI 编程的主要步骤；

■ Tkinter 的常用控件；

■ 事件绑定的方法；

■ 布局管理器的使用方法；

■ 标准对话框的使用方法。

思政目标：

■ 通过本章的学习，培养学生的审美意识。

10.1　Tkinter 简介和使用

Tkinter 是 Python 的标准 GUI 库。它基于 Tk 工具包，该工具包最初是为工具命令语言设计的。Tk 普及后，被移植到很多其他的脚本语言中，包括 Perl，Ruby 和 Python。结合 Tk 的可移植性与灵活性，可以快速开发 GUI 应用程序。

Tkinter 的优点是简单易用，与 Python 结合度好。Tkinter 在 Python3.x 下默认集成，无需额外安装。因此，想要使用 Tkinter 进行 GUI 编程，可直接使用 import 语句导入 Tkinter 模块。例如：

```
>>> import Tkinter
```

在 GUI 应用中，首先需要一个顶层窗口对象，在其中可以包括所有的小窗口对象，如标签、按钮、列表框等，也就是说顶层窗口是我们放置其他窗口或控件的基础。然后在顶层窗口对象上设置控件，通常这些控件会有一些相应的行为，如鼠标单击、鼠标移动等，这些称为事件；而程序会根据这些事件采取相应的反应，称为回调，这个过程称为事件驱动。最后，所有控件和窗口创建完毕后进入主事件循环。

总而言之，创建一个 GUI 应用程序需要以下 5 个主要步骤：

（1）导入 Tkinter 模块。

（2）创建一个顶层窗口对象，用于容纳整个 GUI 应用。

（3）构建所有的 GUI 控件。

（4）连接这些 GUI 控件。

（5）进入主事件循环（调用 Mainloop() 函数）。

【例 10-1】 第一个 Tkinter 实例：创建一个窗口用于输出 "Hello world"，代码如下：

```
import Tkinter          # 导入 Tkinter 模块
top = Tkinter.Tk()      # 创建一个顶层窗口对象，用于容纳整个 GUI 应用
lab = Tkinter.Label(top,text='Hello World',fg='red')
# 添加一个 lab 组件，用于显示文本
lab.pack()              # 调用 lab 组件的 pack() 方法，用于自动调整组件自身的
尺寸
top.mainloop()          # 进入主事件循环
```

程序运行结果如图 10-1 所示。

【程序说明】 Tk() 是 Tkinter 库中的函数，用于创建顶层窗口对象，创建完对象后将其赋值给 top 变量，接下来创建控件时，可用该变量指定控件是创建在该层窗口对象中的。然后利

图 10-1　例 10-1 运行结果

用 label 控件创建一个标签用于显示 "Hello world"，并调用 label 控件的 pack() 方法显示标签。top.mainloop 通常是程序的最后一行代码，执行后程序进入主事件循环。

10.2　Tkinter 常用控件

在 GUI 编程中，顶层窗口对象包含组成 GUI 应用程序的所有小窗口对象，它们可能是文字标签、按钮、列表框等，这些独立的 GUI 组件称为控件。Tkinter 的常用控件见表 10-1。

表 10-1　Tkinter 常用控件

控　件	描　述
Button	按钮控件，在程序中显示按钮
Canvas	画布控件，显示图形元素，如线条、椭圆、矩形等
Checkbutton	多选框控件，用于在程序中提供多项选择框
Entry	输入控件，用于显示简单的文本内容
Frame	框架控件，在屏幕上显示一个矩形区域，多用作容器
Label	标签控件，可以显示文本和图像

续表

控 件	描 述
LabelFrame	Frame 的进化版，标签和框架的组合
Listbox	列表框控件，用来显示一个字符串列表给用户
Menu	菜单控件，显示菜单栏、下拉菜单和弹出菜单
Menubutton	菜单按钮控件，用于显示菜单项
Message	消息控件，用来显示多行文本，与 Label 类似
PanedWindow	窗口布局管理插件，可以包含一个或多个子控件
Radiobutton	单选按钮控件，显示一个单选的按钮状态
Scale	线性滑块控件，根据已设定的起始值和终止值，给出当前设定的精确值
Scrollbar	滚动条控件，当内容超过可视化区域时使用，如列表框
Spinbox	Entry 和 Button 的组合，允许对值进行调整
Text	文本控件，用于显示多行文本
Toplevel	容器控件，用来提供一个单独的对话框，和 Frame 类似

控件可以独立存在，也可以作为容器存在。如果一个控件包含其他控件，就可以将其认为是那些控件的父控件。相应地，如果一个控件被其他控件包含，则将其认为是那个控件的子控件。下面针对几种常用控件进行详细介绍。

10.2.1 窗口

窗口也称为框架（Frame），是屏幕上的一块矩形区域，多用来作为容器布局窗体。窗口中可包含标签、菜单、按钮等其他控件，其运行之后可移动和缩放。常用的窗口属性见表 10-2。

表 10-2　窗口的常用属性

属 性	描 述
title	设置窗口标题
geometry	设置窗口大小
resizable	设置窗口是否可以变化长和宽

【例 10-2】创建一个 300×200 的窗口，其标题为"牧野春晖"，运行后该窗口宽不可变，高可变，代码如下：

```
import Tkinter            # 导入 Tkinter 库
window = Tkinter.Tk()     # 创建 Tkinter 对象
window.title(" 牧野春晖 ")    # 设置标题
```

```
window.geometry("300×200")#设置窗口大小，注意是字母x
window.resizable(width=False, height=True)#宽不可变，高可变，默认为
True
window.mainloop()          #进入主事件循环
```

程序运行结果如图 10-2 所示。

【程序说明】程序运行后显示一个 300*200 的空白窗口，其标题显示为"牧野春晖"，调整窗口大小时发现，窗口的宽不可变，但高可变。

图 10-2　例 10-2 程序运行结果

10.2.2　Label 控件

Label 控件是用于在界面上输出描述信息的标签，可以显示文本和图像。Label 控件的常用属性见表 10-3。

表 10-3　Label 控件的常用属性

属　性	描　述
text	要显示的文本
bg	背景颜色
fg	前景色
bd	外围 3D 边界的宽度
font	字体
width	控件宽度
height	控件高度
relief	边框样式

【例 10-3】创建一个 200×100 的窗口，其标题为"牧野春晖"，在窗口中创建一个标签，用于显示"牧野春晖联合出版中心"，并设置其字体、颜色、宽度和高度，代码如下：

```
import Tkinter                        #导入Tkinter库
window = Tkinter.Tk()                 #创建Tkinter对象
window.title("牧野春晖")              #设置标题
window.geometry("200x100")            #设置窗口大小，注意是字母x
label1 = Tkinter.Label(window, text="牧野春晖联合出版中心",
bg="white", fg="blue", font=("宋体"), width=20, height=3)
```

```
        label1.pack()                                    # 显示 Label
        window.mainloop()                                # 进入主事件循环
```

程序运行结果如图 10-3 所示。

图 10-3　例 10-3 运行结果

【程序说明】要使添加完的控件得以显示，须使用布局管理器及逆行管理，如上述代码中调用了 pack() 方法显示标签，布局管理器介绍详见 10.4 节。

10.2.3　Button 控件

Button 控件是 Tkinter 最常用的控件之一。其绝大多数属性与 Label 控件一致。但是 Button 控件有一个 Label 控件实现不了的功能，即通过 Button 控件可以方便地与用户进行交互。Button 控件有一个 command 属性，用于指定一个函数或方法，当用户单击按钮时，Tkinter 就会自动调用该函数或方法。

【例 10-4】编写程序实现通过按下按钮来执行指定操作（改变标签的内容），代码如下：

```
    import Tkinter as tk                              # 导入 Tkinter 模
块重命名为 tk
    # 定义函数，用于实现改变标签的内容
    def btnHelloClicked():
    labelHello.config(text = "Hello Tkinter!")
    top = tk.Tk()                                    # 创建 Tkinter 对象
    top.geometry("200x150")                      # 设置窗口大小，注意是字母 x
    top.title("Button Test")                          # 设置窗口标题
    # 创建原始标签
    labelHello = tk.Label(top, text = "Press the button...", height
= 5, width = 20, fg = "blue")
    labelHello.pack()                                # 显示标签
    # 创建按钮，显示"Hello"，单击按钮调用 btnHelloClicked 函数
    btn = tk.Button(top, text = "Hello", command = btnHelloClicked)
```

```
    btn.pack()                                    # 显示按钮
    top.mainloop()                                    # 进入主事件循环
```

程序运行结果如图 10-4 所示。

图 10-4   例 10-4 运行结果

10.2.4 Entry 控件

Entry 控件就是输入框，用来输入单行内容，可以方便地向程序传递用户参数。获取输入框的内容可以使用 Entry 控件的 get() 方法。

【例 10-5】 编写摄氏度转华氏度的小程序，要求从输入框输入摄氏度的值，单击计算按钮后得到华氏度的值。计算公式：$F = 1.8 \times C + 32$，代码如下：

```
import Tkinter as tk      # 导入并重命名 Tkinter 模块
# 定义函数用于读取 Entry 控件的内容并将计算结果进行输出
def btnHelloClicked():
    cd = float(entryCd.get())      # 读取 Entry 控件的内容
     labelHello.config(text = "%.2f ° C = %.2f ° F" %(cd,
cd*1.8+32))
    top = tk.Tk()                  # 创建 Tkinter 对象
    top.title("Entry Test")        # 设置窗口标题
    # 创建标签
    labelHello = tk.Label(top, text = "摄氏度转华氏度", height = 5,
width = 20, fg = "blue")
    labelHello.pack()              # 显示标签
    entryCd = tk.Entry(top, text = "0")      # 创建输入框
    entryCd.pack()                 # 显示输入框
    # 创建按钮
    btnCal = tk.Button(top, text = "计算", command = btnHelloClicked)
    btnCal.pack()                  # 显示按钮
    top.mainloop()                 # 进入主事件循环
```

程序运行结果如图 10-5 所示。

图 10-5 例 10-5 运行结果

10.2.5 Radiobutton 和 Checkbutton 控件

Radiobutton 和 Checkbutton 控件分别用于实现选项的单选和复选功能。Radiobutton 控件常用属性见表 10-4；Checkbutton 控件常用属性见表 10-5。

表 10-4 Radiobutton 控件常用属性

属 性	描 述
variable	单选框索引变量，通过变量的值确定哪个单选框被选中，一组单选框使用同一个索引变量
value	单选框选中时变量的值
command	单选框选中时执行的命令（函数）

表 10-5 Checkbutton 控件常用属性

属性	描述
variable	复选框索引变量，通过变量的值确定哪些复选框被选中；每个复选框使用不同的变量，使复选框之间相互独立
onvalue	复选框选中（有效）时变量的值
offvalue	复选框未选中（无效）时变量的值
command	复选框选中时执行的命令（函数）

【例 10-6】编写程序，实现通过单选框和复选框设置文字样式的功能，代码如下：

```
import Tkinter as tk              # 导入 Tkinter 模块重命名为 tk
def colorChecked():
    labelHello.config(fg = color.get())
```

239

```
    def typeChecked():
        textType = typeBlod.get() + typeItalic.get()        # 两个复
选框的值相加
        if textType == 1:                    # 单选 typeBlod 复选框
            labelHello.config(font = ("Arial", 12, "bold"))
        elif textType == 2:                      # 单选 typeItalic 复选框
            labelHello.config(font = ("Arial", 12, "italic"))
        elif textType == 3:              # 同时选中两个复选框
            labelHello.config(font = ("Arial", 12, "bold italic"))
        else:                        # 两个都不选
            labelHello.config(font = ("Arial", 12))
    top = tk.Tk()                    # 创建 Tkinter 对象
    top.title("Radio & Check Test")          # 设置窗口标题
    # 创建标签
    labelHello = tk.Label(top, text = "Check the format of text.",
height = 3, font=("Arial", 12))
    labelHello.pack()                    # 显示标签
    color = tk.StringVar()                # 获取单选框输入
    # 创建 3 个单选框并显示
    tk.Radiobutton(top, text = "Red", variable = color, value =
"red", command = colorChecked).pack()
    tk.Radiobutton(top, text = "Blue", variable = color, value =
"blue", command = colorChecked).pack()
    tk.Radiobutton(top, text = "Green", variable = color, value =
"green", command = colorChecked).pack()
    # 获取复选框输入
    typeBlod = tk.IntVar()
    typeItalic = tk.IntVar()
    # 创建 2 个复选框
    tk.Checkbutton(top, text = "Blod", variable = typeBlod, onvalue
= 1, offvalue = 0, command = typeChecked).pack()
    tk.Checkbutton(top, text = "Italic", variable = typeItalic,
onvalue = 2, offvalue = 0, command = typeChecked).pack()
    top.mainloop()                        # 进入主事件循环
```

程序运行结果如图 10-6 所示。

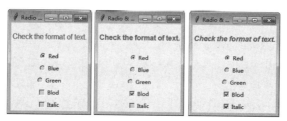

图 10-6　例 10-6 运行结果

【程序说明】程序运行结果如图 10-6 所示，选择不同的单选框，标签中的文字将改变为单选框中指定的颜色，选中不同的复选框，标签中的文字将进行相应的改变。

文字的粗体和斜体样式由复选框控制，分别定义了 typeBlod 和 typeItalic 变量来表示文字是否为粗体和斜体。当某个复选框的状态改变时会触发 typeChecked() 函数。该函数负责判断当前哪些复选框被选中，并将字体设置为对应的样式。

【提示】可以使用 Tkinter.StringVar() 创建与特定控件关联的字符串变量，使用 Tkinter.IntVar() 创建与特定控件关联的整型变量。

10.2.6　Menu 控件

几乎在每个应用程序中都可以看到菜单，而常见的菜单有"文件""编辑""格式""查看""帮助"等；单击"文件"菜单后，会展开其下拉菜单选项，如"新建""菜单""保存""退出"等；右击应用程序的空白处，还可弹出快捷菜单项，如"撤销""剪贴""复制""粘贴"等。

Tkinter 提供了 Menu 控件，用于实现顶级菜单、下拉菜单和弹出菜单。Menu 控件的常用函数见表 10-6。

表 10-6　Menu 控件的常用函数

函数名称	说　明
menu.add_cascade()	添加子选项
menu.add_command()	添加命令（label 参数为显示内容）
menu.add_separator()	添加分隔线
menu.add_checkbutton()	添加确认按钮

1. 顶级菜单

创建一个顶级菜单，需要先创建一个菜单实例，然后使用add()方法将命令添加进去。

【例 10-7】创建顶级菜单实例，代码如下：

```
import Tkinter                                    # 导入 Tkinter 库
# 定义函数用于显示信息
```

241

```
def callback():                                          # 创建 Tkinter 对象
    print(' 单击了"显示"菜单！ ')
window = Tkinter.Tk()                                     # 创建 Tkinter 对象
window.title(" 标题 ")                                    # 设置标题
window.geometry("200x100")                               # 设置窗口大小
menubar = Tkinter.Menu(window)                           # 创建一个顶级菜单窗口
# 给菜单实例增加菜单项
menubar.add_command(label=' 显示 ', command = callback)
menubar.add_command(label=' 退出 ', command = window.quit)
window.config(menu = menubar)                            # 显示菜单
window.mainloop()                                        # 进入主事件循环
```

程序运行结果如图 10-7 所示。

图 10-7　例 10-7 运行结果

2. 下拉菜单

创建一个下拉菜单，方法同创建顶级菜单类似，最主要的区别是下拉菜单需要添加到主菜单上。

【**例 10-8**】创建下拉菜单实例，代码如下：

```
import Tkinter                                           # 导入 Tkinter 库
window = Tkinter.Tk()                                    # 创建 Tkinter 对象
window.title(" 标题 ")                                    # 设置标题
window.geometry("200x100")                               # 设置窗口的大小
# 创建一个顶级菜单实例
menubar = Tkinter.Menu(window)
# 为每个子菜单实例添加菜单项，创建文件菜单项，并添加子菜单
fmenu = Tkinter.Menu(menubar)
for each in [' 新建 ',' 打开 ',' 保存 ',' 另存为 ']:
    fmenu .add_command(label = each)
# 创建视图菜单项，并添加子菜单
vmenu = Tkinter.Menu(menubar)
for each in [' 复制 ',' 粘贴 ',' 剪切 ']:
```

```
        vmenu.add_command(label = each)
    # 创建编辑菜单项，并添加子菜单
    emenu = Tkinter.Menu(menubar)
    for each in ['默认视图','新式视图']:
        emenu.add_command(label = each)
    # 创建关于菜单项，添加子菜单
    amenu = Tkinter.Menu(menubar)
    for each in ['版权信息','联系我们']:
        amenu.add_command(label = each)
    # 为顶级菜单实例添加菜单，并绑定相应的子菜单实例
    menubar.add_cascade(label='文件',menu=fmenu)
    menubar.add_cascade(label='视图',menu=vmenu)
    menubar.add_cascade(label='编辑',menu=emenu)
    menubar.add_cascade(label='关于',menu=amenu)
    window.config(menu = menubar)              # 显示菜单
    window.mainloop()                          # 进入主事件循环
```

程序运行结果如图 10-8 所示。

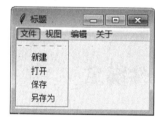 

图 10-8　例 10-8 运行结果

3. 弹出菜单

创建一个弹出菜单的方法也是类似的，不过需要使用 post() 方法将其显示出来。

【例 10-9】创建弹出菜单实例，代码如下：

```
from Tkinter import *          # 导入 Tkinter 库中所有内容
root = Tk()                    # 创建 Tkinter 对象
# 定义函数用于输出提示信息
def hello():
    print("选择了菜单!")
# 创建菜单
root.geometry("200x100")       # 设置窗口的大小
# 创建一个顶级菜单实例
```

```
menu = Menu(root)
menu.add_command(label=" 显示 ", command=hello)
menu.add_command(label=" 退出 ", command=root.quit)
# 弹出菜单
frame = Frame(root, width=512, height=512)
frame.pack()
# 定义函数，调用 post() 方法显示
def popup(event):
    menu.post(event.x_root, event.y_root)
# 绑定鼠标右键
frame.bind("<Button-3>", popup)
root.config(menu = menu)                    # 显示菜单
root.mainloop()                             # 进入主事件循环
```

程序运行结果如图 10-9 所示。

【程序说明】右键单击菜单空白处，弹出菜单项。单击"显示"命令，可输出信息"选择了菜单！"单击"退出"命令，可关闭窗口。

图 10-9　例 10-9 运行结果

10.3　事件绑定

一个 Tkinter 应用程序的大部分时间花费在事件循环上（通过 mainloop() 方法进入）。事件可以有多种来源，包括用户触发的鼠标、键盘操作或是系统事件。Tkinter 提供了强大的事件处理机制，对于每个控件来说，可以通过 bind() 方法将函数或方法绑定到具体的事件上，其语法格式如下：

```
控件对象名 .bind (event, handler)
```

其中，handler 是一个处理函数或方法；event 是 Tkinter 已经定义好的事件（通过事件序列机制定义）。

【例 10-10】捕获鼠标点击事件实例，代码如下：

```
from Tkinter import *                      # 导入 Tkinter 库中所有内容
root = Tk()                                # 创建 Tkinter 对象
```

```
# 定义函数，用于输出鼠标点击的坐标
def callback(event):
    print ("clicked at", event.x, event.y)
frame = Frame(root, width=200, height=100)      # 创建窗体
frame.bind("<Button-1>", callback)              # 绑定鼠标左键
frame.pack()                                    # 显示窗体
root.mainloop()                                 # 进入主事件循
```

程序运行结果如图 10-10 所示。

图 10-10　例 10-10 运行结果

10.3.1　事件序列

Tkinter 使用一种称为事件序列的机制来允许用户定义事件，事件序列以字符串的形式表示，其语法格式如下：

<modifier-type-detail>

说明：

（1）事件序列必须用尖括号括起来；

（2）type 字段是最重要的，它通常用于描述事件类型，如鼠标单击、键盘输入等，type 字段常用的关键字及含义见表 10-7。

表 10-7　type 字段常用的关键字及含义

关键字	含　义
Button	鼠标单击事件，detail 部分指定具体哪个按键：<Button-1> 鼠标左键，<Button-2> 鼠标中键，<Button-3> 鼠标右键。鼠标的位置 x 和 y 会被 event 对象传给 handler
ButtonRelease	鼠标释放事件，在大多数情况下，比 Button 要更好用，因为如果当用户不小心按下鼠标，用户可以将鼠标移出控件再释放鼠标，从而避免不小心触发事件
Configure	控件大小改变事件，新的控件大小会存储在 event 对象中的 width 和 height 属性中传递
Enter	鼠标移入控件事件
FocusIn	获得焦点事件
FocusOut	失去焦点事件
Leave	鼠标移出控件事件
KeyPress	键盘按下事件，detail 可指定具体的按键，例如，<KeyPress-H> 表示当大写字母 H 被按下时触发该事件，KeyPress 也可以简写成 Key
Motion	鼠标移动事件，鼠标在控件内移动的整个过程均触发该事件

（3）modifier 字段是可选的，它通常用于描述组合键，如 Ctrl、Shift 等，modifier 字段常用的关键字及含义见表 10-8。

表 10-8　modifier 字段常用的关键字及含义

关键字	含　义
Alt	当按下 Alt 键时
Any	表示任何类型的按键被按下时，例如，<Any-KeyPress> 表示当用户按下任意键时触发事件
Control	当按下 Ctrl 键时
Double	当后续事件被连续触发两次时，例如，<Double-Button-1> 表示当用户双击鼠标左键时触发事件
Lock	当打开大写字母锁定键时
Shift	当按下 Shift 键时
Triple	跟 Double 类似，当后续事件被连续触发三次时

（4）detail 字段也是可选的，它通常用于描述具体的按键，如 Button-1 表示单击鼠标左键。

10.3.2　事件对象

当 Tkinter 调用预先定义的函数时，会将事件对象（作为参数）传递给函数，事件对象的属性及含义见表 10-9。

表 10-9　事件对象的属性及含义

属　性	含　义
widget	产生事件的控件
x, y	当前鼠标的位置（相对于窗口左上角，单位为像素）
x_root, y_root	当前鼠标的位置（相对于屏幕左上角，单位为像素）
char	字符代码（仅限键盘事件），作为字符串
keysym	关键符号（仅限键盘事件）
keycode	关键代码（仅限键盘事件）
num	按钮数字（仅限鼠标按钮事件）
width, height	控件的新尺寸（Configure 事件专属）
type	事件类型

【例 10-11】事件绑定实例，代码如下：

```
import Tkinter                    # 导入 Tkinter 库
window = Tkinter.Tk()            # 创建 Tkinter 对象
window.title(" 标题 ")            # 设置标题
```

```
window.geometry("200x100")                    #设置窗口的大小
# 鼠标单击绑定事件
def func(event):
    print("单击! ")
window.bind("<Button-1>",func)
# 鼠标双击绑定事件
def func1(event):
    print("双击! ")
window.bind("<Double-Button-1>",func1)
# 鼠标移入绑定事件
def func2(event):
    print("鼠标移入! ")
window.bind("<Enter>",func2)
# 实现的一个拖拽功能
def func3(event):
    x=str(event.x_root)                        #鼠标相对于左上角的 x 位置
    y=str(event.y_root)                        #鼠标相对于左上角的 y 位置
    window.geometry("200x100+"+x+"+"+y)        #设置窗口的大小
window.bind("<B1-Motion>",func3)               #绑定鼠标单击拖拽功能,
window.mainloop()                              #进入事件(消息)循环
```

程序运行结果如图 10-11 所示。

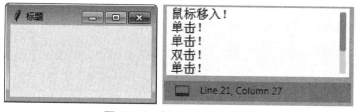

图 10-11　例 10-11 运行结果

【程序说明】当鼠标移入窗体时,输出"鼠标移入!"当单击鼠标时,输出"单击!"当双击鼠标时,输出"双击!"当鼠标下移时,窗口会跟着鼠标移动。

10.4　布局管理器

布局是指控制窗口容器中各个控件的位置关系。Tkinter 共有 3 种几何布局管理器,

分别是 pack 布局、grid 布局和 place 布局。

10.4.1 pack 布局

pack 布局是按添加的顺序排列控件，即向容器中添加控件，第一个添加的控件在最上方，然后依次向下排列。pack 布局的常用属性见表 10-10。

表 10-10　pack 布局的常用属性

属性名	含　义	取值说明
fill	设置控件是否向水平或垂直方向填充	X（水平方向填充）、Y（垂直方向填充）、BOTH（水平和垂直）、NONE（不填充）
expand	设置控件是否展开，当值为 YES 时，side 选项无效，控件显示在父容器中心位置；若 fill 选项为 BOTH，则填充父控件的剩余空间；默认为不展开	expand = YES expand = NO
side	设置控件的对齐方式	LEFT（左）、TOP（上）、RIGHT（右）、BOTTOM（下）
ipadx，ipady	设置 x 方向（或者 y 方向）内部间隙（与子控件之间的间隔）	可设置数值（非负整数，单位为像素），默认是 0
padx，pady	设置 x 方向（或者 y 方向）外部间隙（与之并列的控件之间的间隔）	可设置数值（非负整数，单位为像素），默认是 0
anchor	锚选项，当可用空间大于所需求的尺寸时，决定控件被放置于容器的位置	N，E，S，W，NW，NE，SW，SE，CENTER（默认值为 CENTER），表示八个方向以及中心

【例 10-12】pack 布局实例，代码如下：

```
from Tkinter import *            # 导入 Tkinter 库中所有内容
root = Tk()                      # 创建 Tkinter 对象
# 创建三个标签
Label(root, text = 'pack1', bg = 'red').pack()
Label(root, text = 'pack2', bg = 'blue').pack()
Label(root, text = 'pack3', bg = 'green').pack()
root.mainloop()                  # 进入主事件循环
```

程序运行结果如图 10-12 所示。

图 10-12　例 10-12 运行结果

【提示】pack 布局适用于少量控件的排列，当界面复杂度增加时，要实现某种布局效果，需要分层来实现。

【例 10-13】分层实现较复杂布局，代码如下：

```
from Tkinter import *                    # 导入 Tkinter 库中所有内容
root = Tk()                              # 创建 Tkinter 对象
root.title("Pack - Example")             # 设置标题
# 使用 Frame 增加一层容器
fm1 = Frame(root)
# 创建 3 个按钮，从上到下排列
Button(fm1, text='Top').pack(side=TOP, anchor=W, fill=X)
Button(fm1, text='Center').pack(side=TOP, anchor=W, fill=X)
Button(fm1, text='Bottom').pack(side=TOP, anchor=W, fill=X)
fm1.pack(side=LEFT, fill=Y)
# 使用 Frame 再增加一层容器
fm2 = Frame(root)
# 创建 3 个按钮，从左到右排列
Button(fm2, text='Left').pack(side=LEFT)
Button(fm2, text='This is the Center button').pack(side=LEFT)
Button(fm2, text='Right').pack(side=LEFT)
fm2.pack(side=LEFT, padx=10)             # 与 fm1 间隔 10
root.mainloop()
```

程序运行结果如图 10-13 所示。

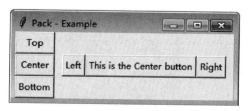

图 10-13　例 10-13 运行结果

【程序说明】窗口的左侧是 fm1，右侧是 fm2。

10.4.2 grid 布局

grid 布局又称为网格布局，是 Tkinter 布局管理器中最灵活多变的布局方法。由于大多数程序界面都是矩形的，我们可以将它划分为由行和列组成的网格，然后根据行号和列号，将控件放置于网格之中。grid 布局的常用属性见表 10-11。

表 10-11 grid 布局的常用属性

属性名	含 义	取值说明
row，column	row 为行号，column 为列号，设置控件放置的位置（第几行第几列）	row 和 column 的序号都从 0 开始
sticky	设置控件在网格中的对齐方式（类似于 pack 布局中的锚选项）	N，E，S，W，NW，NE，SW，SE，CENTER
rowspan，columnspan	控件所跨越的行数或列数	取值为跨越占用的行数或列数
ipadx，ipady，padx，pady	控件的内部和外部间隔距离	与 pack 的该属性用法相同

【例 10-14】 grid 布局实例，代码如下：

```
from Tkinter import *              # 导入 Tkinter 库中所有内容
root = Tk()                        # 创建 Tkinter 对象
colours = ['red','green','orange','white','yellow','blue']
# 定义颜色列表
r = 0
# 循环创建标签和不同颜色的输入框
for c in colours:
    Label(root,text=c,  width=15).grid(row=r,column=0)
    Entry(root,bg=c, width=10).grid(row=r,column=1)
    r = r + 1
root.mainloop()                                        # 进入主事件循
```

程序运行结果如图 10-14 所示。

图 10-14 例 10-14 运行结果

10.4.3　place 布局

place 布局使用控件坐标来放置控件的位置。place 布局的常用属性见表 10-12。

表 10-12　place 布局的常用属性

属性名	含　义	取值说明
x，y	控件左上角的 x，y 坐标（绝对位置）	整数，默认值为 0，单位像素
relx，rely	控件相对于父容器的 x，y 坐标（相对位置）	0～1 之间浮点数，0.0 表示左边缘（或上边缘），1.0 表示右边缘（或下边缘）
width，height	控件的宽度和高度	非负整数，单位像素
relwidth，relheight	控件相对于父容器的宽度和高度	与 relx 和 rely 取值相似
anchor	锚选项	同 pack 布局
bordermode	如果设置为 INSIDE，不包括边框；如果是 OUTSIDE，包括边框 OUTSIDE（默认值 INSIDE）	INSIDE，

【例 10-15】place 布局实例，代码如下：

```
from Tkinter import *                        # 导入 Tkinter 库中所有内容
root = Tk()                                  # 创建 Tkinter 对象
root.geometry("200x100")                     # 设置窗口大小
la = Label(root,text = 'hello Place a')      # 创建标签 la
la.place(x = 0,y = 0,anchor = NW)            # 将 Label 放置到 (0,0)
位置上
lb = Label(root,text = 'hello Place b')      # 创建标签 lb
lb.place(relx = 0.5,rely = 0.5,anchor = CENTER)   # 将标签放置到窗
口中央
root.mainloop()                              # 进入主事件循环
```

程序运行结果如图 10-15 所示。

【程序说明】在同一个主窗口中不要混用这 3 种布局管理器。不推荐使用 place 布局，因为在不同分辨率下，界面往往有较大差异。

图 10-15　例 10-15 运行结果

10.5　标准对话框

Tkinter 提供了 3 种标准对话框模块，分别是 Messagebox 模块、Filedialog 模块和 Colorchooser 模块。

10.5.1　Messagebox 模块

Messagebox 模块用于显示一个模式对话框，其中包含一个系统图标、一组按钮和一个简短的特定于应用程序的消息，如状态或错误信息。

Messagebox 模块提供了 7 个常用函数用于显示不同的消息对话框，分别是 askokcancel()、askquestion()、askretrycancel()、askyesno()、showerror() 和 showwarning()。

【例 10-16】 Messagebox 模块实例，代码如下：

```
import Tkinter as tk                        # 导入 Tkinter 模块并命名为 tk
from Tkinter import messagebox as msgbox        # 导入模块并命名
# 定义各个函数用于相应按钮事件
def btn1_clicked():
    msgbox.showinfo("Info", " showinfo 测试！")
def btn2_clicked():
    msgbox.showwarning("Warning", " showwarning 测试！")
def btn3_clicked():
    msgbox.showerror("Error", "showerror 测试！")
def btn4_clicked():
    msgbox.askquestion("Question", "askquestion 测试！")
def btn5_clicked():
    msgbox.askokcancel("OkCancel", "askokcancel 测试！")
def btn6_clicked():
    msgbox.askyesno("YesNo", "askyesno 测试！")
def btn7_clicked():
    msgbox.askretrycancel("Retry", "askretrycancel 测试！")
top = tk.Tk()                            # 创建 Tkinter 对象
top.title("MsgBox Test")                    # 设置标题
# 创建按钮用于触发各个对话框函数
btn1 = tk.Button(top, text = "showinfo", command = btn1_clicked)
btn1.pack(fill = tk.X)
```

```
    btn2 = tk.Button(top, text = "showwarning", command = btn2_
clicked)
    btn2.pack(fill = tk.X)
    btn3 = tk.Button(top, text = "showerror", command = btn3_
clicked)
    btn3.pack(fill = tk.X)
    btn4 = tk.Button(top, text = "askquestion", command = btn4_
clicked)
    btn4.pack(fill = tk.X)
    btn5 = tk.Button(top, text = "askokcancel", command = btn5_
clicked)
    btn5.pack(fill = tk.X)
    btn6 = tk.Button(top, text = "askyesno", command = btn6_clicked)
    btn6.pack(fill = tk.X)
    btn7 = tk.Button(top, text = "askretrycancel", command = btn7_
clicked)
    btn7.pack(fill = tk.X)
    top.mainloop()                              # 进入主事件循环
```

程序运行结果如图 10-16 所示。

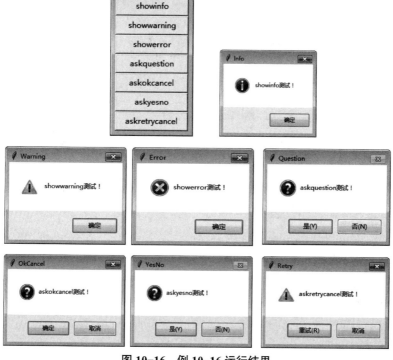

图 10-16　例 10-16 运行结果

10.5.2 Filedialog 模块

Filedialog 模块用于打开文件对话框，该模块提供了 2 个函数：askopenfilename() 函数用于打开"打开"对话框，asksaveasfilename() 函数用于打开"另存为"对话框。

【例 10-17】Filedialog 模块实例，代码如下：

```
import Tkinter.filedialog            # 导入 Tkinter.filedialog 模块
from Tkinter import *                # 导入 Tkinter 模块
root = Tk()                          # 创建 Tkinter 对象
# 定义函数用于相应按钮事件
def callback():
    fileName = filedialog.askopenfilename()    # 打开"打开"对话框
    print(fileName)                  # 输出文件名
# 创建按钮
Button(root,text=' 打开文件 ',command=callback).pack()
root.mainloop()                      # 进入主事件循环
```

程序运行结果如图 10-17 所示。

图 10-17　例 10-17 运行结果

10.5.3 Colorchooser 模块

Colorchooser 模块用于打开颜色选择对话框，由 askcolor() 函数实现。

【例 10-18】Colorchooser 模块实例，代码如下：

```
import Tkinter.colorchooser         # 导入 Tkinter.colorchooser 模块
from Tkinter import *                # 导入 Tkinter 模块
root = Tk()                          # 创建 Tkinter 对象
```

```
# 定义函数用于相应按钮事件
def callback():
    fileName = colorchooser.askcolor()    # 打开颜色选择对话框
    print(fileName)                        # 输出颜色信息
# 创建按钮
Button(root,text=" 选择颜色 ",command=callback).pack()
root.mainloop()                            # 进入主事件循环
```

程序运行结果如图 10-18 所示。

图 10-18　例 10-18 运行结果

10.6　典型案例

【例 10-19】编写计算器应用程序，实现简单的算术运算功能。

【问题分析】根据分析，计算器应用程序可分为两大功能模块：

（1）创建计算器界面。计算器界面由多个按钮（如数字按钮、符号按钮等）和一个标签（用于输出按钮信息和计算结果）构成，可利用 Tkinter 提供的 Button 控件和 Label 控件实现，再利用布局管理器（grid 布局）将各个控件排列显示，其中创建 Button 控件时利用其 command 属性调用相应的功能函数。

（2）创建按钮键值类。该类中定义一个构造方法用于接收按钮值，然后定义多个方法用于实现具体的按键功能（供 Button 控件调用），包括实现添加数值功能的方法，实现删除功能的方法，实现清空功能的方法，实现切换正负号功能的方法，实现添加小数点功能的方法，以及实现计算功能的方法。

【参考代码】

```
import Tkinter,time,decimal,math,string    # 加载各种库
window=Tkinter.Tk()                        # 创建 Tkinter 对象
```

```
    window.title(' 计算器 ')                      # 设置标题
    window.resizable(0,0)                         # 设置大小不可变
    # 全局变量，storage 存储列表，vartext 存储字符串，result 存储结果，symbol 存储符号
    global storage,vartext,result,symbol
    result = symbol = None                        # 变量 result 和 symbol 设置值为 None
    vartext = Tkinter.StringVar()                 # 创建 StringVar 对象
    storage = []                                  # 变量 storage 设置为列表


    # 按键值类
    class key_press:
        global storage,vartext,result,symbol      # 引用全局变量
                                                   # 构造方法，设置按键属性

        def__init__(self,anjian):
            self.key=anjian                        # 按键名称


        # 用于将按键值添加到 storage 列表，再将 storage 的值设置为 vartext 的值
        def jia(self):
            storage.append(self.key)               # 将按键值添加到 storage 列表
            vartext.set(''.join(storage))          # 连接成新字符串，并设置为 vartext
                                                   #  的值


        # 删除功能
        def retreat(self):
            storage.pop()          # 移除 storage 列表的值（默认最后一个元素）
            vartext.set(''.join(storage))          # 连接成新字符串，并设置为 vartext
                                                   #  的值


        # 清除功能
        def clear(self):
            storage.clear()                        # 清空 storage 列表
            vartext.set('')                        # 设置 vartext 的值为空
            result = None                          # 变量 result 结果改为 None
            symbol = None                          # 变量 symbol 结果改为 None


        # 切换正负功能
        def plus_minus(self):
            if storage[0]:                         # 先判断 storage[0] 是否有值
```

```
            if storage[0] =='-':          # 如果 storage[0] 值为 "-"
                storage[0]='+'            # 将 storage[0] 值改为 "+"
            elif storage[0]=='+':          # 如果 storage[0] 值为 "+"
                storage[0]='-'            # 将 storage[0] 值为 "-"
            else:
                storage.insert(0,'-')
        vartext.set(''.join(storage))      # 连接成新字符串，并设置为 vartext
                                          #   的值


    # 添加小数点功能
    def decimal_point(self):
        if storage.count('.')>=1:          # 如果已经存在小数点，则什么都不做
            pass
        else:
            if storage==[]:                # 如果 storage 为空
                storage.append('0')        # 给 storage 队列添加 0
            storage.append('.')           # 给 storage 队列添加 .
            vartext.set(''.join(storage))   # 连接成新字符串，设置为
                                          #       vartext 的值


    # 运算
    def operation(self):
        global storage,vartext,result,symbol # 引用全局变量
        if vartext.get()=='':        # 如果 vartext 中没有值，则什么也不做
            pass
        else:
            get1=decimal.Decimal(vartext.get())      # 获取输入的数值
            if self.key in ('1/x','sqrt'):    # 如果按键值属于 '1/x'
                                              #     和 'sqrt' 其中之一
                if self.key=='1/x':            # 如果按键值是 "1/x"
                    result=1/get1      # 将结果赋值给变量 result
                elif self.key=='sqrt': # 如果按键值是 "sqrt"
                    result=math.sqrt(get1)    # 计算变量 get1 的平方根
            elif self.key in ('+','-','*','/','='):# 判断按键值
                if symbol is not None: # 如果 symbol 变量不是 None
                    get1 = decimal.Decimal(result)  # 获取第一次输入
                                                  #         的数值
```

```
                get2=decimal.Decimal(vartext.get())
                                        # 获取第二次输入数值
            if symbol=='+':             # 如果符号是 "+"
                result=get1+get2        # 相加
            elif symbol=='-':           # 如果符号是 "-"
                result=get1-get2        # 相减
            elif symbol=='*':           # 如果符号是 "*"
                result=get1*get2            # 相乘 t
            elif symbol=='/':           # 如果符号是 "/"
                result=get1 / get2      # 相除
        else:                           # 如果没有输入符号
            result=get1                 # 获取 get1 的值
        if self.key=='=':               # 若输入键值为 "="
            symbol = None               # 变量 symbol 则赋值为 None
        else:                           # 输入的键值不为 "="
            symbol = self.key   # 将输入的键值赋值给 symbol
    print(symbol)                   # 输出变量 symbol，表示符号
    print(result)                   # 输出变量 result，表示结果
    vartext.set(str(result))
                    # 将结果转为字符串形式，并设置为 vartext 值
    storage.clear()             # 清空 storage 列表


# 计算器布局
def layout(window):
    global storage, vartext,result,symbol       # 引用全局变量
    # 设置顶部标签，用于展示按键的值
    entry1=Tkinter.Label(window,width=30,height=2,bg='white',anc
hor='se',\
        textvariable=vartext)
    entry1.grid(row=0,columnspan=5)


    # 添加按钮
    buttonJ=Tkinter.Button(window,text=' ← ',width=5,command=key_
press('c').retreat)
    buttonCE=Tkinter.Button(window,text='',width=5)
    buttonC=Tkinter.Button(window,text='C',width=5, command=key_
press('c').clear)
```

```
        button12=Tkinter.Button(window,text='±',width=5,\
            command=key_press('c').plus_minus)
        buttonD=Tkinter.Button(window,text=' √ ',width=5,\
            command=key_press('sqrt').operation)
        buttonJ.grid(row=2,column=0)
        buttonCE.grid(row=2,column=1)
        buttonC.grid(row=2,column=2)
        button12.grid(row=2,column=3)
        buttonD.grid(row=2,column=4)
        button7=Tkinter.Button(window,text='7',width=5,command=key_
press('7').jia)
        button8=Tkinter.Button(window,text='8',width=5,command=key_
press('8').jia)
        button9=Tkinter.Button(window,text='9',width=5,command=key_
press('9').jia)
        buttonc=Tkinter.Button(window, text='/',width=5, command=key_
press('/').operation)
        buttonf=Tkinter.Button(window, text=' ',width=5)
        button7.grid(row=3,column=0)
        button8.grid(row=3,column=1)
        button9.grid(row=3,column=2)
        buttonc.grid(row=3,column=3)
        buttonf.grid(row=3,column=4)
        button4=Tkinter.Button(window,text='4',width=5,command=key_
press('4').jia)
        button5=Tkinter.Button(window,text='5',width=5,command=key_
press('5').jia)
        button6=Tkinter.Button(window,text='6',width=5,command=key_
press('6').jia)
        buttonx=Tkinter.Button(window,text='*',width=5, command=key_
press('*').operation)
        buttonfs=Tkinter.Button(window,text='1/x',width=5,\
            command=key_press('1/x').operation)
        button4.grid(row=4,column=0)
        button5.grid(row=4,column=1)
        button6.grid(row=4,column=2)
        buttonx.grid(row=4,column=3)
```

```
        buttonfs.grid(row=4,column=4)
        button1=Tkinter.Button(window,text='1',width=5,command=key_
press('1').jia)
        button2=Tkinter.Button(window,text='2',width=5,command=key_
press('2').jia)
        button3=Tkinter.Button(window,text='3',width=5,command=key_
press('3').jia)
        button_=Tkinter.Button(window,text='-',width=5,command=key_
press('-').operation)
       buttondy=Tkinter.Button(window,text='\n=\n',width=5,\
          command=key_press('=').operation)
      button1.grid(row=5,column=0)
      button2.grid(row=5,column=1)
      button3.grid(row=5,column=2)
      button_.grid(row=5,column=3)
      buttondy.grid(row=5,column=4,rowspan=2)
       button0=Tkinter.Button(window,text='0',width=11,command=key_
press('0').jia)
      buttonjh=Tkinter.Button(window,text='.',width=5,\
          command=key_press('c').decimal_point)
      buttonjia=Tkinter.Button(window,text='+',width=5,\
          command=key_press('+').operation)
      button0.grid(row=6,column=0,columnspan=2)
      buttonjh.grid(row=6,column=2)
      buttonjia.grid(row=6,column=3)


    layout(window)                              #window 窗口应用 layout 布局
    window.mainloop()                           # 进入事件（消息）循环
    import Tkinter,time,decimal,math,string      #加载各种库
    window=Tkinter.Tk()                         # 创建 Tkinter 对象
    window.title(' 计算器 ')                     # 设置标题
    window.resizable(0,0)                       # 设置大小不可变
    # 全局变量，storage 存储列表，vartext 存储字符串，symbol 存储符号
    global storage,vartext,result,symbol
    result=symbol=None                         # 变量 result 和 symbol 设置值为 None
    vartext=Tkinter.StringVar()                # 创建 StringVar 对象
    storage=[]                                 # 变量 storage 设置为列表
```

```
# 按键值类
class key_press:
    global storage,vartext,result,symbol        # 引用全局变量
    # 构造方法，设置按键属性
    def __init__(self,anjian):
        self.key=anjian                          # 按键名称

    # 用于将按键值添加到 storage 列表，再将 storage 的值设置为 vartext 的值
    def jia(self):
        storage.append(self.key)        # 将按键值添加到 storage 列表
        vartext.set(''.join(storage))

    # 删除功能
    def retreat(self):
        storage.pop()        # 移除 storage 列表的值（默认最后一个元素）
        vartext.set(''.join(storage))

    # 清除功能
    def clear(self):
        storage.clear()                  # 清空 storage 列表
        vartext.set('')                  # 设置 vartext 的值为空
        result=None                      # 变量 result 结果改为 None
        symbol=None                      # 变量 symbol 结果改为 None

    # 切换正负功能
    def plus_minus(self):
        if storage[0]:                   # 先判断 storage[0] 是否有值
            if storage[0]=='-':          # 如果 storage[0] 值为 "-"
                storage[0]='+'           # 将 storage[0] 值改为 "+"
            elif storage[0]=='+':        # 如果 storage[0] 值为 "+"
                storage[0]='-'           # 将 storage[0] 值为 "-"
            else:
                storage.insert(0,'-')
        vartext.set(''.join(storage))
                                # 连接成新字符串，并设置为 vartext 的值

    # 添加小数点功能
```

```
    def decimal_point(self):
        if storage.count('.')>=1:        #如果已经存在小数点，则什么都不做
            pass
        else:
            if storage==[]:                   #如果storage为空
                storage.append('0')          #给storage队列添加0
            storage.append('.')               #给storage队列添加.
            vartext.set(''.join(storage))
    #运算
    def operation(self):
        global storage,vartext,result,symbol #引用全局变量
        if vartext.get() == '':           #如果vartext中没有值，则什么也不做
            pass
        else:
            get1=decimal.Decimal(vartext.get())      #获取输入的数值
            if self.key in ('1/x','sqrt'):
                                    #如果按键值属于'1/x'和'sqrt'其中之一
                if self.key=='1/x':          #如果按键值是"1/x"
                    result=1/get1            #将结果赋值给变量result
                elif self.key=='sqrt':       #如果按键值是"sqrt"
                    result=math.sqrt(get1)    #计算变量get1的平方根
            elif self.key in('+','-','*','/','='):        #判断按键值
                if symbol is not None:      #如果symbol变量不是None
                    get1=decimal.Decimal(result)
                                            #获取第一次输入的数值
                get2=decimal.Decimal(vartext.get())
                                            #获第二次输入数值
                if symbol=='+':              #如果符号是"+"
                    result=get1+get2         #相加
                elif symbol=='-':            #如果符号是"-"
                    result=get1-get2         #相减
                elif symbol=='*':            #如果符号是"*"
                    result=get1*get2         #相乘t
                elif symbol=='/':            #如果符号是"/"
                    result=get1/get2         #相除
                else:                        #如果没有输入符号
                    result=get1              #获取get1的值
```

```
                    if self.key=='=':           # 若输入键值为 "="
                        symbol=None  # 变量 symbol 则赋值为 None
                    else:                        # 输入的键值不为 "="
                        symbol=self.key      # 将输入的键值赋值给 symbol
            print(symbol)                    # 输出变量 symbol，表示符号
            print(result)                    # 输出变量 result，表示结果
            vartext.set(str(result))  # 将结果转为字符串形式，并设置为
                                             vartext 值
            storage.clear()                      # 清空 storage 列表

# 计算器布局
def layout(window):
    global storage, vartext, result, symbol   # 引用全局变量
                                         # 设置顶部标签，用于展示按键的值
    entry1=Tkinter.Label(window,width=30,height=2,bg='white',anchor='se',\
        textvariable=vartext)
    entry1.grid(row=0,columnspan=5)

    # 添加按钮
    buttonJ=Tkinter.Button(window,text=' ← ',width=5,command=key_press('c').retreat)
    buttonCE=Tkinter.Button(window,text='',width=5)
     buttonC=Tkinter.Button(window,text='C',width=5,command=key_press('c').clear)
    button12=Tkinter.Button(window,text='±',width=5,\
        command=key_press('c').plus_minus)
    buttonD=Tkinter.Button(window,text=' √ ',width=5,\
        command=key_press('sqrt').operation)
    buttonJ.grid(row=2,column=0)
    buttonCE.grid(row=2,column=1)
    buttonC.grid(row=2,column=2)
    button12.grid(row=2,column=3)
    buttonD.grid(row=2,column=4)
     button7=Tkinter.Button(window,text='7',width=5,command=key_press('7').jia)
        button8=Tkinter.Button(window,text='8',width=5,command=key_
```

```
press('8').jia)
        button9=Tkinter.Button(window,text='9',width=5,command=key_
press('9').jia)
        buttonc=Tkinter.Button(window,text='/',width=5,command=key_
press('/').operation)
      buttonf= Tkinter.Button(window, text=' ',width=5)
      button7.grid(row=3,column=0)
      button8.grid(row=3,column=1)
      button9.grid(row=3,column=2)
      buttonc.grid(row=3,column=3)
      buttonf.grid(row=3,column=4)
       button4=Tkinter.Button(window,text='4',width=5,command=key_
press('4').jia)
        button5=Tkinter.Button(window,text='5',width=5,command=key_
press('5').jia)
        button6=Tkinter.Button(window,text='6',width=5,command=key_
press('6').jia)
        buttonx=Tkinter.Button(window,text='*',width=5,command=key_
press('*').operation)
      buttonfs=Tkinter.Button(window,text='1/x',width=5,\
          command=key_press('1/x').operation)
      button4.grid(row=4,column=0)
      button5.grid(row=4,column=1)
      button6.grid(row=4,column=2)
      buttonx.grid(row=4,column=3)
       buttonfs.grid(row=4,column=4)
       button1=Tkinter.Button(window, text='1',width=5,command=key_
press('1').jia)
        button2=Tkinter.Button(window,text='2',width=5,command=key_
press('2').jia)
        button3=Tkinter.Button(window,text='3',width=5,command=key_
press('3').jia)
        button_=Tkinter.Button(window,text='-',width=5,command=key_
press('-').operation)
      buttondy=Tkinter.Button(window,text='\n=\n',width=5,\
          command=key_press('=').operation)
      button1.grid(row=5,column=0)
```

```
        button2.grid(row=5,column=1)
        button3.grid(row=5,column=2)
        button_.grid(row=5,column=3)
        buttondy.grid(row=5,column=4,rowspan=2)
         button0=Tkinter.Button(window,text='0',width=11,command=key_
press('0').jia)
        buttonjh=Tkinter.Button(window,text='.',width=5,\
            command=key_press('c').decimal_point)
        buttonjia=Tkinter.Button(window,text='+',width=5,\
            command=key_press('+').operation)
        button0.grid(row=6,column=0,columnspan=2)
        buttonjh.grid(row=6,column=2)
        buttonjia.grid(row=6,column=3)

    layout(window)                          #window 窗口应用 layout 布局
    window.mainloop()                       # 进入事件（消息）循环
```

程序运行结果如图 10-19 所示。

图 10-19   例 10-19 运行结果

总　结

> 了解 Tkinter 组件的应用；
> 熟悉 Tkinter 的几种常用控件；
> 掌握事件绑定和布局管理器的使用方法；
> 了解标准对话框的使用方法。

拓展阅读

党的二十大报告强调,加快实施创新驱动发展战略,加快实现高水平科技自立自强。以国家战略需求为导向,集聚力量进行原创性引领性科技攻关,坚决打赢关键核心技术攻坚战,创新是第一动力。因此,我们应当把创新思维带到生活学习的方方面面。在学习构建一个 GUI 界面时,不仅要考虑界面的美观和用户兼容性,更要考虑到产品的创新性,在使用好 Label 控件,Button 控件,Entry 控件和 Menu 控件的前提下,力争创建出一个具有中国特色元素(例如传统文化、红色文化等)的 GUI 界面。

习 题

一、选择题

1. 下列关于创建一个 GUI 应用程序的说法错误的是( )。

A. 需要导入 Tkinter 模块

B. 必须创建一个顶层窗口对象

C. 程序最后必须调用 mainloop() 进入主事件循环

D. 可以不创建顶层窗口对象

2. 下列选项中哪个不属于 Tkinter 常用控件( )。

A. Button   B. Entry   C. Labe   D. Window

3. 下列控件中有 command 属性的是( )。

A. Button   B. Entry   C. Labe   D. Fram

4. 下列事件表示单击鼠标左键的是( )。

A. <Double-Button-1>   B. <Button-1>

C. <Button-2>   D. <Button-3>

5. 下列哪个不属于 Tkinter 的布局管理器( )。

A. pack 布局   B. grid 布局   C. gride 布局   D. place 布局

二、填空题

1. Tkinter 提供了强大的事件处理机制,对于每个控件来说,可以通过_____将函数或者方法绑定到具体的事件中。

2. Tkinter 提供了 3 种标准的对话框模块,分别是_____、_____和_____。

三、编程题

设计一个窗体,模拟登录界面,当用户输入正确的用户名和密码时提示"登陆成功",否则对应的提示"用户名或密码错误"。

第 11 章　Python 爬虫

内容要点：

■ 网络爬虫的基本概念；

■ 爬虫的工作原理与过程；

■ 爬虫的基础知识；

■ 网页信息提取的方法；

■ Python 爬虫框架 –Scrapy。

思政目标：

■ 通过本章的学习，增强学生的信息安全意识和法律保护意识。

11.1　网络爬虫的基本概念

11.1.1　什么是网络爬虫

网络爬虫，也有人称为网络机器人，是一种能够按照事先设定好的规则自动地对互联网数据进行抓取的一段程序或者一个脚本。通俗地说，网络爬虫能够将网页上展示出来的数据通过非人工的手段进行获取，从而取代传统地人工获取数据的形式。在大数据时代，数据信息量大而繁琐，人工获取信息重复单调且效率低下，出错率较高，数据获取成本也较高；网络爬虫则可以很好地解决这个问题。网络爬虫不光可以爬取搜索引擎的站点信息，还可以对数据进行挖掘，可应用于各个领域。

网络爬虫可以选用的语言非常多，只要是能够对网页发起请求的语言都可以编写爬虫代码。常用的爬虫编写语言有 Python，Java，C# 等，而 Python 因为其功能强大、语法简单等优点，是使用最多的爬虫编写语言。本章节中所用到例子均为 Python 语言编写。

11.1.2　网络爬虫的分类

理论上，按照系统结构和实现技术的不同，将网络爬虫分为通用网络爬虫（General Purpose Web Crawler）、聚焦网络爬虫（Focused Web Crawler）、增量式网络爬虫

（Incremental Web Crawler）以及深层网络爬虫（Deep Web Crawler）等四类。但是在实际应用中，往往是将几种爬虫分类技术相结合来实现的。

1. 通用网络爬虫（General Purpose Web Crawler）

通用网络爬虫又可称为网爬虫（Scalable Web Crawler），它爬取的对象从种子路径（URL）扩充到整个网页（Web）。通用网络爬虫通常用来为门户站点的搜索引擎和大型 Web 服务提供商爬取数据。但是由于通用网络爬虫自身具有一定的局限性：①通用搜索引擎爬取数据返回的均为网页，会有一定数据存在冗余，用户实际利用率不高；②无法根据不同用户的领域、需求等进行定制化服务；③对现下较为常见的图片、视频、音频等多媒体数据不能很好地爬取；④通用搜索引擎在使用时大多数都是根据关键字搜索。这些局限性限制了通用网络爬虫的应用。

2. 聚焦网络爬虫（Focused Web Crawler）

聚焦网络爬虫是一种能够选择性爬取与预先定义好的规则相关页面的网络爬虫，因此，聚焦网络爬虫能够"面向特定主题需求"。与上文提到的通用网络爬虫相比，聚焦网络爬虫首先会对待爬取数据进行一次数据处理筛选，尽量抓取与所需目标相关的网页数据。这样做可以极大地节省硬件资源，爬取较少数据而增加爬取速度，同时还可进行定制化服务。聚焦网络爬虫还增加了链接评价模块以及内容评价模块。

3. 增量式网络爬虫（Incremental Web Crawler）

增量式网络爬虫能够增量式更新已下载的网页或发生变化的网页，换句话说就是只对有改变的地方进行更新，没有改变的地方则不会发生变化。在很大程度上可以认为增量式网络爬虫爬取的页面为新页面。增量式更新可减少数据下载量，缩短数据下载时间，节省数据存储空间，与此同时，增加了爬取算法的复杂度和难度。

4. 深层网络爬虫（Deep Web Crawler）

Web 按照存在方式的不同可以分为表层网页（Surface Web）和深层网页（Deep Web）。Surface Web 是传统意义上只用搜索引擎就可以搜索的页面，用超链接就可以实现以静态网页为主的 Web 页面。Deep Web 是在网页上通过静态链接不能获取的数据，通常隐藏在搜索表单后，例如常见的注册或登录页面，那些在注册或登录后才能访问的网页就属于 Deep Web。在对 Deep Web 进行数据爬取时，需要注意：①以领域知识的表单为基础，建立一个填写表单的关键词库，能够根据语义进行分析，从而选择相对应的关键词进行填写；②以网页结构的表单为基础，对网页的结构进行分析，分析完成后自动对表单进行填写，这里暂不考虑领域知识。

11.1.3 Python 网络爬虫框架介绍

框架可以简单地理解为一个"半成品"，在框架中编写程序，可以极大地减少编写难度，节省编写时间。在 Python 中，有很多帮助实现爬虫项目的框架。常见的爬虫框架有：

Scrapy 框架、PySpider 框架、Crawley 框架、Portia 框架、Newspaper 框架、Beautiful Soup
框架、Cola 框架等。本章主要对 Scrapy 框架进行介绍学习。

11.2　网络爬虫基础知识

前面小节中，已经了解网络爬虫的基本知识；对网络爬虫的分类有了初步的了解；对
现有的 Python 框架也有了一定了解。这节我们主要学习：HTTP 请求相关基础知识，以及
如何根据 HTTP 请求的结构构建爬虫等内容。

11.2.1　HTTP 请求

HTTP 请求指客户端（浏览器）像服务端发送请求，服务端在接收到客户端发送的请
求后，对发送的请求进行处理，处理后的数据返回给客户端，这样在浏览页面时，就能看
到相应请求的内容在页面上显示出来。

爬虫也可以理解为：发送 HTTP 请求，获取 response，在 response 中会存放需要的数
据，最后将需要的数据存储到本地。

1. 请求方式

HTTP 请求的请求方式一般有 GET 请求和 POST 请求两种。

（1）GET 方法：向指定的页面发送请求，请求指定的页面信息，最后返回实体主体。
在 GET 请求中，请求的数据都是放在 URL 中，通常向服务器获取数据用的就是 GET 请求。

（2）POST 方法：向指定的资源进行请求，请求处理提交的数据，例如提交表单等。
在 POST 请求中，数据包含在了请求体中。为了避免新资源和已有资源冲突，一般在使用
POST 请求向服务器发送数据的时候，数据放在请求体里。

GET 请求和 POST 请求最主要的区别就在于：请求的数据存放位置不同。GET 请求
存放在 URL 中，POST 请求存放在请求体里面。具体区别见表 11-1。

表 11-1　相同操作下 GET 请求与 POST 请求的具体区别

操作	GET	POST
点击返回 / 刷新按钮	没有影响	数据会重新发送（浏览器将会提示用户"数据会被重新提交"）
添加书签	可以	不可以
缓存	可以	不可以
编码类型 Encoding type	Application/x----www---form—urlencoded	Application/x----www---form--urlencoded-----or multipart/form-data. 请为二进制数据使用 multipart 编码

2. 请求 URL

URL 也叫统一资源定位符，简单来讲就是网址。这是一种从互联网上获取资源位置和访问的一种简洁的表示。需要注意的是，这里的互联网上的每一个文件都有一个唯一的 URL，在 URL 包含的信息里，我们可以找到文件的位置以及浏览器的处理方式。

一个完整的 URL 由三部分组成：协议，主机 IP 地址，具体地址。要想成功爬取数据，必须有一个目标 URL，这样才能获取数据。因此，URL 是爬虫爬取数据的基本依据。

3. 请求头和请求体

请求分为：请求头和请求体。请求头包含请求时的头部信息，如 User-Agent，Host，Cookies 等信息。请求体指的是发送数据的时候，数据是放在请求体里面的。GET 请求时没有请求体的，只有 POST 请求才有请求体。

11.2.2　抓包分析——以 Chrome 浏览器为例

为了增强上文中提到的对关于 HTTP 基础知识的理解，这里以 Chrome 浏览器为例，查看一下浏览器的请求头部。

（1）打开 Chrome 浏览器，在空白位置单机鼠标右键，选择"检查"→"网络（Network）"选项，出现如图 11-1 所示界面。

图 11-1　Chrome 浏览器界面

（2）在地址栏输入新网址，如 www.baidu.com，滚动滑轮，点击第一条请求记录，就可查看详细信息，如图 11-2 所示。

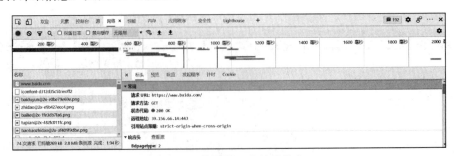

图 11-2　查看第一条请求信息

（3）点击该请求即可查看，该请求详细信息如图 11-3 所示。

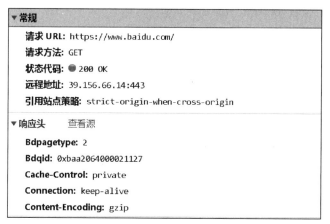

图 11-3　详细信息

（4）滚动滑轮，查看请求头的详细内容，如图 11-4 所示。

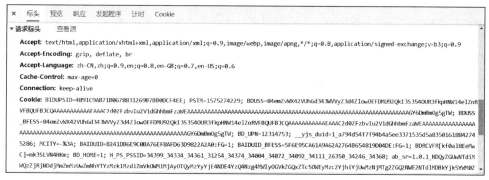

图 11-4　请求头详细信息

11.3　网页信息提取

在前节中，我们已经学习了爬虫的基本概念以及基础知识。本节介绍网页信息提取。

11.3.1　网页信息提取之 Beautiful Soup

1. Beautiful Soup 介绍

Beautiful Soup 是 Python 中的一个库，最主要的功能是从网页抓取数据，通过解析文档为用户提供需要爬取的数据；使用简单，代码简洁。但是，在使用 Beautiful Soup 时需要注意，原文档是否指定了编码方式。Beautiful Soup 能够自动将输入文档转换为 Unicode

编码，输出文档转换为 utf-8 编码；若原文档没有说明编码方式，就需要说明一下原始
编码。

2. Beautiful Soup 的使用

目前我们使用的都是 Beautiful Soup4，导入时使用语句：import bs4。

（1）安装。使用 pip 进行安装。打开 cmd，输入命令：

```
pip install beautifulsoup4
```

（2）应用。简单的爬取网页信息一般思路为五步，这里以某公司实习 Python 岗位薪
资情况为例，使用 BeautifulSoup 解析库进行数据爬取。

1）查看网页源码。图 11-5 所示为我们所需爬取数据的目标页面。目标页面对应的源
码如图 11-6 所示。

图 11-5　爬取所需目标页面　　　　　图 11-6　目标页面对应源码

2）抓取网页信息。使用 request.get() 抓取，返回的 soup 是网页的文本信息，即

```
def get_one_page(url):
    response = requests.get(url)
    soup = BeautifulSoup(response.text, "html.parser")
    return soup
```

3）解析网页内容。首先找到起始位置 <section>；然后在 <article> 中匹配到各项信息；
最后返回信息列表用以存储，即

```
def parse_page(soup):
    #待存储的信息列表
    return_list = []
    #起始位置
```

```
        grid = soup.find('section', attrs={"class": "widget-job-
list"})
        if grid:
            # 找到所有的岗位列表
                job_list = soup.find_all('article', attrs={"class":
"widget item"})
            # 匹配各项内容
            for job in job_list:
                #find() 是寻找第一个符合的标签
                company = job.find('a', attrs={"class": "crop"}).get_
text().strip()# 返回类型为 string, 用 strip() 可以去除空白符, 换行符
                title = job.find('code').get_text()
                salary = job.find('span', attrs={"class": "color-3"}).
get_text()

                # 将信息存到列表中并返回
                return_list.append(company + " " + title + " " +
salary)
        return return_list
```

4）存储到文件。将列表信息存储到 shixi.csv 文件中，代码如下：

```
def write_to_file(content):
    # 以追加的方式打开, 设置编码格式防止乱码
    with open("shixi.csv", "a", encoding="gb18030")as f:
        f.write("\n".join(content))
```

5）爬取多页信息。在网页 URL 中，最后的 page 代表的是页数信息，因此在 main 方法中传入一个 page，循环运行就可以获取多页信息了，代码如下：

```
def main(page):
    url = 'https://www.ciweishixi.com/search?key=python&page=' +
str(page)
    soup = get_one_page(url)
    return_list = parse_page(soup)
    write_to_file(return_list)
if __name__ == "__main__":
    for i in range(4):
        main(i)
```

273

运行结果如图 11-7 所示。

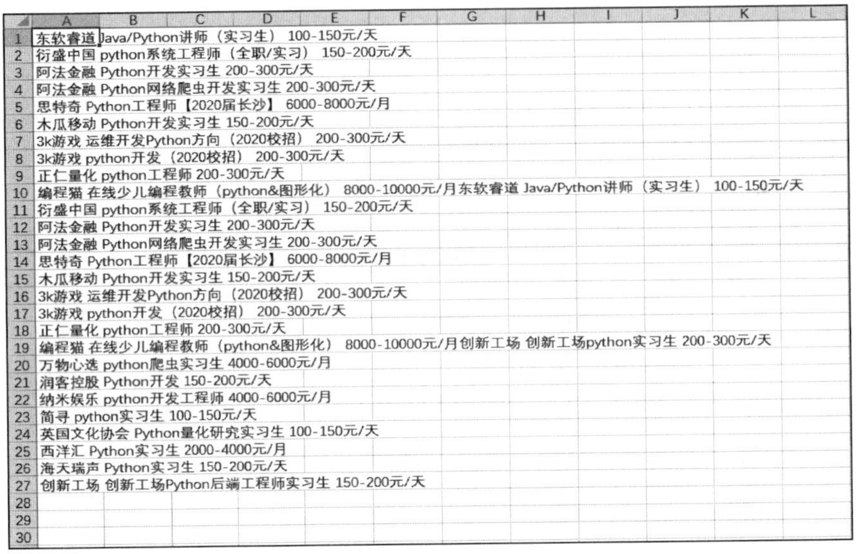

	A
1	东软睿道 Java/Python讲师（实习生） 100-150元/天
2	衍盛中国 python系统工程师（全职/实习） 150-200元/天
3	阿法金融 Python开发实习生 200-300元/天
4	阿法金融 Python网络爬虫开发实习生 200-300元/天
5	思特奇 Python工程师【2020届长沙】 6000-8000元/月
6	木瓜移动 Python开发实习生 150-200元/天
7	3k游戏 运维开发Python方向（2020校招） 200-300元/天
8	3k游戏 python开发（2020校招） 200-300元/天
9	正仁量化 python工程师 200-300元/天
10	编程猫 在线少儿编程教师（python&图形化） 8000-10000元/月东软睿道 Java/Python讲师（实习生） 100-150元/天
11	衍盛中国 python系统工程师（全职/实习） 150-200元/天
12	阿法金融 Python开发实习生 200-300元/天
13	阿法金融 Python网络爬虫开发实习生 200-300元/天
14	思特奇 Python工程师【2020届长沙】 6000-8000元/月
15	木瓜移动 Python开发实习生 150-200元/天
16	3k游戏 运维开发Python方向（2020校招） 200-300元/天
17	3k游戏 python开发（2020校招） 200-300元/天
18	正仁量化 python工程师 200-300元/天
19	编程猫 在线少儿编程教师（python&图形化） 8000-10000元/月创新工场 创新工场python实习生 200-300元/天
20	万物心选 python爬虫实习生 4000-6000元/月
21	润客控股 Python开发 150-200元/天
22	纳米娱乐 python开发工程师 4000-6000元/月
23	简寻 python实习生 100-150元/天
24	英国文化协会 Python量化研究实习生 100-150元/天
25	西洋汇 Python实习生 2000-4000元/月
26	海天瑞声 Python实习生 150-200元/天
27	创新工场 创新工场Python后端工程师实习生 150-200元/天
28	
29	
30	

图 11-7　多页爬虫结果

11.3.2　网页信息提取之正则表达式

正则表达式（Regular Expression，RE）又叫规则表达式，指的是将一串字符串按照一定的规则进行匹配，从而筛选出符合规则的字符串。其常被用来检索、替换符合某个规则的文本。我们可以将正则表达式理解为一个可以对字符串进行操作的逻辑公式，将一些特殊字符以及它们的组合事先进行规定，组成规则字符串，利用规则字符串来表示对字符串的一种过滤逻辑。

利用正则表达式，可以对给定的字符串进行判定，是否符合正则表达式的过滤逻辑，还可以从文本字符串中获得特定的需要的字符串。

1. Python 的 RE 模块

（1）字符。

.：匹配任意除换行符 n 外的字符，如：.abc 匹配 abc。

[…]：字符集（字符类）。对应字符集中的任意字符，第一个字符是 ^ 则取反。如：a[bc]d 匹配 abd 和 acd。

（2）预定义字符集。

d：数字 [0 ～ 9]。

D：非数字 [^d]。

s：空白字符 [空格 trnfv]。

S：非空白字符 [^s]。

w：单词字符 [a～z，A～Z，0～9_]。

W：非单词字符 [^w]。

（3）数量词。

*：匹配前一个字符 0 或无限次。如 a1*b 匹配 ab、a1b、a11b、…

+：匹配前一个字符 1 或无限次。如 a1*b 匹配 a1b、a11b、…

?：匹配前一个字符 0 或 1 次。如 a1*b 匹配 ab、a1b。

{m}：匹配前一个字符 m 次。如 a1{3}b 匹配 a111b。

{m,n}：匹配前一个字符 m 至 n 次。如 a1{2,3}b 匹配 a11b、a111b。

（4）边界匹配。

^：匹配字符串开头，如 ^abc 匹配以 abc 开头的字符串。

$：匹配字符串结尾，如 xyz$ 匹配以 xyz 结尾的字符串。

A：仅匹配字符串开头，如 Aabc。

Z：仅匹配字符串结尾，如 XyzZ。

在 Python 中，我们可以使用内置的 RE 模块来使用正则表达式。

2. RE 模块的使用步骤

（1）使用 compile() 函数将正则表达式的字符串形式编译为一个 Pattern 对象；

（2）通过 Pattern 对象提供的一系列方法对文本进行匹配查找，获得匹配结果，匹配的结果是一个 Match 对象；

（3）最后使用 Match 对象提供的属性和方法获取信息，根据需要进行其他的操作。

3. RE 方法

Python 的 RE 模块提供了两种不同的原始操作：match 和 search。match 是从字符串的起点开始做匹配，而 search（perl 默认）是对字符串做任意匹配。常用的几个 RE 模块方法如下：

```
# 将字符串形式的正则表达式编译为 Pattern 对象
re.compile(pattern, flags=0)
# 从 string 的任意位置开始匹配
re.search(string[, pos[, endpos]])
# 从 string 的开头开始匹配
re.match(string[, pos[, endpos]])
# 从 string 任意位置开始匹配，返回一个列表
re.findall(string[, pos[, endpos]])
 # 从 string 任意位置开始匹配，返回一个迭代器
re.finditer(string[, pos[, endpos]])
```

一般匹配 findall 就可以了，尤其是在数据量较大的时候。

11.3.3 Requests 库

Requests 是 Python 中采用 Apache2 Licensed 开源协议的 HTTP 库。与 urllib 相比，Requests 使用起来更加方便，减少工作量，满足 HTTP 测试需求。

1. 安装

Windows 系统下可以采用：pip 和 pycharm 开发工具这两种安装方式进行 Requests 的安装。在这里使用 pip 进行安装，安装步骤如下：

（1）进入命令提示符 cmd，通过链接 https://pypi.org/project/pip/#files 下载 pip 压缩文件包，建议存放在 scripts 目录下。

在 Windows 系统下，输入命令：

```
pip install requests
```

在 Linux 系统下，输入命令：

```
sudo  pip install requests
```

（2）设置环境变量，将 D:\envi\python3.9\Scripts 添加到环境变量，新开一个命令行窗口，并执行命令：

```
pip list
```

（3）验证是否安装成功，在 cmd 中输入命令：

```
import requests
```

没有报错信息，说明 requests 已经成功安装，如图 11-8 所示。

```
>>> import requests
>>> _
```

图 11-8　成功安装 requests 示意图

2. 请求方法

Requests 库主要有六种请求方法，见表 11-2。

表 11-2　Requests 库的六种请求方法

方　法	说　明
requests.request()	构造一个请求，支撑以下各方法的基础方法
requests.get()	获取 HTML 网页的主要方法，对应于 HTTP 的 GET
requests.head()	获取 HTML 网页头信息的方法，对应于 HTTP 的 HEAD
requests.post()	向 HTML 网页提交 POST 请求的方法，对应于 HTTP 的 POST
requests.put()	向 HTML 网页提交 PUT 请求的方法，对应于 HTTP 的 PUT
requests.patch()	向 HTML 网页提交局部请求，对应于 HTTP 的 PATCH
requests.delete()	向 HTML 页面提交删除请求，对应于 HTTP 的 DELETE

代码示例如下：

```
import requests
requests.get(url)
requests.post(url)
requests.put(url)
requests.delete(url)
requests.head(url)
requests.options(url)
```

（1）get 请求。get 请求核心代码是 requests.get（url），示例如下：

```
import requests
url = 'http://baidu.com'
response = requests.get(url)
print(response)
```

打印出来的结果是：

```
<Response [200]>
```

<> 表示这是一个对象，所以在这里获取的是一个 response 的对象，200 表示状态码。

（2）post 请求。post 请求核心代码是 requests.post（url,data={ 请求体的字典 }），示例（以百度翻译为例）如下：

```
import requests
url = 'https://fanyi.baidu.com'
```

```
    data = {'from': 'zh',
            'to': 'en',
            'query': '人生苦短，我用python'
            }
    response = requests.post(url, data=data)
    print(response)
```

data 部分的参数，取自于页面 NetWork → Headers → Form Data。打印出来的结果是：

```
<Response [200]>
```

11.4 Python 爬虫框架之 Scrapy 框架

Scrapy 框架，是 Python 中的一个可以快速爬取网络数据、提取结构性数据的应用型框架。使用了 twisted 异步网络框架对网络通信进行处理，同时可以加快下载速度，这样就不用实现异步框架，包含了各种中间件接口，这样大大增加了 Scrapy 框架使用的灵活性，任何人都可以根据需求进行修改。

Scrapy 框架主要由五部分组成，分别是调度器（Scheduler）、下载器（Downloader）、爬虫（Spider）、实体管道（Item Pipeline）和 Scrapy 引擎（Scrapy Engine）。

（1）调度器。由调度器可以决定下一个抓取的对象，主要用来抓取 URL 队列中的优先队列，并且可以将 URL 队列中的链接进行去重处理，节省了时间和资源，用户也可根据实际需求制定调度器。

（2）下载器。它用于高速地下载网络上的资源。代码简单且高效，是所有组件中负担最大的。

（3）爬虫。爬虫相对来说较为灵活，爬虫的规则根据用户需求而定，让用户能够从特定的网页中提取所需的信息（也就是实体）或者链接。

（4）实体管道。它主要用来处理爬取的实体。不光能将实体持久化，还能对实体进行有效的验证，并且删除冗余信息。

（5）Scrapy 引擎。整个框架的核心就是 Scrapy 引擎，用来控制调试器、下载器、爬虫。可以将 Scrapy 引擎类比为计算机的 CPU，控制整个流程。

11.4.1 Scrapy 框架安装

（1）安装 Scrapy 框架时，首先在终端下输入：

```
pip install scrapy
```

（2）若上述命令安装失败，则可下载 Scrapy 的 whl 的包，下载地址为：https://www.lfd.uci.edu/~gohlke/pythonlibs/，这里需要注意的是，安装 wheel 的安装包需要先安装 wheel 的库，在终端上输入命令：

```
pip install wheel
```

（3）前面提到过 Scrapy 是依赖 twisted 的，所以这里还需要安装 twisted。twisted 的下载地址为：http://www.lfd.uci.edu/~gohlke/pythonlibs/，在 wheel 包的文件夹下，执行命令为：

```
pip  install Twisted-17.1.0-cp36-cp64-win_and64.whl
```

（4）前面三步都安装好以后，还需要安装 lxml 包，在终端输入命令：

```
pip install lxml
```

11.4.2 Scrapy 框架的简单应用

安装好 Scrapy 框架后，就可以进行基于 Scrapy 框架的爬虫程序开发了。

1. 新建项目

创建一个爬虫项目，项目名为：test_spider，存放在预备存放项目的目录中：

```
scrapy startproject test_spider
```

命令运行结果如图 11-9 所示。

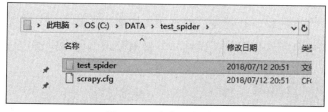

图 11-9　命令运行结果

该新建命令在项目存放路径下同时创建如图 11-10 所示内容。

279

图 11-10　创建内容

test_spider 项目文件下各文件含义见表 11-3。

表 11-3　test_spider 项目文件解释

文件名	含　义
__init__.py	c 初始化文件
items.py	存放的是要爬取的字段。Item 是保存爬取到的数据的容器。
middlewares.py	中间件
pipeines.py	管道文件，负责处理被 spider 提取出来的 Item，例如数据持久化（将爬取的结果保存到文件 / 数据库中）
settings.py	配置文件
spiders	spider 核心代码的目录

2. 创建爬虫文件

创建爬虫文件的命令格式为：

```
scrapy genspider 爬虫名称允许爬取的域
```

例如：scrapy genspider test_spider example.com

在开始爬虫之前，了解一下网络爬虫的基本思想：

（1）首先确定目标信息，需要爬取的网站以及网页信息，如时间、URL、标题等信息。

（2）其次需要查看源码和 element 中的代码是否一致。

（3）针对多页网页信息，查看是否能直接提取下一页的 URL，查看分页规律。

（4）观察所需信息所在位置的代码结构，针对爬取的元素进行定位、提取等操作。

11.4.3　爬虫文件配置

1. item.py 文件

item.py 文件：明确想要抓取的目标，定义需要爬取的信息（字段）。以某网站为例，如图 11-11 所示。

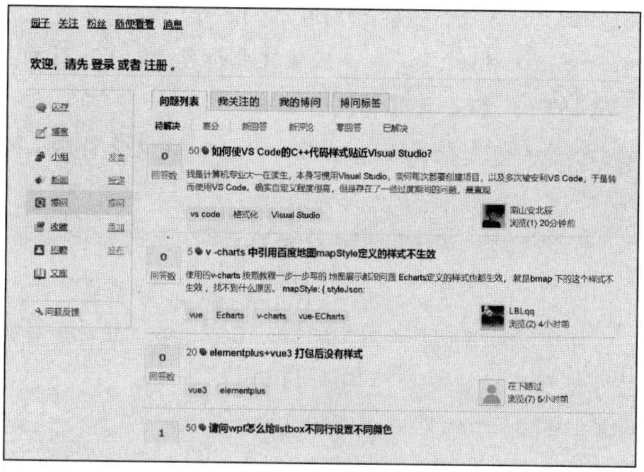

图 11-11　某网站首页

明确需要爬取的页面信息包括有：类型、标题、连接、作者、日期、回复、查看等，代码如下：

```
import sc rapy
class spiderCnblogsItem( scrapy.Item):
# 类型
style = scrapy.Field()
# 标题
title = scrapy.Field()
# 链接
link = scrapy.Field()
# 作者
author = scrapy.Field()
# 日期
date = scrapy.Field()
# 回复
response = scrapy.Field()
# 查看
look = scrapy.Field()
```

2. test_spider.py 文件

test_spider.py：解析数据，并提取信息和新的 url，代码如下：

```
# -*- coding: utf-8 -*-
import scrapy
```

```
    from spider_cnblogs.items import SpiderCnblogsItem
    class TestingSpiderSpider(scrapy.Spider):
    name = 'testing_spider'        # 定义爬虫的名称，用于区别 spider，该名称必
须是唯一的，不可为不同的 spider 设置相同的名字
    allowed_domains = ['q.cnblogs.com']    # 定义允许爬取的域，若不是该列表
内的域名则放弃抓取
        base_url = 'https://q.cnblogs.com/'
        page = 1
    start_urls = [base_url + str(page)]    # spider 在启动时爬取的入口 url
列表，后续的 url 从初始的 url 抓取到的数据中提取
        base_link = 'https://www.cnblogs.com/'
    ' ' '定义回调函数，每个初始 url 完成下载后生成的 response 对象会作为唯一参数
传递给 parse() 函数。负责解析数据、提取数据（生成 Item）、以及生成需要进一步处理
的 url ' ' '
            def parse(self,response):
                node_list=response.xpath('//tbody[@id="separatorline"]/
following-sibling::tbody')
                totalpage = response.xpath('//a[@class="bm_h"]/@
totalpage').extract()[0]
            for node in node_list:
                item = SpiderCnblogsItem()  #类型是 list
                item['style'] = node.xpath('.//th[@class="common"]/
em/a/text()').extract()[0] \
                        if len(node.xpath('.//th[@class="common"]/em/a/
text()')) else None
                item['title'] = node.xpath('.//th/em/following-
sibling::a[1]/text()').extract()[0] \
                        if len(node.xpath('.//th/em/following-
sibling::a[1]/text()')) else None
                item['link'] = self.base_link + node.xpath('.//th/
em/following-sibling::a[1]/@href').extract()[0] \
                        if len(node.xpath('.//th/em/following-
sibling::a[1]/@href')) else None
                item['author'] = node.xpath('.//td[@class="by"]//
cite/a/text()').extract()[0] \
                        if len(node.xpath('.//td[@class="by"]//cite/a/
text()')) else None
```

```
                    item['date'] = node.xpath('.//td[@class="by"]//em/
span/text()').extract()[0] \
                        if len(node.xpath('.//td[@class="by"]//em/span/
text()')) else None
                    item['response'] = node.xpath('.//td[@class="num"]//
a/text()').extract()[0] \
                        if len(node.xpath('.//td[@class="num"]//a/
text()')) else None
                    item['look'] = node.xpath('.//td[@class="num"]//em/
text()').extract()[0] \
                        if len(node.xpath('.//td[@class="num"]//em/
text()')) else None
                yield item   #返回item（列表），return 会直接退出程序，这
里是有 yield
            if self.page < int(totalpage):
                self.page += 1
                yield scrapy.Request(self.base_url + str(self.page),
callback=self.parse)   #返回请求，请求回调 parse，此处也是是有 yield
```

3. pipelines.py 文件

pipelines.py 文件：设计管道存储内容。当 spider 收集好 Item 后，会将 Item（由字典组成的列表）传递到 Item Pipeline，这些 Item Pipeline 组件按定义的顺序处理 Item，代码如下：

```
import json
class Spider51TestingPipeline(object):
    def __init__(self):
        self.f = open('testing.json', 'wb')
    def process_item(self, item, spider):
        if item['title'] != None:   #过滤掉移动类的帖子
            data = json.dumps(dict(item), ensure_ascii=False,
indent=4) + ','
            self.f.write(data.encode('utf-8'))
        return item   #返回item，告诉引擎，我已经处理好了，你可以进行下
一个item数据的提取了
    def close_spider(self, spider):
        self.f.close()
```

11.4.4 爬虫实例

利用 Scrapy 框架爬取知乎首页热门文章。

（1）新建项目 zhihu，代码如下：

```
class Zhihu(CrawlSpider):
    name='zhihu'    #运行时这个爬虫的名字
    start_urls=['https://www.zhihu.com/']
    url = 'https://www.zhihu.com/'
    def parse(self, response):
        selector = Selector(response)
```

（2）明确需要解析的诗句，在 items.py 中定义好，这里爬取文章标题、URL、作者、阅读数和评论数信息，代码如下：

```
from scrapy.item import Item,Field
class JianshuItem(Item):
    title = Field()
    author = Field()
    url = Field()
    readNum = Field()
    commentNum = Field()
```

（3）Xpath 解析数据，代码如下：

```
 articles = selector.xpath('//ul[@class="article-list
thumbnails"]/li')
        for article in articles:
            Title=article.xpath('div/h4/a/text()').extract()
            url = article.xpath('div/h4/a/@href').extract()
            Author=article.xpath('div/p/a/text()').extract()
```

解析的数据保存，代码如下：

```
 item['title'] = title
 item['url'] = 'http://www.zhihu.com/'+url[0]
 item['author'] = author
```

解析好的数据，进行提交，代码如下：

```
yield item
```

（4）保存数据，在 settings.py 文件中，添加代码：

```
FEED_URI=u'/Users/apple/Documents/jianshu-hot.csv'
FEED_FORMAT='CSV'
```

（5）执行爬虫，在命令行输入：

```
scrapy crawl zhihu
```

爬取结果如图 11-12 所示。

· 评论 1377	lydia晓洁	建立逻辑思维，我推荐三本书	http://www.jianshu.com/p/7c90a930dfb7	阅读 22504
· 评论 25	老司机Wicky	CoreText实现图文混排	http://www.jianshu.com/p/6db3289fb05d	阅读 909
· 评论 112	狸小猫	灰原哀：心悦君兮君不知	http://www.jianshu.com/p/b884a7fe32d2	阅读 3567
· 评论 17	梦焕酷凉	对于"窃贼"盗用文章行为，我决定不再沉默	http://www.jianshu.com/p/1f3da187255a	阅读 87
· 评论 0	梦里风林	Google深度学习笔记 逻辑回归 实践篇	http://www.jianshu.com/p/e76cc835c1db	阅读 420
· 评论 1	慕容随风	从10到100，互联网网口技术管理的3大锯导艺术	http://www.jianshu.com/p/069f34e4d93c	阅读 56
· 评论 3	redshiling	埃及的艺术为我们留下什么	http://www.jianshu.com/p/f96772a17f6d	阅读 43
· 评论 783	韩大爷的杂货铺	从现在起，培养五个获益终生的思维习惯	http://www.jianshu.com/p/bf965da0082c	阅读 38806
· 评论 10	李读说	道中道一一神转折大赏	http://www.jianshu.com/p/640b1fabecbc	阅读 126
· 评论 54	真小叶	怎样做个优雅的女子？	http://www.jianshu.com/p/77633698eab3	阅读 3972
· 评论 9	微笑的鱼Lilian	需求变更导致的代码腐化	http://www.jianshu.com/p/2500399f9efc	阅读 246
· 评论 4	李播yu尔同消万古	幸福的开关，在你自己心中	http://www.jianshu.com/p/1e67ecd088dc	阅读 90
· 评论 9	chief风	好想与你作伴红尘 (87)	http://www.jianshu.com/p/b2bdbc523624	阅读 105
· 评论 2	王绎军	比起忠犬八公，我更怀念大白	http://www.jianshu.com/p/b48982cc2ef4	阅读 285

图 11-12　爬取结果展示图

总　结

> 认识网络爬虫的基本概念；
> 理解爬虫的思想；
> 了解爬虫的基础知识；
> 掌握网页信息提取的方法；
> 掌握 Python 爬虫框架 –Scrapy 框架。

拓展阅读

在使用爬虫技术时，我们要遵守国家法律法规，尊重网络道德，保护个人隐私，维护网络安全，保护知识产权，不侵犯他人隐私，不传播有害信息。同时，我们要关注网络安全，提高自己的网络素养，为构建和谐、文明、健康的网络空间贡献力量。

习　题

操作题

基于 Scrapy 框架爬取某社招公司信息，需要爬取的内容为：职位名称，职位的详情链接，职位类别，招聘人数，工作地点，发布时间。

第 12 章 Python 数据分析

> **内容要点：**
> ■ Python 数据分析的常用库；
> ■ NumPy 库的常用操作；
> ■ Matplotlib 绘制常用图表的方法；
> ■ Pandas 数据分析的常用方法。
>
> **思政目标：**
> ■ 通过本章的学习，培养学生的全局观和客观辩证的科学思维方式。

12.1 Python 数据分析概述

12.1.1 数据分析与数据挖掘

数据分析（Data Analysis）是数学与计算机科学相结合的产物，是指使用适当的统计分析方法对搜集来的大量数据进行分析，提取有用信息并形成结论，从而对数据加以详细研究和概括总结的过程。数据挖掘（Data Mining）则是指从大量的、不完全的、有噪声的、模糊的和随机的实际应用数据中，通过应用聚类、分类、回归和关联规则等技术，挖掘潜在价值的过程。数据分析和数据挖掘都是基于搜集来的数据，应用数学、统计和计算机等技术抽取出数据中的有用信息，进而为决策提供依据和指导方向。例如，运用预测分析法对历史的交通数据进行建模，预测城市各路线的车流量，进而改善交通的拥堵状况；采用分类手段对患者的体检数据进行挖掘，判断其所属的病情状况以及使用聚类分析法对交易的商品进行归类，可以实现商品的捆绑销售、推荐销售等营销手段。

12.1.2 数据分析常用工具

1. Microsoft Excel

Excel 是大家熟悉的电子表格软件，可以进行各种数据的处理、统计分析和辅助决策操作，广泛地应用于管理、统计财经、金融等众多领域。Excel 的局限性在于它一次所能处理的数据量，而且除非迪晓 VBA 这个 Excel 内置的编程语言，否则针对不同数据集来绘制一张图表将是一件很烦琐的事情。

2. R 语言

R 语言是用于统计分析、绘图的语言和操作环境，是属于 GNU 系统的一个自由、免费、源代码开放的软件，是一种用于统计计算和统计制图的优秀工具。R 语言的主要功能包括数据存储和处理系统、数组运算工具（其向量、矩阵运算方面功能特别强大）、完整连贯的统计分析工具、优秀的统计制图功能、简便而强大的编程语言以及可操纵数据的输入和输出等功能。

3. Python 语言

Python 语言是一种简单易学的编程类工具，其编写的代码具有简洁性、易读性和易维护性等优点。Python 原本主要应用于系统维护和网页开发，但随着大数据时代的到来，以及数据挖掘、机器学习、人工智能等技术的发展，促使 Python 进入数据科学的领域。Python 同样拥有非常丰富的第三方模块，用户可以使用这些模块完成数据科学中的工作任务。例如 Pandas、SciPy 等模块用于数据处理和统计分析；Matplotlib、Seaborn 等模块实现数据的可视化功能；Keras、TensorFlow 等模块实现数据挖掘、深度学习等操作。

4. SAS Enterprise Miner

SAS Enterprise Miner 是一种通用的数据挖掘工具，它把统计分析系统和图形用户界面集成起来，将数据存取、管理、分析和展现有机地融为一体，具有功能强大，统计方法齐全，并且操作简便灵活的特点。

5. SPSS

SPSS 是世界上最早的统计分析软件，它封装了先进的统计学和数据挖掘技术来获得预测知识，并将相应的决策方案部署到现有的业务系统和业务过程中，从而提高企业的效益。IBM SPSS Modeler 拥有直观的操作界面、自动化的数据准备和成熟的预测分析模型，结合商业技术可以快速建立预测性模型。

6. 专用可视化分析工具

除了数据分析与挖掘工具中包含的数据可视化功能模块之外，还有一些专用的可视化工具提供了更为强大便捷的可视化分析功能。目前常用的专业可视化分析工具有 Power BI，Tableau，Gehpi，Echarts。

12.1.3 Python 数据分析特点

数据分析需要与数据进行大量的交互、探索性计算以及过程数据和结果的可视化等，有很多专用于实验性数据分析或者领域的特定语言，如 R 语言、MATLAB，SPSS 等。与这些语言相比，Python 具有下述优点。

1. Python 是面向生产的

大部分数据分析过程都是要先进行实验性的研究，原型构建，再移植到生产系统中。上述语言都无法直接用于生产，需要使用 C/C++ 语言等对算法进行再次实现，而 Python 是多功能的，不仅适用于原型构建，还可以直接运用到生产系统中。

2. 强大的第三方库的支持

Python 是多功能的语言，数据统计更多的是通过第三方的库来实现的。常用的有 NumPy、Pandas 和 Matplotlib 库等，它们共同构成了 Python 数据分析的基础，后面会对它们进行重点介绍。在上述提到的语言中，只有 R 语言和 Python 语言是开源的，由很多人共同维护，对于新的需求可以很快地付诸实践。

3. Python 的胶水语言特性

Python 的底层可以用 C 语言来实现，一些底层用 C 语言写的算法封装在 Python 包中能显著提高性能。例如 NumPy 底层是用 C 讲言实现的，所以对于很多运算，它的速度都比用 R 语言等语言实现的要快。

12.1.4 Python 数据分析常用库

1. NumPy

NumPy（Numerical Python）软件包是 Python 生态系统中数据分析和科学计算的主力军，它极大地简化了向量和矩阵的操作处理方式。Python 的一些主要软件包（例如 SciPy，Pandas 和 TensorFlow）都以 NumPy 作为其架构的基础部分。除了能对数值数据进行切片（slice）和切块（dice）外，使用 NumPy 还能为处理和调试上述库中的高级实例带来极大便利。

2. SciPy

SciPy 是基于 NumPy 开发的高级模块，提供了许多数学算法和函数的实现，可便捷地解决科学计算中的一些标准问题。例如，数值积分和微分方程求解、最优化，甚至包括信号处理等。作为标准科学计算程序库，SciPy 是 Python 科学计算程序的核心包，包含了科学计算中常见问题的各个功能模块，不同子模块适用于不同的应用。

3. Pandas

Pandas 是基于 NumPy 的一种工具，提供了大量便捷处理数据的函数和方法。它是 Python 成为强大而高效的数据分析软件的因素之一。Pandas 的数据有 Series、DataFrame 和 Panel，其中 Series 是一维数组，与 NumPy 中的一维数组 Array 和 Python 的基本数据类型 List 类似，区别在于 List 中的元素可以是不同的数据类型，而 Array 和 Series 中则只允许存储相同的数据类型。

4. Matplotlib

Matplotlib 是 Python 的绘图库，是用于生成出版质量级别图形的桌面绘图包。它可以与 NumPy 一起使用，提供一种有效的 MATLAB 开源替代方案；也可以和图形工具包一起使用，如 PyQt 和 wxPython 等，让用户很轻松地将数据图形化；同时还可以提供多样化的输出格式。

5．Seaborn

Seaborn 在 Matplotlib 基础上提供了一个绘制统计图形的高级接口，为数据的可视化分析工作提供了极大的方便，使得绘图更加容易。使用 Matplotlib 最大的困难是其默认的各种参数，而 Seaborn 则完全避免了这一问题。一般来说，Seaborn 能满足数据分析 90% 的绘图需求。

12.2 NumPy 科学计算库

NumPy 是 Python 语言的一个扩展程序库，不仅支持常用的数值数组，同时提供了用于高效处理这些数组的函数。NumPy 是一个运行速度非常快的数学库，主要用于数组计算，包含一个强大的 N 维数组对象 ndarray、线性代数、傅里叶变换、随机数生成等功能。

12.2.1 安装 NumPy 库

Python 官网上的发行版是不包含 NumPy 模块的，在 Windows 上，安装 NumPy 最简单的方法就是使用 pip 工具，在 Windows 中 cmd 命令窗口中输入以下命令即可

```
pip3 install --user numpy scipy matplotlib
```

--user 选项可以设置只安装在当前的用户下，而不是写入到系统目录。

12.2.2 NumPy 中的数据类型

NumPy 库中对 Python 自带的 int、float、complex 等数据类型按长度进一步细分，实际上 numpy 中的数据类型就是不同长度的 int，float 和 complex，常用 NumPy 基本类型见表 12-1。

表 12-1 NumPy 数据类型

名　称	描　述
bool_	布尔型数据类型（True 或者 False）
int_	默认的整数类型（类似于 C 语言中的 long，int32 或 int64）

名　称	描　述
intc	与 C 的 int 类型一样，一般是 int32 或 int 64
intp	用于索引的整数类型（类似于 C 的 ssize_t，一般情况下仍然是 int32 或 int64）
int8	字节（-128 to 127）
int16	整数（-32768 to 32767）
int32	整数（-2147483648 to 2147483647）
int64	整数（-9223372036854775808 to 9223372036854775807）
uint8	无符号整数（0 to 255）
uint16	无符号整数（0 to 65535）
uint32	无符号整数（0 to 4294967295）
uint64	无符号整数（0 to 18446744073709551615）
float_	float64 类型的简写
float16	半精度浮点数，包括：1 个符号位，5 个指数位，10 个尾数位
float32	单精度浮点数，包括：1 个符号位，8 个指数位，23 个尾数位
float64	双精度浮点数，包括：1 个符号位，11 个指数位，52 个尾数位
complex_	complex128 类型的简写，即 128 位复数
complex64	复数，表示双 32 位浮点数（实数部分和虚数部分）
complex128	复数，表示双 64 位浮点数（实数部分和虚数部分）

12.2.3　NumPy 创建数组

NumPy 库中处理的最基本的数据对象是数组对象，它是一系列同类型数据的集合，需要强调的是，该数组的下标从 0 开始，同一个 NumPy 数组中所有元素的类型必须是相同的。

创建 NumPy 数组的方法有很多，例如可以使用 array 函数、arange 函数和 linspace 函数，下述分别对创建数组的函数进行简单介绍。

1. 使用 array 函数创建数组

array 函数从常规的 Python 列表或元组创建数组，创建的数组类型与原序列中元素类型相同，使用 array() 函数创建数组时，参数必须是列表或元组类型，且不能使用多个数值，函数格式如下：

```
numpy.array (object, dtype = None, copy = True, order = None,
subok = False, ndmin = 0)
```

说明：object 参数表示数组或嵌套的数列；dtype 参数可选，表示数组元素的数据类型；copy 参数可选，表示对象是否需要复制；order 参数为创建数组的样式，C 为行方向，F 为列方向，A 为任意方向（默认）；subok 参数默认返回一个与基类类型一致的数组；ndmin 参数指定成数组的最小维度。

【例 12-1】使用 array 函数创建数组，代码如下：

```
import numpy as np
a = np.array([1,2,3])
print (a)
```

以上代码的运行结果如下：

```
[1 2 3]
```

2. 使用 arange 函数创建数组

arange 函数通过指定开始值、终值和步长来创建一维数组，注意数组不包含终值，函数格式如下：

```
numpy.arange (start, stop, step, dtype)
```

说明：start 参数为起始值，默认为 0；stop 参数为终止值，step 参数为步长，默认为 1；dtype 参数为返回数组的数据类型，如果没有提供，则会使用输入数据的类型，如果 arange 函数使用一个参数，代表的是终值，开始值为默认 0，如果仅使用两个参数，则步长默认为 1。

【例 12-2】使用 arange 函数创建数组，代码如下：

```
import numpy as np
x = np.arange(5)
print (x)
```

以上代码的运行结果如下：

```
[0 1 2 3 4]
```

3. 使用 linspace 函数创建数组

linspace 函数通过指定开始值、终值和元素个数来创建一维数组，数组是一个等差数列构成的，函数格式如下：

```
numpy.linspace (start, stop, num=50, endpoint=True,
retstep=False, dtype=None)
```

说明：start 参数为序列的起始值；stop 参数为序列的终止值，如果 endpoint 为 True，该值包含于数列中；num 参数为要生成的等步长的样本数量，默认为 50；endpoint 参数为为 True 时，数列中包含 stop 值，反之不包含，默认是 True；retstep 参数设置为 True 时，生成的数组中会显示间距，反之不显示；dtype 参数表示生成数组的数据类型。

【例 12-3】使用 linspace 函数创建数组，代码如下：

```
import numpy as np
a = np.linspace(1,10,10)
print(a)
```

以上代码的运行结果如下：

```
[ 1.  2.  3.  4.  5.  6.  7.  8.  9.  10. ]
```

12.2.4 NumPy 切片和索引

数组对象的内容可以通过索引或切片来访问和修改，与 Python 中 list 类型的切片操作一样，数组元素通过索引来访问，切片对象可以通过内置的 slice 函数，并设置 start, stop 及 step 参数进行，从原数组中切割出一个新数组，NumPy 数组的索引和切片方法见表 12-2。

表 12-2　NumPy 数组的切片和索引方法

切片方法	功能描述
X[i]	数组第 i 个元素
X[-i]	从后向前索引第 i 个元素
X[n:m]	切片，默认步长为 1，从前向后索引，不包含 m
X[-m:-n]	切片，默认步长为 1，从后往前索引，不包含 -n
X[n:m:1]	切片，指定步长为 i 的由 n 到 m 的索引

【例 12-4】首先通过 arange 函数创建数组对象，然后利用冒号分隔切片分别设置不同 start, stop 及 step 参数，从原数组中切割出一个新数组，代码如下：

```
>>> import numpy as np
>>> a = np.arange(10)
>>> print(a) # 输出 array([0, 1, 2, 3, 4, 5, 6, 7, 8, 9])
[0 1 2 3 4 5 6 7 8 9]
```

```
>>> print(a[:3])  #输出 0 1 2
[0 1 2]
>>> print(a[3:6]) #输出 3 4 5
[3 4 5]
>>> print(a[6:])  #输出 6 7 8 9
[6 7 8 9]
>>> print(a[::])  #输出 0 1 2 3 4 5 6 7 8 9
[0 1 2 3 4 5 6 7 8 9]
>>> print(a[:])   #输出 0 1 2 3 4 5 6 7 8 9
[0 1 2 3 4 5 6 7 8 9]
>>> print(a[::3]) #输出 0 3 6 9
[0 3 6 9]
>>> print(a[1::3])#输出 1 4 7
[1 4 7]
>>> print(a[2::3])#输出 2 5 8
[2 5 8]
>>> print(a[::-1])#输出 9 8 7 6 5 4 3 2 1 0
[9 8 7 6 5 4 3 2 1 0]
>>> print(a[:-4:-1])  #输出 9 8 7
[9 8 7]
>>> print(a[-4:-7:-1]) #输出 6 5 4
[6 5 4]
>>> print(a[-7::-1])    #输出 3 2 1 0
[3 2 1 0]
```

12.2.5 NumPy 数组操作

NumPy 中包含了一些函数用于处理数组，大概分为修改数组形状、翻转数组、修改数组维度、连接数组、分割数组和数组元素的添加与删除，这里仅对几个常用数组的操作函数进行介绍，更多操作请查看 NumPy 的官方文档。

1. reshape 函数

reshape 函数可以在不改变数据的条件下修改形状，用于改变数组的维度，函数格式如下：

```
numpy.reshape(arr, newshape, order='C')
```

说明：arr 参数为要修改形状的数组；newshape 参数为整数或者整数数组，新的形状应当兼容原有形状；order 参数为系列枚举值，为 'C' 表示按行，为 'F' 表示按列，为 'A' 表示原顺序，为 'k' 表示元素在内存中的出现顺序。下面程序使用 reshape 函数将一维数组修改为二维数组。

【例 12-5】使用 reshape 函数改变数组维度，代码如下：

```
>>> import numpy as np
>>> a = np.arange(10)
>>> print (a)
[0 1 2 3 4 5 6 7 8 9]
>>> b = a.reshape(5,2)
>>> print (b)
[[0 1]
 [2 3]
 [4 5]
 [6 7]
 [8 9]]
```

2. transpose 函数

transpose 函数的作用就是调换数组行列值的索引值，类似于高等数学求矩阵的转置运算，函数格式如下：

```
numpy.transpose(arr, axes)
```

说明：arr 参数表示要操作的数组对象；axes 参数表示对应维度，通常所有维度都会对换。下面程序首先使用 reshape 函数将一维数组修改为二维数组，然后使用 transpose 函数对行列值互换。

【例 12-6】使用 transpose 函数求数组的转置运算，代码如下：

```
>>> import numpy as np
>>> a = np.arange(12)
>>> b=a.reshape(3,4)
>>> print (a)
[ 0  1  2  3  4  5  6  7  8  9  10  11]
>>> print (b)
[[ 0  1  2  3]
 [ 4  5  6  7]
 [ 8  9 10 11]]
>>> c=np.transpose(b)
```

```
>>> print (c)
[[ 0   4   8]
 [ 1   5   9]
 [ 2   6  10]
 [ 3   7  11]]
```

3. unique 函数

unique 函数用于去除数组中的重复元素，对于一维数组或列表，unique 函数返回的是一个无元素重复的数组或列表，函数格式如下：

```
numpy.unique(arr, return_index, return_inverse, return_counts)
```

说明：arr 参数为输入数组，如果不是一维数组则会展开；return_index 参数如果为 True，返回新列表元素在旧列表中的位置（下标），并以列表形式储；return_inverse 参数如果为 True，返回旧列表元素在新列表中的位置（下标），并以列表形式储；return_counts 参数如果为 True，返回去重数组中的元素在原数组中的出现次数。下面程序表示删除原数组中的重复元素。

【例 12-7】使用 unique 函数用于去除数组中的重复元素，代码如下：

```
>>> import numpy as np
>>> a = np.array([5,2,6,2,7,5,6,8,2,9])
>>> print (a)
[5 2 6 2 7 5 6 8 2 9]
>>> u = np.unique(a)
>>> print (u)
[2 5 6 7 8 9]
```

12.2.6 NumPy 算术运算

NumPy 数组的算术运算是按照元素逐个计算的，运算后将返回运算结果的新数组。常见的变量算术运算符都可以对数组对象进行运算，例如"+""-""*""、""+="等，需要注意一点，NumPy 中的乘法运算符"*"是按照元素逐个计算的，矩阵乘法使用 dot 函数实现。数组算术运算除了使用运算符实现外，也可以使用相应函数实现。下面程序使用函数完成两个数组对象的算术运算和矩阵运算。

【例 12-8】NumPy 数组的算术运算，代码如下：

```
>>> import numpy as np
```

```
>>> arr1=np.array([10,20,30,40])
>>> arr2=np.arange(1,5)
>>> print(arr1)
[10 20 30 40]
>>> print(arr2)
[1 2 3 4]
>>> print (np.add(arr1,arr2))          # 两个数组相加
[11 22 33 44]
>>> print (np.subtract(arr1,arr2))   # 两个数组相减
[ 9 18 27 36]
>>> print (np.multiply(arr1,arr2))   # 两个数组相乘
[ 10  40  90 160]
>>> print (np.divide(arr1,arr2))     # 两个数组相除
[10. 10. 10. 10.]
>>> print (np.dot(arr1,arr2))        # 两个数组矩阵相乘
300
```

NumPy 库也提供了 math 库函数类似的数组计算方法，如 sin 函数、log 函数、max 函数、sum 函数、sort 函数等，相关内容可以查看 NumPy 官方文档，这里不再赘述。

12.3　Matplotlib 绘制图表库

Matplotlib 是一个非常强大的 Python 画图工具，我们可以使用该工具将很多数据通过图表的形式更直观的呈现出来。Matplotlib 可以绘制线图、散点图、等高线图、条形图、柱状图、3D 图形、甚至是图形动画等。Matplotlib 通常与 NumPy 一起使用，这种组合广泛用于替代 MATLAB 语言，是一个强大的科学计算环境，有助于我们通过 Python 学习数据科学或者机器学习。

12.3.1　安装 Matplotlib 库

安装 Matplotlib 之前，需要先安装 NumPy 库，安装 NumPy 库可以参考本章第 12.1 节内容，一般情况下，安装完 NumPy 库后，Matplotlib 库也就安装好了。Matplotlib 的 Pyplot 字库提供了和 MATLAB 类似的绘图 API，可以帮助用户快速绘制 2D 图表。此外，Matplotlib 的 pylab 字库提供了许多 numpy 和 pyplot 模块中常用的函数，方便用户快速

计算和绘图，特别适合在 Python 交互式环境中使用。使用的时候，可以使用 import 导入 pyplot 库，并设置一个别名 plt，这样就可以使用 plt 来引用 Pyplot 字库的方法，本节后面的描述中，都采用这个别名。代码格式为：

```
import matplotlib.pyplot as plt
```

12.3.2 基础绘图函数

Matplotlib 绘图基本步骤包括准备数据、创建图形、绘制图表、自定义设置、保存图表和图表展示等，常用的基础绘图函数名称和功能说明见表 12-3。

表 12-3　Pyplot 库中的基础绘图函数

函数	功能说明
plt.figure()	该函数主要用于创建一个绘图对象，如果直接调用 plot 函数绘图，Pyplot 会自动创建绘图对象
plt.plot()	plot 函数是绘制二维图形的最基本函数，它可以绘制图形点和线
plt.xlabel()	在当前图形中指定 x 轴的名称，可加指定位置、颜色、字体大小等参数
plt.ylabel()	在当前图形中指定 y 轴的名称，可以指定位置、颜色、字体大小等参数
plt.title()	在当前图形中指定图表的标题，可以指定标题名称、位置、颜色、字体大小等参数
plt.ylim()	指定当前图形 y 轴的范围，只能输入一个数值区间，不能使用字符串
plt.xticks()	指定 x 轴刻度的数目与取值
plt.savefig()	保存绘制的图表为图片，可以指定图表的分辨率、边缘和颜色等参数
plt.show()	在本机显示图表

【例 12-9】下述程序绘制了一幅正弦波图形，如图 12-1 所示，这里以它为例介绍基础函数的使用方法，代码如下：

```
import matplotlib.pyplot as plt
import numpy as np
matplotlib.rcParams["font.family"] = "SimHei"          #设置字体
matplotlib.rcParams["axes.unicode_minus"]=False         # 用来正常显示
负号
plt.rcParams['font.sans-serif']=['SimHei']          #用来正常显示中文
标签
```

```
plt.figure(figsize=(6,4))          # 创建图表对象
x=np.arange(0,4*np.pi,0.01)
y=np.sin(x)
plt.plot(x,y)                          # 绘制图表
plt.xlabel("x")                        # x 轴文字
plt.ylabel("sin(x)")                   # y 轴文字
plt.title(" 正弦函数波形图 ")          # 图表标题
plt.xlim(0,12)                         # x 轴范围
plt.ylim(-1,1)                         # y 轴范围
plt.show()                             # 显示图表
```

需要注意，Matplotlib 的默认配置文件中，使用的字体无法在图表中正确显示中文。解决的办法是在文件头部前面加上如下内容，可以让图表正确显示中文。

```
matplotlib.rcParams["font.family"] = "SimHei"          # 设置字体
matplotlib.rcParams["axes.unicode_minus"]=False  # 用来正常显示负号
plt.rcParams['font.sans-serif']=['SimHei']          # 用来正常显示中文标签
```

上述代码中，"SimHei" 表示黑体。常用的中文字体及其英文表示为：宋体 –SimSun；微软雅黑 –Microsoft YaHei；仿宋 –FangSong；楷体 –KaiTi；幼圆 –YouYuan。

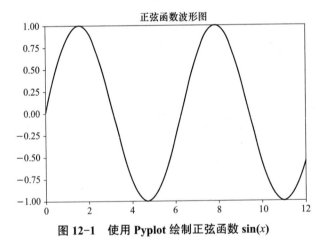

图 12-1　使用 Pyplot 绘制正弦函数 sin(x)

1. figure 函数

figure 函数用于创建一个绘图对象，如果直接调用 plot 函数绘图，Pyplot 会自动创建绘图对象，如果需要同时绘制多个图形，则可以给 figure() 传递一个整数参数，用于指定图形的序号，如果所指定序号的绘图对象已经存在，则不创建新的对象，只需要让它成为当前绘图对象，其格式如下：

```
matplotlib.pyplot.figure(num=None, figsize=None, dpi=None,
facecolor=None, edgecolor=None, frameon=True, FigureClass=<class
'matplotlib.figure.Figure'>, clear=False, **kwargs)
```

说明：num 参数是一个可选参数，表示图形对象的属性 id，如果不提供该参数，则创建图形对象的时候该参数会自增，如果提供的话则该图形对象会保存该 id，作为该图形对象的身份标识；figsize 参数为可选参数，它的取值为整数元组，表示该图形对象的宽度和高度，单位为英寸；dpi 参数为可选参数，表示该图形对象的分辨率，如果没有提供则默认为 figure.dpi；facecolor 参数为可选参数，表示图形对象的背景颜色，如果没有提供则默认为 figure.facecolor，其中颜色的设置是通过 RGB，范围是 '#000000' ~ '#FFFFFF'，其中每 2 个字节 16 位表示 RGB 的 0 ~ 255，例如 '#FF0000' 表示 R:255 G:0 B:0 即红色；edgecolor 参数为可选参数，表示图形对象的边框颜色，如果没有提供则默认为 figure.edgecolor；clear 参数为可选参数，默认是 False，如果提供参数为 Ture，并且该窗口存在的话，则该窗口内容会被清除。

【例 12-10】下列程序代码提供了不同参数形式下，使用 figure 函数创建不同图形对象的方式，如图 12-2 所示。

```
import matplotlib.pyplot as plt
# 首次不提供任何参数
f1=plt.figure()
plt.title("figure1")
# 第二次不提供任何参数
f2=plt.figure()
plt.title("figure2")
#figure5 的创建进行了指定的 num
f3=plt.figure(5)
plt.title("figure5")
#figure7 的创建则对窗口的背景颜色等进行了修改
f7=plt.figure(7,None,None,'#FFD700','#FF0000')
plt.title("figure7")
# 图像显示
plt.show()
```

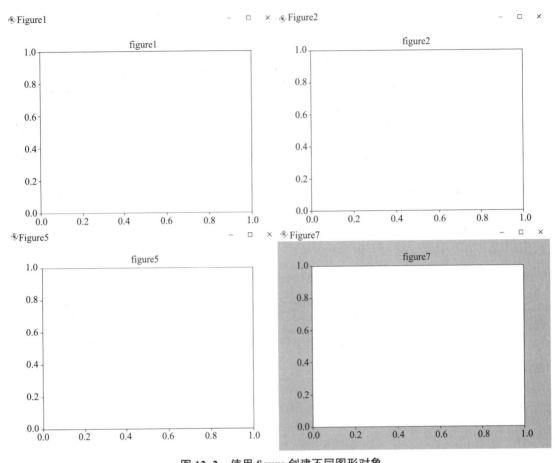

图 12-2   使用 figure 创建不同图形对象

2. plot 函数

plot 函数是绘制二维图形的最基本函数，可以绘制点和线，plot 函数的一般语法格式如下：

```
# 单条线：
plot([x], y, [fmt], data=None, **kwargs)
# 多条线一起画
plot([x], y, [fmt], [x2], y2, [fmt2], ..., **kwargs)
```

说明：参数 x，y 表示点或线的节点，x 为 x 轴数据，y 为 y 轴数据，数据可以是列表或数组；fmt 参数为可选参数，定义图形对象的基本格式，如颜色、标记和线条样式等，具体形式为 fmt='[color][marker][line]'，fmt 接收的是每个属性的单个字母缩写，如指定 fmt 为 'bo-' 表示蓝色圆点实线，若属性用的是全名则不能用 fmt 参数来组合赋值，应该用关键字参数对单个属性赋值，plot(x,y2,color='green', marker='o', linestyle='dashed')，常用的绘图参数见表 12-4、表 12-5；**kwargs 参数为可选参数，用于在二维平面图上，设置指

定属性，如标签样式，线的宽度等。

表 12-4　plot 函数中的颜色参数

color 参数	颜 色	解 释
B	Blue	蓝
G	green	绿
R	red	红
C	cyan	蓝绿
M	magenta	洋红
Y	yellow	黄
K	black	黑
W	white	白

表 12-5　plot 函数中的标记形状

marker 参数	描 述	解 释
'.'	point marker	点标记
','	pixel marker	像素标记
'o'	circle marker	圆圈标记
'v'	triangle_down marker	下三角标记
'^'	triangle_up marker	上三角标记
'<'	triangle_left marker	左三角标记
'>'	triangle_right marker	右三角标记
'1'	tri_down marker	下三角标记
'2'	tri_up marker	上三角标记
'3'	tri_left marker	左三角标记
'4'	tri_right marker	右三角标记
's'	square marker	方块标记
'p'	pentagon marker	五边形标记
'*'	star marker	星花＊标记
'h'	hexagon1 marker	六边形标记
'H'	hexagon2 marker	六边形标记
'+'	plus marker	加好标记
'x'	x marker	x 标记
'D'	diamond marker	方菱形标记

线型参数中，用关键字参数 linestyle 对单个属性赋值，如 linestyle='-'，'-' 表示实线，另外 '--' 表示虚线，'-.' 表示点画线，':' 表示点线。

【例 12-11】下列程序代码提供了不同参数形式下，使用 plot 函数创建图形对象的样式，如图 12-3 所示。

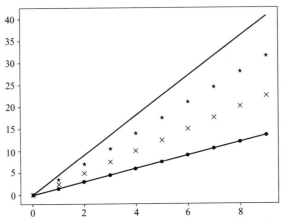

图 12-3　使用 plot 函数创建不同图形样式

```
import matplotlib.pyplot as plt
import numpy as np
a = np.arange(10)
plt.plot(a,a*1.5,'go-',a,a*2.5,'rx',a,a*3.5,'*',a,a*4.5,'b-.')
plt.show()
```

3. subplot 函数

subplot 函数可以创建一个子图，然后程序就可以在子图上进行绘制图形对象，subpot 函数在绘图时需要指定位置，其语法格式如下：

```
subplot (nrows, ncols, index, **kwargs)
```

说明：nrows、ncols 参数将整个绘图区域分成 nrows 行和 ncols 列，然后从左到右，从上到下的顺序对每个子区域进行递增编号，左上的子区域的编号为 1、右下的区域编号为 N，编号可以通过参数 index 来设置。

【例 12-12】下列程序代码使用 subplot 函数将图形对象分成 2×2（2 行 2 列）的子图，并分别在 4 个子图上使用 plot 函数绘制不同图形对象，如图 12-4 所示。

```
import matplotlib.pyplot as plt
import numpy as np
```

```
import matplotlib as mpl
mpl.rcParams["font.family"] = "SimHei"              # 设置字体
mpl.rcParams["axes.unicode_minus"]=False           # 用来正常显示负号
mpl.rcParams['font.sans-serif']=['SimHei']         # 用来正常显示中
文标签
# 第一个子图
x = np.array([0, 6])
y = np.array([0, 100])
plt.subplot(2, 2, 1)
plt.plot(x,y)
plt.title(" 第一个子图 ")
# 第二个子图
x = np.array([1, 2, 3, 4])
y = np.array([1, 4, 9, 16])
plt.subplot(2, 2, 2)
plt.plot(x,y)
plt.title(" 第二个子图 ")
# 第三个子图
x = np.array([1, 2, 3, 4])
y = np.array([3, 5, 7, 9])
plt.subplot(2, 2, 3)
plt.plot(x,y)
plt.title(" 第三个子图 ")
# 第四个子图
x = np.array([1, 2, 3, 4])
y = np.array([4, 5, 6, 7])
plt.subplot(2, 2, 4)
plt.plot(x,y)
plt.title(" 第四个子图 ")
plt.show()
```

图 12-4　使用 subpolt 函数创建子图

较为复杂的绘制子图函数为 subplots 函数，subpot 在画布中绘图时，每次都要调用 subplot 指定位置，subplots 函数可以一次生成多个，在调用时只需要调用生成对象的 Axes（轴）对象即可，其一般语法格式如下：

```
matplotlib.pyplot.subplots(nrows=1, ncols=1, *, sharex=False,
sharey=False, squeeze=True, subplot_kw=None, gridspec_kw=None, **fig_kw)
```

说明：nrows 参数默认为 1，用于设置图表的行数；ncols 参数默认为 1，用于设置图表的列数；sharex、sharey 参数用于设置 x，y 轴是否共享属性，默认为 False，可设置为 'none'，'all'，'row' 或 'col'，设置为 False 或 none 表示每个子图的 x 轴或 y 轴都是独立的，设置为 True 或 'all' 表示所有子图共享 x 轴或 y 轴，设置为 'row' 表示每个子图行共享一个 x 轴或 y 轴，设置为 'col' 表示每个子图列共享一个 x 轴或 y 轴；squeeze 参数为布尔值，默认为 True，表示额外的维度从返回的 Axes（轴）对象中挤出，对于 N×1 或 1×N 个子图，返回一个 1 维数组，对于 N×M，N>1 和 M>1，返回一个 2 维数组，如果设置为 False，则不进行挤压操作，返回一个元素为 Axes 实例的 2 维数组。

12.3.3 绘制直方图

直方图展示离散型数据分布情况，直观理解为将数据按照一定规律分区间，统计每个区间中落入的数据频数，绘制区间与频数的柱状图即为直方图。它由一系列高度不等的纵向条纹或者线段表示数据分布的情况，一般用横轴表示数据类型，纵轴表示分布情况，直方图的绘制使用 hist 函数实现，其语法格式如下：

```
matplotlib.pyplot.hist (x,bins=None,range=None,weights=None,color=None,**kwarg)
```

说明：x 参数是数据序列，用于指定每个条状图在 x 轴的位置；bins 参数用于指定条状图的个数；range 参数是可选参数，表示条状图的上下限；color 参数用于指定条状图的颜色；其他参数请参考下面程序。

【例 12-13】下述程序绘制了一个简单的直方图，如图 12-5 所示。

```
import  matplotlib.pyplot as plt
import  numpy as np
#创建画布
plt.figure()
#默认不支持中文，需要配置RC参数
plt.rcParams['font.sans-serif']='SimHei'
#默认不支持负号，需要配置RC参数
plt.rcParams['axes.unicode_minus']=False
#绘图
height = np.array([150,156,167,168,166,172,170,184,189,192,
164,173,172,178,177])
# 自定义分组 --- 等宽分组
bins = np.arange(height.min(),height.max()+5,5)
```

```
# 绘制直方图
plt.hist(height,bins=bins,histtype='bar',align='mid',orientation
='vertical',color='g',
            label='sepal length(cm)',# 图例
            facecolor='red',# 箱子颜色
            edgecolor="black",# 箱子边框颜色
            stacked=False,# 多组数据是否堆叠
            alpha=0.5# 箱子透明度
            )
# 修改刻度
plt.xticks(bins)
# 增加轴名称
plt.xlabel(" 身高 ")
plt.ylabel(" 人数 ")
# 增加标题
plt.title(" 学生身高统计直方图 ")
# 保存图片
plt.savefig("./ 学生身高统计直方图 .png")
# 图形展示
plt.show()
```

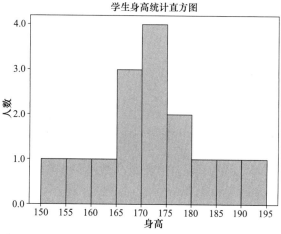

图 12-5　使用 hist 函数绘制直方图

12.3.4　绘制条形图

条形图是用宽度相同的条形高度或长短来表示数据多少的图形，从条形统计图中很容

易看出各种数量的多少，使用 Pyplot 中的 bar 函数来绘制竖直方向条形图，barh 函数来绘制水平方向条形图，bar 函数的语法格式如下：

```
matplotlib.pyplot.bar(x, height, width=0.8, bottom=None, *,
align='center', data=None,**kwargs)
```

说明：x 参数是一个浮点型数组，表示条形图的个数；height 参数是浮点型数组，表示条形图的高度；width 参数是浮点型数组，表示条形图的宽度；bottom 参数是浮点型数组，表示 y 轴的坐标，默认 0；align 参数为条形图与 x 坐标的对齐方式，'center' 表示以 x 位置为中心，这是默认值，'edge' 表示将条形图的左边缘与 x 位置对齐；其他参数为颜色、标记和线条样式，同前面 plot 函数参数类似，这里不再赘述。

【例 12-14】下述程序绘制了一个简单的条形图，如图 12-6 所示。

```python
# 导包
import matplotlib.pyplot as plt
# 创建画布
plt.figure()
# 默认不支持中文，需要配置 RC 参数
plt.rcParams['font.sans-serif']='SimHei'
# 默认不支持负号，需要配置 RC 参数
plt.rcParams['axes.unicode_minus']=False
# 绘图，模拟学校里面爱好乒乓球、篮球、羽毛球的人数对比
x =[1,2,3]
y =[120,234,320]
# height 柱子高度，具体的数值
# width 柱子的宽度
# x 类别序号
plt.bar(x,height=y,width=0.5,color=['r','g','y'])
# 增加标题
plt.title(" 各球类运动爱好者柱状图 ")
# 修改刻度
plt.xticks(x,[" 乒乓球 "," 篮球 "," 羽毛球 "])
# 增加轴名称
plt.xlabel(" 球类运动 ")
plt.ylabel(" 人数 ")
# 保存图片
plt.savefig(" 各球类运动爱好者柱状图 .png")
```

```
# 展示
plt.show()
```

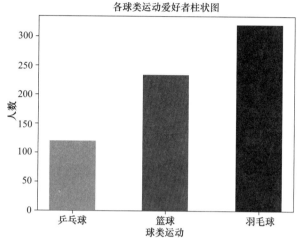

图 12-6   使用 bar 函数绘制条形图

12.3.5   绘制饼状图

饼状图又称圆形图，是一个划分为几个扇形的圆形统计图，它能够直观地反映个体与总体的比例关系，我们使用 Pyplot 中的 pie 函数来绘制饼状图，pie 函数语法格式如下：

```
matplotlib.pyplot.pie(x,explode=None,labels=None,colors=None,aut
opct=None,**kwargs)
```

说明：x 参数为浮点型数组，表示每个扇形的面积；explode 参数是一个数组类型，表示各个扇形之间的间隔，默认值为 0；labels 参数是一个列表类型，表示各个扇形的标签，默认值为 None；colors 参数表示各个扇形的颜色，默认值为 None；autopct 参数用于设置饼图内各个扇形百分比显示格式，如 %d%% 表示整数百分比，%0.1f 表示一位小数，%0.1f%% 表示一位小数百分比，%0.2f%% 表示两位小数百分比。

【例 12-15】下述程序绘制了一个简单的饼状图，如图 12-7 所示。

```
import   matplotlib.pyplot as plt
import   numpy as   np
# 创建画布
plt.figure()
# 默认不支持中文，需要配置 RC 参数
plt.rcParams['font.sans-serif']='SimHei'
# 默认不支持负号，需要配置 RC 参数
```

```
    plt.rcParams['axes.unicode_minus']=False
    labels = ['A','B','C','D']
    x = [15,30,45,10]
    #饼图分离
    explode = (0,0.1,0,0)
    #设置阴影效果,startangle,为起始角度,0 表示从 0 开始逆时针旋转,为第一块。
    plt.pie(x,labels=labels,autopct='%3.2f%%',explode=explode,shadow
=True,startangle=60)
    #设置 x,y 的刻度一样,使其饼图为正圆
    plt.axis('equal')
    #增加标题
    plt.title("2017 年第一季度各个产业生产总值饼图")
    #设置图例
    plt.legend(labels)
    plt.show()
```

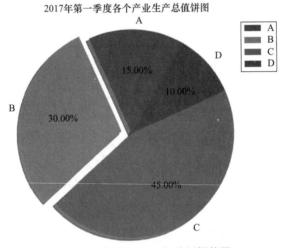

图 12-7   使用 pie 函数绘制饼状图

12.3.6   绘制箱线图

箱线图又称为盒须图、盒式图或箱形图,是一种用作显示一组数据分散情况的统计图,它主要用于反映原始数据分布的特征,还可以进行多组数据分布特征的比较。箱线图把数据从小到大进行排列并等分成四份,第一分位数(Q1),第二分位数(Q2)和第三分位数(Q3)分别为数据的第 25%,50% 和 75% 的数字,箱线图从上到下各横线分别表示数据上限(通常是 Q3+1.5IQR),第三分位数(Q3),第二分位数(中位数),第一

分位数（Q1），数据下限（通常是 Q1-1.5IQR）。箱线图的绘制方法是首先找出一组数据的上边缘、下边缘、中位数和两个四分位数；然后连接两个四分位数画出箱体；再将上边缘和下边缘与箱体相连接，中位数在箱体中间。我们使用 Pyplot 中的 boxplot 函数来绘制饼状图，boxplot 函数语法格式如下：

```
matplotlib.pyplot.boxplot(x,vert=None,whis=None,whis=None,positi
ons=None,**kwargs)
```

说明：x 参数表示指定要绘制箱线图的数据；vert 参数是指是否需要将箱线图垂直摆放，默认垂直摆放；whis 参数是指上下须与上下四分位的距离，默认为 1.5 倍的四分位差，参数 positions 指定箱线图的位置，默认为 [0,1,2,…]。

【例 12-16】下面程序绘制了一个简单的箱线图，如图 12-8 所示。

```python
# 导包
import numpy as np
import matplotlib.pyplot as plt
# 默认不支持中文，需要配置 RC 参数
plt.rcParams['font.sans-serif']='SimHei'
# 默认不支持负号，需要配置 RC 参数
plt.rcParams['axes.unicode_minus']=False
# subplots 绘制子图
fig, ax = plt.subplots()
# 封装一下这个函数，用来后面生成数据，输入的参数是均值、标准差以及生成的数量
def list_generator(mean, dis, number):
  return np.random.normal(mean, dis * dis, number)
# 我们生成四组数据用来做实验，数据量分别为 70-100 ，代表四个人的日常花费
Xiaoming = list_generator(1000, 29.2, 70)
Xiaoqiang = list_generator(800, 11.5, 80)
Huahua = list_generator(3000, 25.1056, 90)
Tingting = list_generator(1000, 19.0756, 100)
data=[Xiaoming,Xiaoqiang,Huahua,Tingting]
ax.boxplot(data,patch_artist='r')
# 设置 x 轴刻度标签
ax.set_xticklabels(["Xiaoming", "Xiaoqiang", "Huahua",
"Tingting"])
# 保存图片
plt.savefig("四个人的日常花费箱线图.png")
```

```
# 展示
plt.show()
```

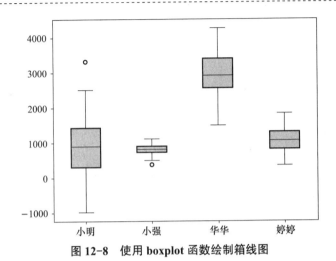

图 12-8　使用 boxplot 函数绘制箱线图

12.4　Pandas 数据处理库

Pandas 是一个用于数据处理的程序库，不仅提供了丰富的数据结构，同时为处理数据表和时间序列提供了相应的函数。Pandas 是 Python 语言的一个扩展程序库，主要用于数据分析，它的基础是 NumPy 库，Pandas 可以从各种文件格式导入数据，例如 CSV、JSON、SQL、Excel 格式文件，也可以对各种数据进行运算操作，比如归并、再成形、选择，还有数据清洗和数据加工特征。

12.4.1　安装 Pandas 库

安装 Pandas 库之前，需要先安装 NumPy 库，安装 NumPy 库可以参考本章第 12.1 节内容，通过 pip 工具进行安装，安装完成后，就可以导入 Pandas 包使用，为了使用方便，一般使用别名 pd 来代替。

```
import pandas as pd
```

12.4.2　Pandas 数据结构

要使用 Pandas，就得先熟悉它的两个主要数据结构：Series 和 DataFrame，它们为大多数应用提供了一种可靠的、易于使用的基础。Series 是一种类似于一维数组的对象，它由一组数据（各种 Numpy 数据类型）以及一组与之相关的数据标签（索引）组成。DataFrame 是一个表格型的数据结构，它含有一组有序的列，每列可以是不同的值类型，例如数值、字符串、布尔值等，DataFrame 既有行索引也有列索引，它可以被看做由 Series 组成的字典。

1. Series 数据结构

Series 数据结构类型类似表格中的一个列，可以保存任何数据类型，Series 由索引（index）和列组成，通常使用 Series 函数构建这种数据结构，Series 函数的格式如下：

```
pandas.Series (data, index, dtype, name, copy)
```

说明：data 参数表示数据源，它的数据类型为数组类型；index 参数表示数据索引标签，如果不指定，默认从 0 开始；dtype 参数表示数组元素的数据类型，默认会自己判断；name 参数用来设置名称；copy 参数表示拷贝数据，默认为 False。

Series 可以通过一维数组和字典的方式去创建，下面程序采用一维数组和字典两种方式创建 Series 对象，Series 对象的属性、切片、索引、运算等操作同 NumPy 中的数组对象，故不再赘述。

【例 12-17】使用一维数组和字典两种方式创建 Series 对象，代码如下：

```python
import numpy as np
import pandas as pd
# 通过一维数组创建Series
s0 = pd.Series(data=[80, 90, 100], index=['android', 'java',
'python'], dtype=np.float)
print(s0)
# 通过字典的方式创建
dict0 = {'android': 80, 'java': 90, 'python': 100}
s1 = pd.Series(dict0, dtype=np.float)
print(s1)
```

以上代码的执行结果如下：

```
android      80.0
java         90.0
python      100.0
dtype: float64
```

2. DataFrame 数据结构

DataFrame 类型类似于数据库表结构的数据结构，其含有行索引和列索引，可以将 DataFrame 看成由相同索引的 Series 对象组成的字典类型，通常使用 DataFrame 函数构建这种数据结构，DataFrame 函数的格式如下：

```
pandas.DataFrame(data, index, columns, dtype, copy)
```

说明：data 参数表示数据源，可以是 ndarray, series, map, list, dict 等类型；index 参数为索引值，可以理解为行标签；columns 参数为列标签，默认为 RangeIndex（0,1,2,…,n）；dtype 参数表示数组元素的数据类型，默认会自己判断；copy 参数表示拷贝数据，默认为 False。

DataFrame 可以通过数组、列表和字典方式创建。

【例 12-18】下面程序表示采用不同方式创建 Series 对象。

```
import numpy as  np
import pandas as pd
# 通过列表创建 DataFrame
data1 = [['Xiaoming',10],['Lining',12],['Huahua',13]]
df1 = pd.DataFrame(data1,columns=['Name','Age'],dtype=int)
print(df1)
# 通过数组创建 DataFrame
data2 = {'Name':['Xiaoming', 'Lining', 'Huahua'], 'Age':[10, 12,
13]}
df2 = pd.DataFrame(data2)
print(df2)
# 通过字典创建 DataFrame
data3 = [{'Xiaoming': 10, 'Lining': 12, 'Huahua': 13}]
df3 = pd.DataFrame(data3)
print (df3)
```

以上代码的执行结果如下：

```
       Name    Age
0   Xiaoming    10
1     Lining    12
2     Huahua    13
       Name    Age
```

```
    0   Xiaoming    10
    1    Lining     12
    2   Huahua      13
        Xiaoming      Lining      Huahua
    0   10            12          13
```

12.4.3　外部数据导入导出

Pandas 支持大部分的主流文件格式进行数据读写，常用接口主要包括以下 4 种：

• 文本文件，主要包括 csv 和 txt 两种，相应接口为 read_csv() 和 to_csv()，分别用于读写数据。

• Excel 文件，包括 xls 和 xlsx 两种，均得到支持，底层是调用了 xlwt 和 xlrd 库进行 excel 文件操作，相应接口为 read_excel() 和 to_excel()。

• SQL 文件，支持大部分主流关系型数据库，例如 MySQL，需要相应的数据库模块支持，相应接口为 read_sql() 和 to_sql()。

• 其他文件，如 html、json 等文件格式的读写操作。

相关接口使用较为简单，这里仅对导入文本文件、导出文本文件、导入 Excel 文件和导出 Excel 文件进行介绍，其他数据类似，详细内容请查看 Pandas 官方文档。

1. 导入 CSV 文件

逗号分隔值（Comma Separated Values），有时也称为字符分隔值，因为分隔字符也可以不是逗号，其文件以纯文本形式存储表格数据（数字和文本），纯文本意味着该文件是一个字符序列，不含必须像二进制数字那样被解读的数据。CSV 文件由任意数目的记录组成，记录间以某种换行符分隔；每条记录由字段组成，字段间的分隔符是其他字符或字符串，最常见的是逗号或制表符。

CSV 是一种通用的、相对简单的文件格式，在表格类型的数据中用途很广泛，很多关系型数据库都支持这种类型文件的导入导出，并且 Excel 也能和 CSV 文件转换。

```
>>> import pandas as pd
>>> df=pd.read_csv("CSV 文件导入 .csv")
```

还有另外一种方法：

```
>>> import pandas as pd
>>> df=pd.read_table("CSV 文件导入 .csv",sep=",")
```

2. 导入 Excel 文件

Excel 文件也是常用来存储数据的格式之一，Excel 文件可以使用 Pandas 来轻松导入导出数据，代码如下：

```
>>> import pandas as pd
>>> df=pd.read_excel("Excel 文件导入 .xlsx")
```

3. 导出 CSV 文件

导出 CSV 文件使用 to_csv() 接口，常用的语法格式如下：

```
data.to_csv(filepath,sep=",",header=True,index=True)
```

说明：filepath 为生成的 CSV 文件路径；sep 参数是 CSV 分隔符，默认为逗号；index=False 参数表示导出时去掉行名称，默认为 True；header 参数表示是否导出列名，默认为 True。

【例 12-19】导出 CSV 文件到本地电脑，代码如下：

```
import pandas as pd
df=pd.DataFrame([[ 1, 2,3 ],[ 2,3,4],[ 3, 4 ,5],
columns=['col1','col2', 'col3'],index=['line1','line2','line3')]
df.to_csv("CSV 文件数据导出 .csv",index=True)
```

4. 导出 Excel 文件

导出 Excel 文件使用 to_excel() 接口，常用的语法格式如下：

```
Data.to_excel (filepath, header=True, index=True)
```

说明：filepath 为文件路径；header 表示是否导出列名，默认为 True；index=False 参数表示导出时去掉行名称，默认为 True。

【例 12-20】导出 Excel 文件到本地电脑，代码如下：

```
import pandas as pd
df=pd.DataFrame([[ 1, 2,3 ],[ 2,3,4],[ 3, 4 ,5]])
# DataFrame 增加行列名
df.columns=['col1','col2', 'col3']
df.index=['line1','line2','line3']
df.to_excel("Excel 文件数据导出 .xlsx",index=True)
```

【例 12-21】下述程序对本地 Excel 文件进行了读取操作，然后将修改的文件保存到本地系统。

```
import pandas as pd
from pandas import DataFrame
#Excel 文件写操作
dic1 = {'标题列1': ['张三','李四'],'标题列2': [80, 90]}
df = pd.DataFrame(dic1)
df.to_excel('1.xlsx', index=False)
#Excel 文件读操作
data = pd.read_excel('1.xlsx')
# 查看所有的值
print(data.values)
# 查看第一行的值
print(data.values[0])
# 查看某一列所有的值
print(data['标题列1'].values)
# 新增列
data['标题列3'] = None
# 新增行
data.loc[3] = ['王五', 100, '男']
# 删除行：axis=0
data = data.drop([0,1], axis=0)
# 删除列：axis=1
data.drop('标题列3', axis=1)
# 保存
DataFrame(data).to_excel('1.xlsx', sheet_name='Sheet1',index=Fal
se,header=True)
```

程序运行后会在当前目录中生成一个名称为 1.xlsx 的文件，需要注意的是，Pandas 处理 Excel 需要 xlrd，openpyxl 依赖包，需要使用 pip 工具下载依赖的 xlrd、openpyxl 包。

```
pip3 install xlrd
pip3 install openpyxl
```

12.4.4　数据元素查看

Series 和 Dataframe 结构数据兼具 NumPy 数组和字典的结构特性，所以数据查看方式跟 NumPy 数组和字典类似。Series 既可以用标签也可以用数字索引访问单个元素，还可以用相应的切片访问多个值；Dataframe 无法访问单个元素，只能返回一列、多列或多行，单值或多值访问时按列进行查询，下述简要介绍 Pandas 数据的访问方式。

1. 基本方式

Pandas 读取数据之后，往往想要查看数据，下述程序列举了 Pandas 查看数据的基本方式。

【例 12-22】Pandas 查看数据的基本方式，代码如下：

```
import numpy as  np
import pandas as pd
df = pd.DataFrame(np.random.rand(20, 4), columns=['A', 'B', 'C',
'D'])
# 输出 dataframe 有多少行、多少列
print(df.shape)
# 取行数量，相应的列数量就是 df.shape[1]
print(df.shape[0])
# 顺序输出每一列的名字，演示如何 for 语句遍历
print(df.columns)
# 顺序输出每一行的名字，可以 for 语句遍历
print(df.index)
# 数据每一列的类型不一样，比如数字、字符串、日期等。该方法输出每一列变量类型
print(df.dtypes)
# 看前 3 行的数据，默认是 5
print(df.head(3))
# 看最后 3 行的数据，默认是 5
print(df.tail(3))
# 随机抽取 3 行，想要去固定比例的话，可以用 frac 参数
print(df.sample(n=3))
# 非常方便的函数，对每一列数据有直观感受；只会对数字类型的列有效
print(df.describe())
```

以上代码的执行结果如下：

```
(20, 4)
20
Index(['A', 'B', 'C', 'D'], dtype='object')
RangeIndex(start=0, stop=20, step=1)
A    float64
```

```
B        float64
C        float64
D        float64
dtype: object
       A          B          C          D
0   0.670796   0.309678   0.400910   0.046137
1   0.364326   0.287309   0.617105   0.530898
2   0.351827   0.538548   0.259643   0.452636
       A          B          C          D
17  0.771966   0.490026   0.749516   0.055802
18  0.418863   0.371431   0.943775   0.231993
19  0.809227   0.906743   0.210872   0.366600
       A          B          C          D
14  0.672870   0.697681   0.983271   0.560090
11  0.656857   0.993698   0.563251   0.413105
10  0.355438   0.699459   0.058077   0.208642
           A          B          C          D
count  20.000000  20.000000  20.000000  20.000000
mean    0.513256   0.609144   0.536965   0.465900
std     0.262043   0.276312   0.303210   0.334132
min     0.161100   0.001717   0.058077   0.016129
25%     0.328094   0.381797   0.307794   0.183763
50%     0.476725   0.698570   0.493410   0.432870
75%     0.686508   0.808622   0.793950   0.713141
max     0.990170   0.993698   0.983271   0.991005
```

2. 索引方式

Pandas 支持 3 种类型的多轴索引，即 loc，iloc，和 [ ]。

（1）loc 是基于标签的真实索引，具有多种访问方式，如单个标签、列表、带标签的切片对象、布尔数组等。

【例 12-23】用 loc 索引方式查询数据，代码如下：

```
import numpy as  np
import pandas as pd
s = pd.Series(np.arange(5), index=list('abcde'), dtype='int64')
print(s)
# 输出 0
```

```
print(s.loc['a'])
# 输出 1、2、3、4
print(s.loc['b':])
# 修改数组元素
s.loc['b':] = 0
print(s)
```

以上代码的执行结果如下：

```
a    0
b    1
c    2
d    3
e    4
dtype: int64
0
b    1
c    2
d    3
e    4
dtype: int64
a    0
b    0
c    0
d    0
e    0
dtype: int64
```

（2）iloc 主要是基于整数的索引序号，也可以使用布尔值阵列，具有多种访问方式，如一个整数，整数列表或数组，带有整数的切片对象，布尔数组，等等。

【例 12-24】用 iloc 索引方式查询数据，代码如下：

```
import numpy as  np
import pandas as pd
s = pd.Series(np.arange(5), index=list('abcde'), dtype='int64')
print(s)
# 输出 2
print(s.iloc[2])
```

```
# 输出 0、1
print(s.iloc[:2])
# 修改数组元素
s.iloc[:2] = 0
print(s)
```

以上代码的执行结果如下：

```
a    0
b    1
c    2
d    3
e    4
dtype: int64
2
a    0
b    1
dtype: int64
a    0
b    0
c    2
d    3
e    4
dtype: int64
```

（3）[ ] 方式同 NumPy 的切片和索引，另外 at 和 iat 数据查看方式与 loc、类似，iloc 类似，这里不再叙述。

3. isin 函数

isin 函数用于查看某个值或者索引的值是否存在，该方法返回一个布尔向量，如果存在，返回 False，否则返回 False。

【例 12-25】用 isin 查看某个值或者索引的值是否存在，代码如下：

```
import numpy as  np
import pandas as pd
s = pd.Series(np.arange(5), index=np.arange(5)[::1],
dtype='int64')
print(s)
# 输出 0, 1, 3 元素对应 False, 2, 4 对应于 True
```

```
print(s.isin([2, 4, 6]))
# 输出索引为 2，4 对于的值
print(s[s.isin([2, 4, 6])])
# 查找索引为 2，4 对于的值
print(s[s.index.isin([2, 4, 6])])
```

以上代码的执行结果如下：

```
0    0
1    1
2    2
3    3
4    4
dtype: int64
0    False
1    False
2     True
3    False
4     True
dtype: bool
2    2
4    4
dtype: int64
2    2
4    4
dtype: int64
```

4. Where 条件

Where 条件主要用于替换数据集中不满足条件的值，默认替换为 NaN，且不保存到数据集中，输出的第一列是索引值。

【例 12-26】 用 Where 方式替换数据集中不满足条件的值，代码如下：

```
import numpy as  np
import pandas as pd
s = pd.Series(data=np.random.randn(5), index=['a', 'b', 'c',
'd', 'e'])
print(s)
# 输出满足条件的元素
```

```
print(s[s < 0])
# 将不满足条件的元素替换为 NaN
print(s.where(s < 0))
# 数据集对象变量 s 没有改变
print(s)
```

以上代码的执行结果如下：

```
a    -0.074673
b    -0.560290
c    -0.717907
d    -0.560171
e    -0.054463
dtype: float64
a    -0.074673
b    -0.560290
c    -0.717907
d    -0.560171
e    -0.054463
dtype: float64
a    -0.074673
b    -0.560290
c    -0.717907
d    -0.560171
e    -0.054463
dtype: float64
a    -0.074673
b    -0.560290
c    -0.717907
d    -0.560171
e    -0.054463
dtype: float64
```

以上代码的执行结果如下：

```
     name     address        born
0    小明      NaN          NaT
1    小强      Sichuan      1998-04-25
```

```
2    花花      Gansu          NaT
```

5. 其他方式

数据查看的其他方式还有 query，lookup，get 等，在此不再赘述，详细使用请查阅 Pandas 官方文档。

12.4.5 数据清洗与处理

数据清洗与处理是指对一些没有用的数据进行处理，例如很多数据集存在数据缺失、数据格式错误、数据错误或数据重复的情况，为了使数据分析更加准确，就需要对这些没有用的数据进行处理，这里以下面数据为例，简单介绍使用 Pandas 库进行数据清洗与处理。

1. Dropna 函数

使用 dropna 函数删除包含空值的行，dropna 函数返回新的 DataFrame，并不会改变原有的 DataFrame，它的语法格式如下：

```
DataFrame.dropna(axis=0, how='any', thresh=None, subset=None,
inplace=False)
```

说明：axis 参数默认为 0，表示遇到空值删除整行，axis＝1 表示遇到空值删除整列；参数 how 默认为 'any'，如表如果一行（或一列）里任何一个数据出现空置就删除整行（或整列），如果设置 how='all'，表示一行（或列）都是空值才删除整行（或整列）；thresh 参数表示设置需要多少非空值的值才可以保留数据；subset 参数表示需要检查的列，如果是多个列，可以使用列名的 list 作为参数；inplace 参数设置 True，表示将计算得到的值直接覆盖之前的值并返回 None，这种操作实际上修改的是源数据。

【**例 12-27**】下述代码表示当行数据有任意数值为空时，使用 dropna 函数删除包含空值的行。

```
import pandas as pd
import numpy as np
# 定义一个 DataFrame
df = pd.DataFrame({"name": [' 小明 ', ' 小强 ', ' 花花 '],
                   "address": [np.nan, 'Sichuan', 'Gansu'],
                       "born": [pd.NaT, pd.Timestamp("1998-04-
25"),pd.NaT]
                  })
```

```
# 删除包含空值的行
df1=df.dropna()
# 打印原 DataFrame
print(df)
# 打印修改后的 DataFrame
print(df1)
```

程序的运行结果如下，可以看到，含有空值元素的数据行已被全部删除，df 为源 DataFrame 对象，df1 为删除空值数据所在行后的 DataFrame 对象。

```
    name      address       born
0   小明       NaN           NaT
1   小强       Sichuan       1998-04-25
2   花花       Gansu         NaT
    name      address       born
2   小强       Sichuan       1998-04-25
```

2. fillna 函数

fillna 函数的作用是当数据中存在空值（NaN）时，可以用其他数值替代空值，同样，fillna 函数并不会改变原有的 DataFrame 对象，其语法格式如下：

```
DataFrame.fillna(value=None, method=None, axis=None,
inplace=False, limit=None, downcast=None, **kwargs)
```

说明：value 参数表示用于填充的值，可以是数值、字典、Series 对象或 DataFrame 对象；method 参数表示如果没有指定 value 参数时，使用该参数的内置方式填充缺失值，可选项有‘backfill’，‘bfill’，‘pad’，‘ffill’,None，backfill 和 bfill 使用下一个非缺失值填充该缺失值，pad 和 ffill 用前一个非缺失值去填充该缺失值；axis 参数指定填充维度，具体指行维度或列维度，可选值有整数 0 或 1，0 表示行维度，1 表示列维度；inplace 表示是否修改原对象的值，True 表示修改，默认是 False，原对象不变。

【例 12-28】下面代码表示当将数据中出现空值时，使用 fillna 进行填充。

```
import pandas as pd
import numpy as np
# 定义一个 DataFrame
df = pd.DataFrame({"name": ['小明', '小强', '花花'],"address":
[np.nan, 'Sichuan', 'Gansu'],"born": [pd.NaT, pd.Timestamp("1998-04-
```

```
 25"),pd.NaT]})
     # 打印原 DataFrame
     print(df)
     # 将 address，born 中的空值 NaT 使用 fillna 进行填充
     df["address"].fillna(method ='backfill', inplace = True)
     df["born"].fillna(method ='backfill', inplace = True)
     df["born"].fillna(method ='ffill', inplace = True)
     # 参数 inplace 为 True 是表示修改原对象的值
     print(df)
```

程序的运行结果如下，可以看到，addres 中的空值 NaT 使用下一个非缺失值填充，born 中的空值 NaT 使用使用前一个非缺失值填充。

```
       name      address          born
  0    小明       NaN           NaT
  1    小强       Sichuan       1998-04-25
  2    花花       Gansu         NaT
       name      address          born
  0    小明       Sichuan       1998-04-25
  1    小强       Sichuan       1998-04-25
  2    花花       Gansu         1998-04-25
```

3. drop_duplicates 函数

使用 drop_duplicates 函数可以删除重复数据，如果对应的数据是重复的，drop_duplicates 函数返回 True，否则返回 False，它的语法格式如下：

```
    DataFrame.drop_duplicates(subset=['A','B'],keep='first',inplace=
True)
```

说明：subset 参数是列名，默认为 None。keep 参数具有 3 个选项，keep 为 first 时，表示保留第一次出现的重复行，删除后面的重复行；keep 为 last 时，表示删除重复项；除了最后一次出现的数据外，keep 为 False 时，表示删除所有重复项。inplace 参数是布尔值，默认为 False，inplace=True 表示直接在原来的 DataFrame 上删除重复项，而默认值 False 表示生成一个副本。

【例 12-29】下述代码表示使用 drop_duplicates 函数删除重复数据，仅保留一条数据。

```
    import pandas as pd
    persons = {"name": ['Xiaoqiang', 'Xiaoming', 'Huahua',
```

```
'Huahua'],
            "age": [30, 40, 20, 20]}
    df = pd.DataFrame(persons)
    # 打印原 DataFrame
    print(df)
    # 删除重复数据 Huahua，参数 inplace 为 True 是表示修改原对象的值
    df.drop_duplicates(inplace = True)
    print(df)
```

程序的运行结果如下，可以看到，drop_duplicates 函数删除了重复数据，仅保留不重复数据。

```
           name        age
0      Xiaoqiang        30
1      Xiaoming         40
2      Huahua           20
3      Huahua           20
           name        age
0      Xiaoqiang        30
1      Xiaoming         40
2      Huahua           20
```

4. replace 函数

replace 函数是一个非常丰富的函数，用于将数据动态替换为其他值，替换值可以是字符串，正则表达式、字典、列表和序列。其语法格式如下：

```
DataFrame.replace(to_replace=None, value=None, inplace=False)
```

说明：to_replace 参数定义了在数据框中的替换模式；value 参数是一个用于填充 DataFrame 中的值，可以为字符串、正则表达式、字典、列表和序列；inplace=True 表示直接在原来的 DataFrame 上替换，而默认值 False 表示生成一个副本。

【例 12-30】下面代码表示使用 replace 函数将 DataFrame 中的内容进行替换。

```
import pandas as pd
info = pd.DataFrame({'Language known':['Python', 'Android', 'C',
'Android', 'Python', 'C++', 'C']},index=['Parker', 'Smith', 'John',
'William', 'Dean', 'Christina', 'Cornelia'])
    print(info)
```

```
dictionary = {"Python": 1, "Android": 2, "C": 3, "Android": 4,
"C++": 5}
    # 将 info 中 Language known 列中的内容使用字典中的值替换
    info1 = info.replace({"Language known": dictionary})
    print(info1)
```

程序的运行结果如下，可以看到，replace 函数将 info 中 Language known 列中的内容使用字典中的值替换。

```
           Language known
Parker           Python
Smith            Android
John             C
William          Android
Dean             Python
Christina        C++
Cornelia         C
           Language known
Parker           1
Smith            4
John             3
William          4
Dean             1
Christina          5
Cornelia         3
```

5. merge 函数

merge 函数用来合并数据集，按照数据中具体的某一字段来连接数据，类似于数据库查询语言 SQ1 的 join，left join，right join 等操作，其语法格式如下：

```
merge(left,right,how="inner",on=None,left_on=None,right_
on=None,left_index=False,right_index=False,sort=False,suffixes("_
x","_y"),copy=True,indicator=False,validate=None)
```

merge 函数的功能非常丰富，其函数的参数也很多，为了方便理解，这里将常见参数列出，见表 12-6。

表 12-6　NumPy 数组的切片和索引方法

参　数	说　明
left	左表
right	右表
how	连接方式，inner、left、right、outer，默认为 inner
on	用于连接的列名称
left_on	左表用于连接的列名
right_on	右表用于连接的列名
left_index	是否使用左表的行索引作为连接键，默认 False
right_index	是否使用右表的行索引作为连接键，默认 False
sort	默认为 False，将合并的数据进行排序
copy	默认为 True，总是将数据复制到数据结构中，设置为 False 可以提高性能
suffixes	存在相同列名时在列名后面添加的后缀，默认为（'_x'，'_y'）
indicator	显示合并数据中数据来自哪个表

【例 12-31】下面代码表示使用 merge 函数将数据集 df1，df2 进行合并后输出。

```
import pandas  as pd
df1 = pd.DataFrame({"name":["Xiaoming","Xiaoqiang","Huahua","Tin
gting"],
                    "age":[25,28,39,35]})
df2 = pd.DataFrame({"name":["Xiaoming","Xiaoqiang","Tingting"],
                    "score":[70,60,90]})
# 数去 df1，df2 数据集
print(df1)
print(df2)
# 将 df1，df2 合并后输出
df3=pd.merge(df1,df2)
print(df3)
```

程序的运行结果如下，可以看到，merge 函数将将数据集 df1，df2 合并，merge 函数默认按相同字段名合并，且取两个都有的字段合并。

```
        name      age
0     Xiaoming    25
1    Xiaoqiang    28
2      Huahua     39
3     Tingting    35
        name     score
0     Xiaoming    70
1    Xiaoqiang    60
2     Tingting    90
        name      age     score
0     Xiaoming    25       70
1    Xiaoqiang    28       60
2     Tingting    35       90
```

由于篇幅所限，这里仅对上述几个常用函数进行介绍，其他内容这里不再赘述，详细介绍查看 Pandas 官方文档。

12.4.6　数据可视化

Pandas 支持 Matplotlib 绘制图表库，Matplotlib 是功能强大的 Python 可视化工具，直接使用 Pandas 本身提供的绘图方法比 Matplotlib 库更加简单方便。本节仅对 Pandas 支持的绘图方法进行简单介绍，在下一节中对 Matplotlib 库进行详细介绍。

Pandas 的两类基本数据结构 series 和 dataframe 都提供了一个统一的绘图接口 plot 函数，plot 接口默认为折线图，这也是最常用和最基础的图形，我们可以在 plot 函数后增加调用其他函数来满足不同的场景需求，例如接 bar 函数绘制柱状图，接 hist 函数绘制直方图，接 pie 函数绘制饼状图，接 box 函数绘制箱线图。

【例 12-32】下面程序表示使用 Pandas 绘制常见的基本图形，运行结果如图 12-9 所示。

```python
import matplotlib.pyplot as plt
import numpy as np
import pandas as pd
# 默认不支持中文，需要配置 RC 参数
plt.rcParams['font.sans-serif']='SimHei'
# 默认不支持负号，需要配置 RC 参数
plt.rcParams['axes.unicode_minus']=False
# 曲线图数据
```

```
    df1=pd.DataFrame({'a':[1,1.5,2.5,4],'b':[3,2.1,3.2,1],
'c':[1,2,3,4]})
    # 条形图数据
    df2=pd.DataFrame({'a':[1,1.5,2.5,4],'b':[3,2.1,3.2,1],
'c':[1,2,3,4]})
    # 直方图数据
    df3=pd.DataFrame({'a':[1,2,2,3],'b':[3,3,3,4],'c':[1,2,3,4]})
    # 箱线图数据
    df4=pd.DataFrame(np.random.rand(10,
4),columns=['A','B','C','D'])
    # 散点图数据
    df5=pd.DataFrame(np.random.rand(50,3),columns=['a','b','c'])
    # 饼状图数据
    df6=pd.Series({'中专':0.2515,'大专':0.2724,'本科':0.3336,'硕
士':0.0768,'其他':0.0857})
    # 曲线图plot.line()
    fig,axes = plt.subplots(3,2)
    ax1 = axes[0,0]
    df1.plot.line(ax=ax1)
    # 曲线图plot.bar()
    ax2 = axes[0,1]
    df2.plot.bar(ax=ax2)
    # 直方图plot.hist()
    ax3 = axes[1,0]
    df3.plot.hist(ax=ax3)
    # 箱线图plot.box()
    ax4 = axes[1,1]
    df4.plot.box(ax=ax4)
    # 散点图plot.scatter()
    ax5 = axes[2,0]
    df5.plot.scatter(x='a',y='b',s=df5['c']*200,ax=ax5)
    # 饼状图plot.pie()
    ax6 = axes[2,1]
    df6.plot.pie(ax=ax6)
    plt.show()
```

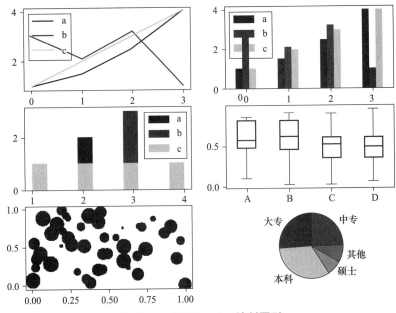

图 12-9　使用 Pandas 绘制图形

总　结

➢ 了解 Python 数据分析的特点和常用库；

➢ 掌握 NumPy 库的用法、数据结构和基本操作；

➢ 掌握 Matplotlib 绘制常用图表的方法；

➢ 掌握 Pandas 库的用法、数据结构和基本操作。

拓展阅读

　　党的二十大首次将"推进国家安全体系和能力现代化，坚决维护国家安全和社会稳定"以专章形式写入大会报告，强调"国家安全是民族复兴的根基，社会稳定是国家强盛的前提。必须坚定不移贯彻总体国家安全观，把维护国家安全贯穿党和国家工作各方面全过程，确保国家安全和社会稳定"。

　　作为当代大学生，我们自身在做数据分析时，应该重视数据安全。数据安全在保护个人隐私、维护企业声誉、防止金融欺诈和黑客攻击、遵守法规和规范等方面都具有非常重要的意义。许多国家和地区都制定了数据保护法规和规范，企业和个人需要遵守这些法规和规范，否则将面临法律责任。

习 题

一、选择题

1. 我们在使用 Pandas 时需要导入什么库？（　　）。

A. import pandas as pd　　B. import sys　　　　C. import matplotlib

2. NumPy 中向量转为矩阵使用（　　）函数。

A. reshape　　　　　　　B. reva　　　　　　C. arange　　　　　　D. random

3. df.min() 这个函数是用来（　　）。

A. 寻找元素最小值　　　　　　　　　B. 寻找每行最小值

C. 寻找每列最小值　　　　　　　　　D. 寻找每行最大值

4. NumPy 库，unique 函数的主要作用是（　　）。

A. 改变数组的维度　　　　　　　　　B. 调换数组行列值的索引值

C. 去除数组中的重复元素

5. 利用 Pandas 导入 CSV 数据文件时，使用（　　）接口。

A. read_csv()　　　　B. to_csv()　　　　C. read_excel()　　　　D. to_excel()

二、解答题

1. 简述 Python 数据分析的特点。

2. 简述 Pandas 删除空值方法 drop 中参数 thresh 的使用方法。

3. 列举 4 个 Matplotlib 库中常见的绘图函数，并说明该函数的主要功能是什么。

4. 简述 NumPy 创建数组的 3 种方式是什么。

三、操作题

1. 下面程序中，在 begin-end 处补充代码，完成以下功能：

（1）创建一个 5 行 3 列，名为 df1 的 DataFrame 数组，列名为 [states，years，pops]，行名为 ['one', 'two', 'three', 'four', 'five']；

（2）给 df1 添加新列，列名为 new_add，值为 [7,4,5,8,2]。

```
from pandas import Series,DataFrame
import  pandas as pd
def create_dataframe():
    # 请在此添加代码完成本关任务
    # ********** Begin **********#
    # ********** End **********#
    # 返回值:df1，一个 DataFrame 类型数据
    return df1
```

参考文献

［1］刘庆，姚丽娜，余美华 .Python 编程案例教程［M］.北京：航空工业出版社，2018.

［2］陈雪芳，范双南，张莲春 .Python 语言程序设计［M］.长沙：湖南大学出版社，2021.

［3］黑马程序员 .Python 快速编程入门［M］.北京：人民邮电出版社，2017.

［4］小甲鱼 .零基础入门学习 Python［M］.2 版 .北京：清华大学出版社，2019.

［5］马瑟斯 .Python 编程：从入门到实践［M］.北京：人民邮电出版社，2016.

［6］罗少甫，谢娜娜 .Python 程序设计实用教程［M］.上海：上海交通大学出版社，2019.

［7］柳毅，毛峰，李艺 .Python 数据分析与实践［M］.北京：清华大学出版社，2019.

［8］魏伟一，李晓红，高志玲 .Python 数据分析与可视化［M］.北京：清华大学出版社，2021.

［9］董洪伟 .Python3 从入门到实践［M］.上海：电子工业出版社，2020.

［10］明日科技 .Python 从入门到精通［M］.北京：清华大学出版社，2018.